普通高等教育“十二五”规划教材

居住建筑设计

赵小龙 主编

北 京
冶 金 工 业 出 版 社
2014

内 容 提 要

本书内容涵盖了居住建筑设计的发展历史、基本原理、设计方法及设计实例等方面。本书与最新的居住建筑设计发展动态及趋势紧密结合，内容新颖、简练，图文并茂。

本书为高等院校建筑学、城市规划、环境艺术等专业的教材，也可作为广大规划建筑设计人员和相关专业从业人员的参考资料。

图书在版编目(CIP)数据

居住建筑设计/赵小龙主编．—北京：冶金工业出版社，2011.2（2014.11 重印）

普通高等教育“十二五”规划教材

ISBN 978-7-5024-5309-1

Ⅰ.①居… Ⅱ.①赵… Ⅲ.①居住建筑—建筑设计—高等学校—教材 Ⅳ.①TU241

中国版本图书馆 CIP 数据核字(2011）第 011130 号

出 版 人 谭学余

地　　址 北京市东城区嵩祝院北巷 39 号 邮编 100009 电话 (010)64027926

网　　址 www.cnmip.com.cn 电子信箱 yjcbs@cnmip.com.cn

责任编辑 杨 敏 美术编辑 李 新 版式设计 孙跃红

责任校对 石 静 责任印制 牛晓波

ISBN 978-7-5024-5309-1

冶金工业出版社出版发行；各地新华书店经销；北京百善印刷厂印刷

2011 年 2 月第 1 版，2014 年 11 月第 3 次印刷

787mm×1092mm 1/16；13.5 印张；324 千字；207 页

29.00 元

冶金工业出版社 投稿电话 (010)64027932 投稿信箱 tougao@cnmip.com.cn

冶金工业出版社营销中心 电话 (010)64044283 传真 (010)64027893

冶金书店 地址 北京市东四西大街 46 号(100010) 电话 (010)65289081(兼传真)

冶金工业出版社天猫旗舰店 yjgy.tmall.com

（本书如有印装质量问题，本社营销中心负责退换）

前　言

居住建筑是与人们日常生活关系最为密切的建筑类型，是人类生存活动和社会生活必需的基本物质空间。随着我国经济、科技的飞速发展和居民生活水平的不断提高，居住建筑已成为城市建设量最大的建筑类型，同时也是建筑学及其相关设计专业人士在工作中接触最多的建筑类型。为让读者从整体上迅速把握居住建筑设计的基本原理与方法，提高设计水平，以创造舒适宜人的居住空间与环境，我们编写了这本《居住建筑设计》教材。

本书的编写注重设计的基本原理与方法，并结合了大量工程设计实例，内容简练、要点明确、图文并茂。全书共分6章，第1章主要介绍居住建筑的发展概况、类型划分和发展趋势，让读者对居住建筑有个宏观方面的了解；第2章主要介绍住宅平面套型设计及影响套型设计的相关制约因素；第3章主要介绍不同类型的住宅设计；第4章主要介绍适应社会不同需求的居住建筑设计；第5章主要介绍居住建筑造型设计的原则、方法和需要重点设计处理的部位；第6章主要介绍居住区规划和外部环境设计的相关知识。

本书由从事建筑设计教学一线工作的老师共同编写而成，具体分工为：第1、2、4章由赵小龙编写，第3章由徐鑫编写，第5、6章由林冬庞编写。在编写过程中，参考了一些相关文献，并得到了浙江工业大学建筑工程学院许多同行的鼓励和支持。在此，向文献作者及关心、支持本书出版的同仁及相关人士表示衷心的感谢！

由于编者水平有限，书中不足之处，恳请各位读者批评指正。

编　者

2010年10月

目　录

1 居住建筑概论

1.1 居住建筑发展概况

居住是人类生活的四大要素（衣、食、住、行）之一，人的大约三分之二的时间是在居住建筑及其周围环境中度过的。因此，居住建筑是与人们日常生活关系最为密切的建筑类型，是人类生存活动和社会生活必需的基本物质空间。从历史的发展演变过程中寻找一般的发展规律，是一种基本的思考问题方法。我们研究居住建筑设计，首先就要了解居住建筑的发展概况，这有助于我们全面理解居住建筑的设计及其建设过程中遇到的相关理论与实践问题。由于住宅建筑是居住建筑的主体组成部分，在我国社会经济发展中占有极为重要的地位，所以，我们可以通过研究住宅建筑的发展轨迹来了解居住建筑的发展概况。

我国真正意义上的现代住宅发展应该以 1949 年新中国的建立为起点，这不仅因为新中国成立前住宅建设的匮乏，更重要的是新制度的建立导致的对住宅问题的政策性干预，必然促使住宅建设走向一个新的时期。为了叙述方便，我们按时间顺序对住宅建筑的发展轨迹作一分析，以便找出各个时期的一般特征；在空间上则以住宅建筑方面具有代表性的大中城市为背景。

（1）模仿欧苏的住宅。新中国成立初期，住宅设计大体是按照欧美的生活方式进行平面布局：以起居室为中心组织其他空间，多为低层，一般为砖木结构，少量为钢筋混凝土结构。20 世纪 50 年代中期引入了苏联单元式设计手法，取消了以起居室为中心的套型模式，改为内走廊式布置，增加了独立房间，改善了厨卫条件，当时十分强调加大进深，减小开间尺寸，以降低造价和节约用地，但由于面积标准较高，被迫使多个家庭合用一套住宅，使用非常不便。图 1-1 为内廊式住宅套型平面，厨房厕所多户合用。

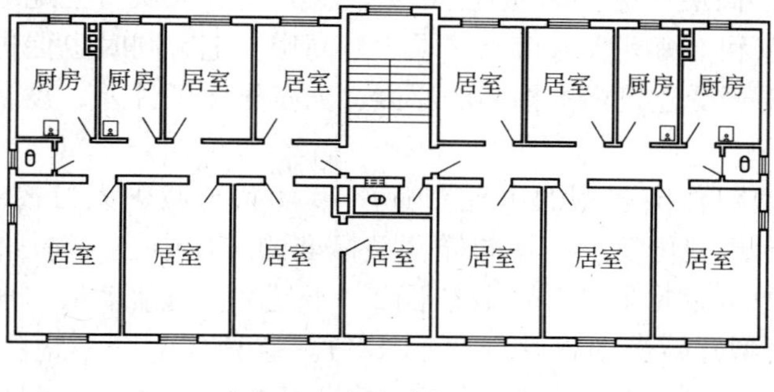

图 1-1　内廊式住宅平面

（2）“浅基薄墙”的简易住宅。20 世纪 60 年代，国家受自然灾害的影响，出现了一批简易住宅，缩小了建筑物的开间与进深，厨房及厕所的尺寸也极小，并不分地区、条件，广泛采用“浅基薄墙”等节约措施，住宅的简易程度已不能满足人的基本生活需求与房屋的基本要求，形式也相对简单。如上海市首批建造的2万户工人住宅，平面为二层宿舍式，套型基本为一室户，部分为二室户，一梯多户，合用厨房，卫生间设在底层（见图1-2）。

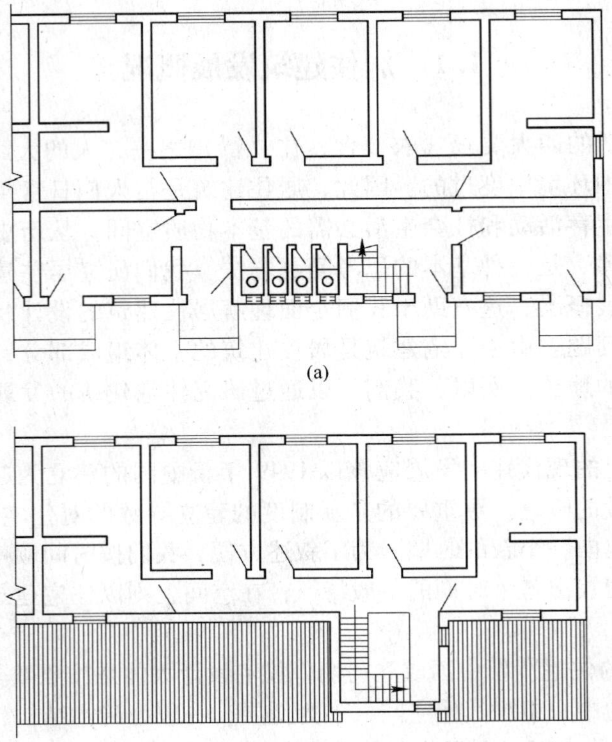

(a)

(b)

图1-2　上海某工人住宅

（a）一层平面；（b）二层平面

（3）初具雏形的高层住宅。20世纪70年代，为解决大城市土地缺乏，而住宅又非常急需的矛盾，在北京和上海等大城市兴建了少量高层住宅，同时也促进了高层建筑技术体系的积极探讨。但由于受建筑标准控制的原因，大多居住条件差，设备简陋，居住满意度较低。

（4）“小方厅型”住宅套型的出现。随着70年代末我国人口控制计划的有效实施，我国家庭人口结构向小型化发展，在同样套型标准的居住中，人均居住面积有很大提高。人们已不再满足多种功能混在一起的住宅平面，于是将用餐活动从“居室”中分离出去的“小方厅型”住宅套型开始受到青睐（见图1-3）。这种住宅套型是将原来的交通空间放大，使之成为能够容纳一张餐桌的“小厅”，并进而变为小明厅（见图1-4）。实际上这个交通空间已发生了质的变化：由单纯的交通空间演变为交通与用餐兼备的复合空间，是住宅内部“食寝分离”的一种尝试。同时，在这一时期也注意了住宅的系列化成套设计，特

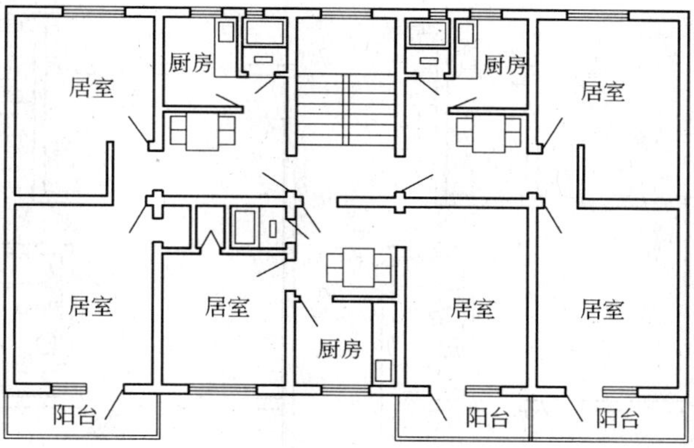

图 1-3

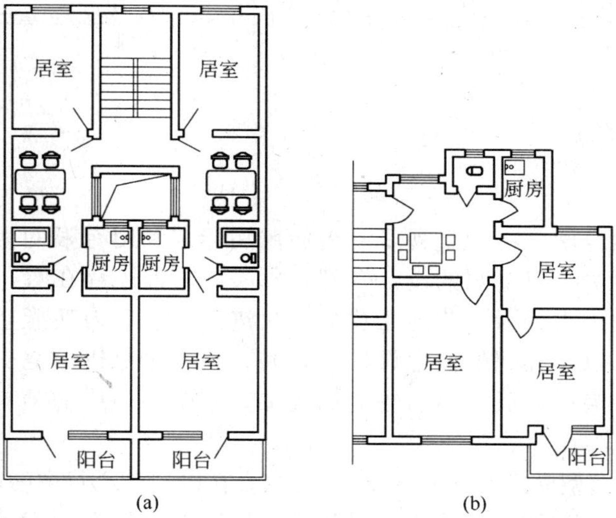

(a) (b)

图 1-4

别强调模数参数，以定型基本单元组成不同体型的组合体；开始加大进深缩小面宽的设计，以达到节约用地的目的。但由于受当时唐山大地震的影响，特别强化住宅的抗震性能，给平面布局的灵活性带来一定的限制。

（5）“大厅小卧”住宅模式。1984 年全国开展了“砖混住宅新设想方案竞赛”，首次要求提高砖混住宅的工业化水平，以 30% 为基本系列，推行双轴线定位制，以保证住宅内部的装饰装修制品、厨卫设备、隔墙、组合家具等建筑配件走上定型化和系列化的道路。方案设计中首次引入了“套型”的概念，把人们的起居、接待客人等活动逐渐从居室中分离出来，实现“居寝分离”，以致原来的小厅逐渐变成明厅、大厅，卧室由于功能变少而变小。从此，“大厅小卧”的住宅套型开始得到发扬，并逐渐向现代起居生活迈进（见图 1-5）。

（6）强调使用功能的住宅套型。1987 年举办了“中国‘七五’城镇住宅设计方案竞赛”，此次竞赛由于受现代生活居住行为模式的影响，“大厅小卧”住宅套型模

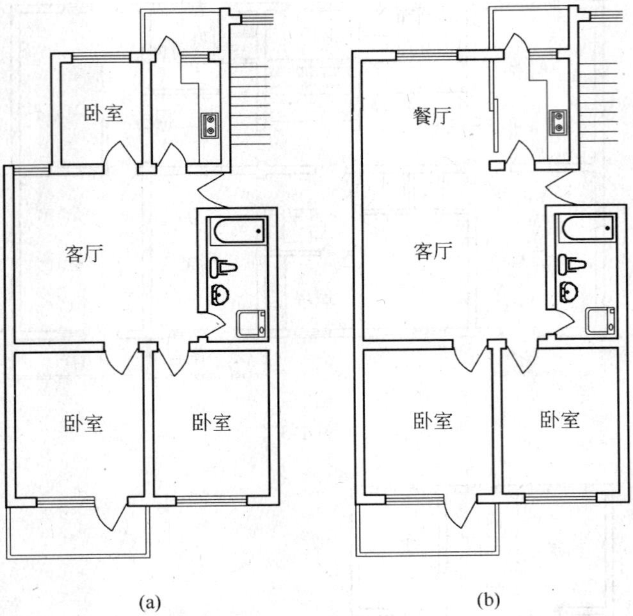

图 1-5

式得到普遍重视和应用。特别重视了室内使用功能，利用有限的面积，创造出丰富实用的空间，如对厨房、卫生间的设计受到特别关注。但还存在着一些问题：如把大厅看作是小厅面积的扩大；为了节地而片面加大进深，使室内功能空间的使用功能和采光通风效果下降；以小开间的概念设计大开间，只不过是机械地扩大开间来达到空间的灵活性；高层住宅设计成了多层住宅的叠加，忽略了高层的结构选型、套型平面布置等问题。

（7）商品住宅套型模式。20 世纪 90 年代初，在以“我心目中的家”为主题的全国首届城镇商品住宅设计竞赛中，人们开始认识到商品住宅的特征，探讨商品住宅的套型设计模式，以更新设计观念。重视对中、小套型的平面组合、室内空间的灵活度和适用度的增强以及室内外居住环境的创造。建筑师精打细算，在每一平方米的利用上下工夫，以满足商品市场的需求。

（8）追求舒适度的住宅套型模式。21 世纪初以来，住宅设计逐步由追求数量向讲究质量，由粗放型向精品型转变（见图 1-6、图 1-7）。套型模式开始追求适应性、舒适性和居住的安全性问题，以及充分利用面积和空间、节地节能、改善厨卫功能、能源利用、地方风貌、新结构材料应用等方面，出现了利用空间的众多手法。如变层高、复合空间、坡屋顶以及四维空间等。

通过对半个多世纪以来住宅建设的发展历程的分析，我们可以清晰地认识到，居住建筑和居住环境的发展建设水平与整个国家的经济发展是紧密结合在一起的，并涉及社会文化、地域文脉、民俗风情等客观因素。同时我们也应该注意到，由于地域发展的不平衡以及同一时空条件下不同层次需求的并存，历史的实际情况并不像在纸上描述的那样明确。

图 1-6 万科十七英里住宅

图 1-7 杭州某院落住宅

1.2 居住建筑类型划分

居住建筑是为满足家庭长期（或短期）定居生活的需要而建造的居住空间设施，并且会随着社会的发展和人们居住方式的变化而不断变化。一般根据居住对象和需求的不同，我们可以把居住建筑类型划分为两大类：

（1）适用于家庭长期定居的居住建筑。这类是为满足家庭长期定居生活的需要而建造的居住空间设施——住宅建筑，它是使用最普遍而又最古老的建筑类型。由于生活习惯、地形气候、文化民俗等方面的原因，我国各地的传统民居建筑在建筑群体组合、院落空间布局、材料构造处理，以及适应地形气候等方面呈现出明显的地域性的差别，创造了独特而璀璨的民居建筑文化（见图 1-8）。现代城市住宅在满足住户基本生存需求的同时，开始注重住宅的品质和环境建设，以迎合现代人的精神文化需求（见图 1-9）。近年来，随着城市化进程的加快，现代农村住宅建筑模仿城镇住宅建筑的现象越来越突出，失去了其传统的空间特色与韵味，需引起广大设计师们的重视。

（2）适应社会不同需求的居住建筑。这类建筑包括：

1）居住综合体。居住综合体建筑是以居住功能为主，兼有商务办公、商业服务等城市综合性功能的居住建筑类型。它是在现代城市步入后工业化时代的过程中，城市空间形态与社会居住方式发展相结合的产物，其功能、空间、形式具有很强的开放与包容的特征。

2）老年住宅。根据相关资料表明，我国在 21 世纪初已进入老龄化时代，全国各地也相继新建了多种形式的老年住宅，如养老院、居家养老型、老年社区等，但特别成功的案例较少。由于老年人生理、心理特点与一般人有很大的差异，具体设计时需更多地关注他们的切身感受。

3）青年公寓。它是为满足城镇青年社会群体对居住空间的共同需求，而采取集约化建造的居住设施，主要为单身企业职工、机关职员和大学生等人员提供生活、学习和住宿的场所。随着社会的发展进步，其服务功能在不断地完善，建筑形式也日趋丰富。

4）灵活可变性住宅。所谓可变性住宅就是挖掘住宅平面空间和结构的潜力，通过改

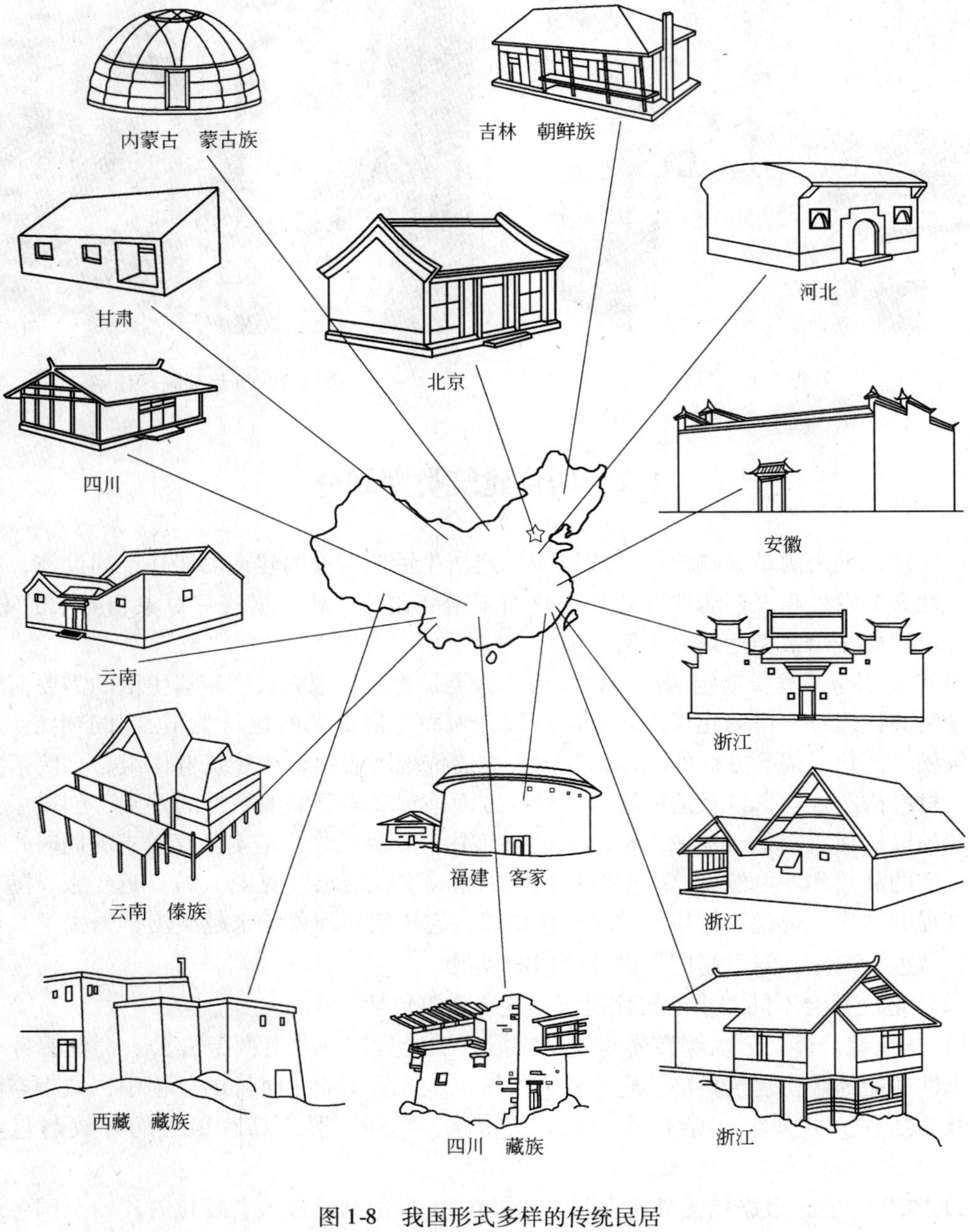

图 1-8 我国形式多样的传统民居

变空间的数量、形状和尺寸等，使得住宅满足家庭人口规模和结构的变化以及不同家庭的不同居住需求，成为一个家庭的“长效”商品。灵活可变性住宅适应了我国人多资源少的实情，能大大提高住宅的耐久性和使用价值。

5）SOHO 住宅。它是为满足在家办公的商务白领群体的需要而建造的居住空间设施，是以计算机网络技术为生存基础的信息革命所带来的生产生活方式的重大转变，促进了家庭模式的多样化。图 1-10 所示为北京现代城 SOHO 住宅。

图 1-9

图 1-10 北京现代城 SOHO 住宅

1.3 居住建筑发展趋向

在当代，居住建筑的发展可以说代表了一个国家或地区整个经济社会的发展水平，也推动着当地建筑业的发展。随着社会经济发展水平的提高和居住生活方式的变迁，居住建筑正不断向着更广泛和更深入的领域拓展，具体可以归纳为以下几个方面：

（1）居住需求多元化。在居民生活水平日益提高的 21 世纪，人们的个性化倾向逐渐明显，居住建筑的发展建设应注重以人为本的原则。面对社会不同阶层、不同收入水平的住户提出的不同居住需求，无论是传统的满足基本生活的需求，还是个性化的独特要求，我们都应该积极地回应，充分地去满足。相应地，住户对居住建筑的选择也会多元化，如：对于经济条件好的家庭，可以选择别墅、排屋等面积宽裕、环境优美的住宅；追求时尚且经济条件尚可的家庭，可选择城市中心街区的另类住宅；经济条件一般的可选择经济适用型住宅等等。有些需求或许现在还没有被大众所接受或预知，我们也要在居住建筑设计时有所考虑并努力地探索。

（2）居住舒适度高。居住建筑的高舒适度体现在两个方面：一是指住宅套内居住的舒适度，在满足居住功能要求的前提下，注重精细化设计，充分地利用每一平方米的面积和空间，改善厨卫功能，追求住宅套型空间的适应性和可变性；二是指居住环境的舒适度，从建筑选址、自然环境的利用到室外景观的建设，都应以营建一个优美的、积极的、舒适的，并能体现文化氛围的居住环境为目标；要把空气、绿色、阳光引入室内，充分考虑住户的使用需求和心理感受，让居住更舒适。

（3）生态环保。设计建造生态的、低能耗的居住建筑，应该是 21 世纪建筑师们共同努力的目标。国外建筑师如杨经文、柯里亚等已探索出多种生态住宅的设计方法和途径，并取得了成功。他们运用生物气候学原理和本国传统建筑经验，使得居住建筑既降低了能耗又保持了当地特有的生活习俗，这很值得我们学习。我们应充分利用科技手段，对居住区的环境设计、废弃物的收集和处理、建筑材料的选用以及建筑节能设计、室内物理环境设计等进行综合考虑（见图 1-11），努力减少对资源和能源的消耗，降低对环境的污染，创造一个健康、舒适、安全、美观的生态居住区。

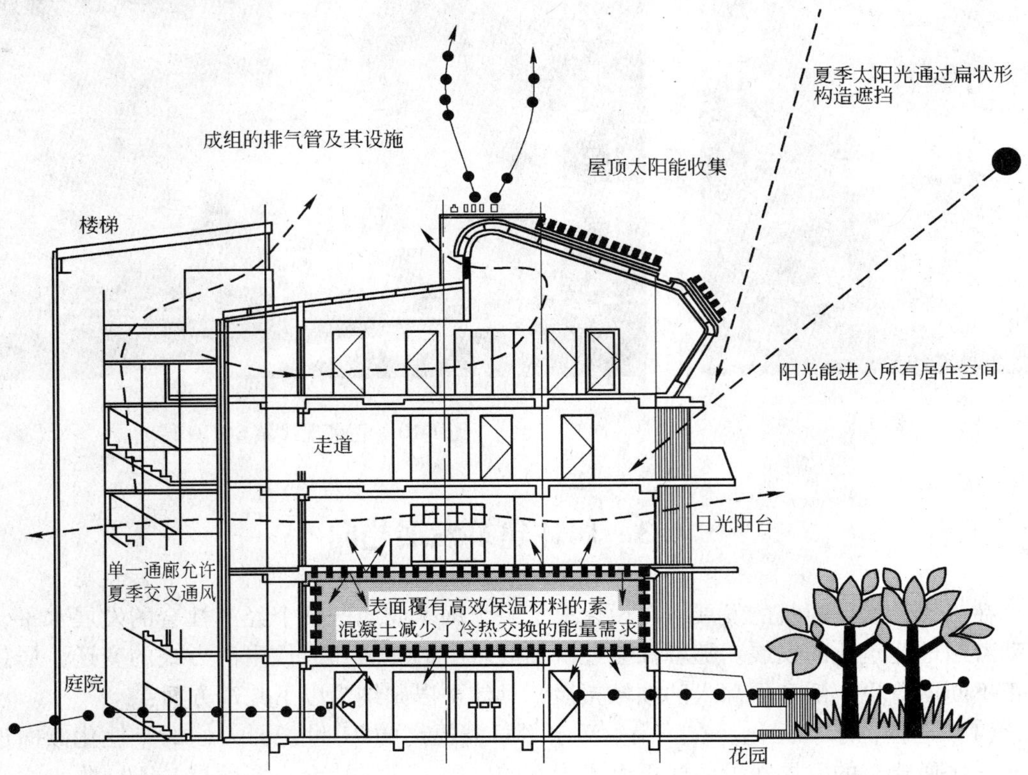

图 1-11 国外某住宅室内生态模式

（4）尊重文脉与体现地域特色。在新中国建立后的很长一段时间内，由于受当时的历史经济条件的限制，新村式的居住区建设在城市改造中被大量使用，破坏了城市原有的结构与肌理，使得在长期历史积累中形成的城市文脉被割裂与淹没，城市的地域特色在逐渐消失。于是，各种促进中心城区复兴和追求地域特色的居住区规划设计理念也应运而生，如新城市主义、新地域主义等。尊重文脉与体现地域特色还体现在居住建筑的造型、院落空间、环境设计等方面，在现代结构、材料、形体的基础上，居住建筑融入地方传统的建筑语汇，以现代的手法加以改造、变形、重组，使之具有鲜明的时代特点，并透出地方风格。因此，无论是居住区规划还是居住建筑单体设计，尊重文脉与体现地域特色是今后必然的一个发展趋向。

（5）技术含量高。从居住生活层面来看，安全的防护体系、良好的信息环境以及快捷自动化的物业服务，都需要技术含量的提升；从居住建筑的建造方式来看，国家对住宅产业化建设也提出了许多重要的政策与措施，如住宅结构体系、节能墙体、厨卫技术、管线技术、施工技术以及保障技术等等，取得了较好的实际效果。未来居住建筑的发展，必然需要最新科技成果、高技术含量的支撑。

2 住宅套型设计

2.1 相关概念理解

2.1.1 户、住户、户型、套型

户、住户、户型、套型的概念分述如下：

（1）户。户是一个为共同生活的目的而聚集的生活单位，一般认为户就是家庭。在家庭生活中，人们的每个“行为”都要占用一定的空间，完成每个行为时人体和人体动作所占的空间以及为完成行为而使用的家具所占的空间，再加上必要的余地所限定的空间范围，称为“行为单元”。住宅的组成规律就是由行为单元组成室，由室组成户（见图2-1）。

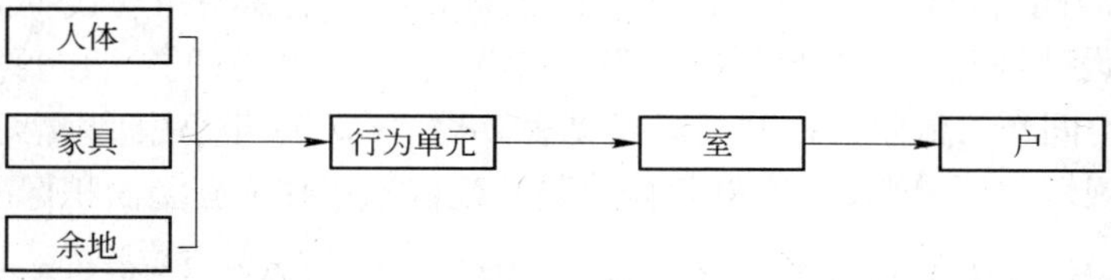

图 2-1

（2）住户。住户是以空间的占有来划分的，户所占有的空间的对象称为住户。不同的住户有不同的生活内容，按不同的生活方式生活。

（3）户型。户型原是指根据住户家庭人口构成的不同而划分的住户类型，一般按三种方法分类，即户规模、户类别及户结构。由于计划经济的影响，户型这一叫法一直沿用下来。自 20 世纪 80 年代中期，住宅方案中才引进“套型”这一概念。如今房地产开发中所说的“户型”与“套型”其实为同一概念。

（4）套型。套型在《住宅设计规范》（GB 50096—1999）中定义为，按不同使用面积、居住空间组成的成套住宅类型，满足住户不同人口规模、结构、生活方式以及它们的变化所需要的基本物质单位的类型。

2.1.2 家庭结构

家庭结构是指住户家庭成员关系的构成，一般分为单身户、两人户、核心户、主干户、联合户等。社会经济的不断发展和人们居住观念的改变，使得家庭结构也产生了变化。一般可以将家庭结构分为以下五种类型：

（1）单身户。单身户指的是已婚或未婚的孤身独居者，包括由于社会老龄化而逐年增长的老年独居户。

（2）两人户。两人户指的是由两个家庭成员构成的家庭，有夫妻户、丁克户、单亲户、空巢户等。夫妻户指的是一对夫妻想生育而尚未生育的家庭。丁克户是指夫妻俩自愿不生小孩，只有夫妻两人构成的家庭。空巢户指的是子女离开家庭独立居住谋生以后，留下的中老年夫妇所组成的家庭。近年来，随着经济水平的提高、人们生活观念的改变，空巢家庭的比例在逐渐增加。

（3）核心户。核心户指的是一对夫妻与其未婚子女构成的家庭。它已成为当前城市家庭的主要构成形式，是住宅套型设计时特别需要考虑的。

（4）主干户。主干户指的是一对夫妻与其一对已婚子女构成的家庭。在我国也称为"两代户"或"老少户"。家庭全体成员包括双亲、夫妻和子女三代人。

（5）联合户。联合户指的是一对夫妻与其多对已婚子女构成的家庭。这类家庭在城市中已极少存在，在住宅套型设计时基本可不予考虑。

2.1.3 套型面积控制

住宅套型面积标准与一个国家或地区的整体经济水平是密切相关的，同时也与住宅使用功能、住户人口数量、结构以及居住行为等因素有紧密联系。因此，我们确定住宅套型面积要以住户的居住需求和国家经济、资源的实际情况为依据，做到房间面积与尺度要恰当，在增加面积的同时，适当增加不同房间的数量，使住宅套型与现代生活方式相适应。

我国《住宅设计规范》（GB 50096—1999）将住宅套型分为四类，以每类的最低面积标准和最少的居住空间作为低限的控制指标（见表2-1）。《2000年小康型城乡住宅科技产业工程城市示范小区规划设计导则》（1996年修改稿）建议城市住宅套型面积标准按表2-2控制。

表2-1 《住宅设计规范》（GB 50096—1999）住宅套型分类与面积标准表

套 型	居住空间数/个	每套使用面积/m^2
一 类	2	34
二 类	3	45
三 类	3	56
四 类	4	68

注：表中使用面积均未包括阳台面积。

表2-2 《2000年小康型城乡住宅科技产业工程城市示范小区规划设计导则》住宅套型面积标准表

类 别	套型使用面积/m^2	套型建筑面积/m^2
一 类	42～48	55～65
二 类	53～60	70～80
三 类	64～71	85～95
四 类	75～90	100～120

上述规范和导则在一定时期内对我国的住宅设计起到了较好的调控作用，但随着住宅的完全市场化，其指导意义已逐渐淡化。因此，我们在参考了相关资料的基础上，建议今后现代住宅套型面积控制按表2-3、表2-4、表2-5进行。

表 2-3　不同住宅套型建筑面积控制范围

套型布局	一室一厅	两室一厅	两室两厅	三室两厅	四室两厅
建筑面积/m^2	40 ~ 65	70 ~ 90	85 ~ 110	110 ~ 150	135 ~ 170

表 2-4　套内使用面积为 40 ~ 90m^2 的各功能房间使用面积控制范围

房间名称	起居室	厨房	餐厅	次卫生间	主卧室	主卫生间	次卧室	书房	服务阳台	生活阳台
使用面积/m^2	16 ~ 24	4.5 ~ 8	6 ~ 9	2 ~ 2.5	12 ~ 16	3.5 ~ 5.5	8.5 ~ 11	10 ~ 13	2 ~ 3.5	4.5 ~ 6.5

表 2-5　套内使用面积为 90 ~ 150m^2 的各功能房间使用面积控制范围

房间名称	门厅	起居室	厨房	餐厅	次卫生间	主卧室	主卫生间	次卧室	书房	服务阳台	生活阳台
使用面积/m^2	2 ~ 4	20 ~ 35	6 ~ 9	9 ~ 15	4 ~ 7	15 ~ 25	5 ~ 8	10 ~ 13	10 ~ 13	3 ~ 5	5 ~ 8

注：1. 表 2-3 ~ 表 2-5 中的数据引自《居住建筑设计原理》（胡仁禄等编著，中国建筑工业出版社，2007）；
2. 各面积数据适合于中等居住水平的住宅使用。

2.2　影响住宅套型设计的相关因素

套型是为住户使用服务的。以往我们设计住宅套型时，常基于“食寝分离”、“居寝分离”这样的原则着手，根据家庭人口构成、家庭人口在不同生活阶段的变化来设计。但对每一个家庭而言，其成员情况、职业、年收入等社会属性方面各不相同，套型应呈现多元性以适应各类不同家庭的需要；家庭作为社会的基本细胞，深刻受着社会形态和文化模式的影响，因而套型设计必须适应整个社会文化模式的变化；我国地域辽阔，各地区的气候、环境、经济水平、生活习惯、历史文脉迥然不同，也必然使得套型有明显的地方性；另外，随着经济的发展，居民生活水平的提高，人们固有的价值观、生活方式也发生了前所未有的变化，老年住宅、居家办公等随之出现，这一切对套型空间也会提出新的要求。概括来说，影响住宅套型设计的相关因素有以下几方面。

2.2.1　家庭人口构成

我国城镇家庭人口规模，家庭构成的现状和发展趋势是研究住宅套型设计的最基本的依据和出发点之一。家庭人口构成包括家庭人口规模、家庭代际数、家庭年龄构成三个方面。

2.2.1.1　家庭人口规模

家庭人口规模表现了家庭人口数量概念。我们可以从家庭平均规模，即户均人口数和家庭规模比例两方面来分析它与套型设计及标准的关系。

A　户均人口数

户均人口数指的是一定范围内住户的平均人口数量，可以是针对村、镇、县、市、省、国家或某些特定的范围。随着经济社会的不断发展，家庭成员从业自立、两代人之间代沟加深，尤其在我国，计划生育作为一项基本国策，因此，户均人口数下降是一个总趋势（见图2-2）。户均人口数的减少又将导致社会家庭总数的快速增长，从而更加大了住宅的需求量。

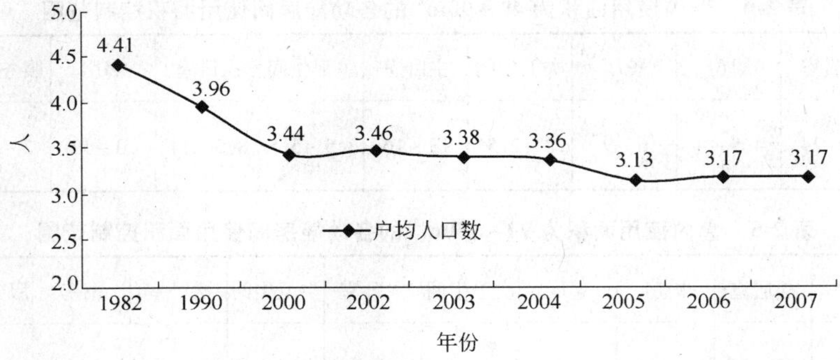

图2-2 户均人口数下降变化图

B 家庭规模比例

家庭规模比例即各种规模家庭在家庭总数中所占的比例。在我国，各时期家庭规模比例有很大的差异，这同时关系到不同住宅套型的比例问题。根据近年来的相关资料表明，我国家庭规模比例呈现以下发展趋势（见图2-3）：

（1）随着人们经济水平的提高和生活观念的转变，以往那种三代、四代同堂的传统大家庭模式，正随着年青一代的成家分户而纷纷解体。家庭总数快速增长，四口人以下的小家庭明显增加。

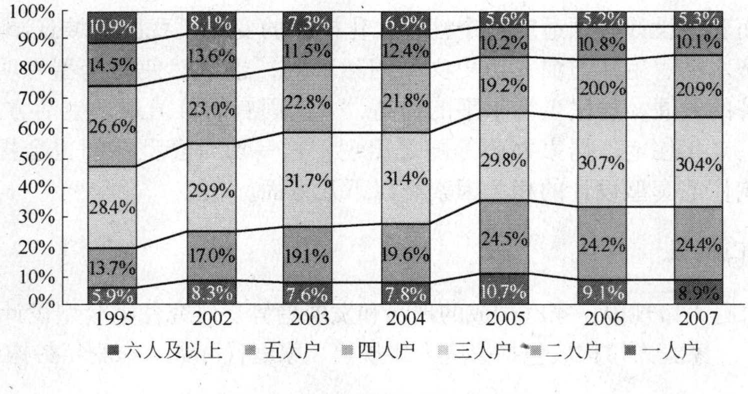

图2-3 家庭规模比例变化图

（2）单身家庭比例增加（至于单身家庭算不算“家”，这个问题留给社会学家去争论）。改革开放后，受西方生活方式的影响，人们眼界开阔了，收入增加了，年轻人以事业为重，30多岁还没结婚的人越来越多；社会老龄化，绝大多数子女成家后即脱离父母而使孤身老人增多；夫妻异地工作而分居；居住水平的提高，传统观念的改变，也使单身独居成为可能。

(3) 两人户（主要指夫妻家庭）与核心户家庭呈现上升趋势，且所占比例最大。例如上海现在户均人口不足3人，说明上海如今核心户和两人户的家庭户占了主体。两人户家庭增多是由于青年人的晚婚晚育、社会老龄化、子女成家另购新房而留下老年夫妻这一“空巢”家庭以及“丁克”家庭的出现等现象造成的。核心户主要是指夫妻+子（女）一人组成的三口户家庭。

(4) 四口户及四口户以上家庭均呈下降趋势，表明传统大家庭模式的解体。两代夫妻“分而近”的居住方式是普遍愿望。

2.2.1.2 家庭代际数

过去大多数是以三代家庭为主，而现在二代户占绝大多数。这与家庭规模的小型化趋势是一致的。因此，住宅套型将主要针对小家庭二代户来设计。

对于老少两代希望“分而不离”的问题，两代居的住宅套型基本可以满足这种要求。随着老龄人口的增加和家庭代际分离，仅由一对老年夫妇组成的老年家庭已经大量出现并将迅速扩大。但同时由于受传统伦理道德的影响以及一定的经济联系，使老少两代又保持着“分而不离”的特点，年轻夫妇大多希望与父母“离”且“近”，既可以照顾老人又能减少由年龄生活差异带来的相互干扰（见图2-4、图2-5）。

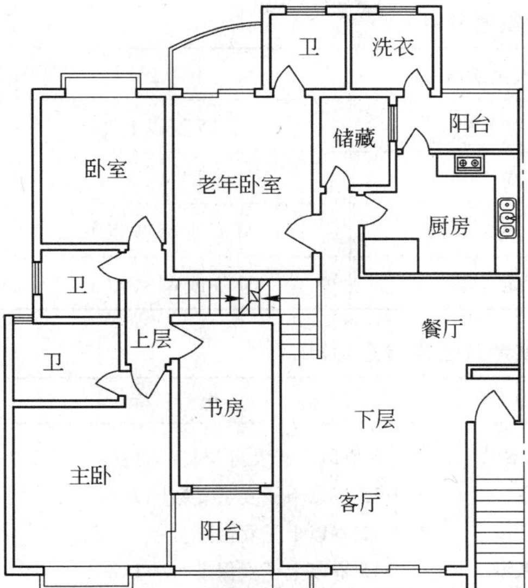

图2-4 老少同住型

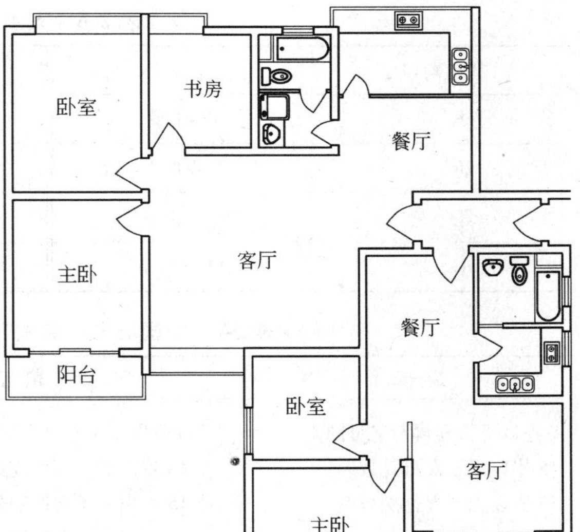

图2-5 老少邻住型

2.2.1.3 家庭年龄构成

家庭年龄构成是指家庭内各个年龄段的人口比例。由于科技进步、经济发展、人类生活水平和医疗保障措施的不断提高和完善，使得人类平均寿命大大提高。据有关专家研究预测，到2050年，我国人口年龄结构图将由1953年的金字塔形逐步演变为接近矩形，如

图 2-6 所示，老年人在全体人口中的比例越来越大，新生儿数量相对减少。

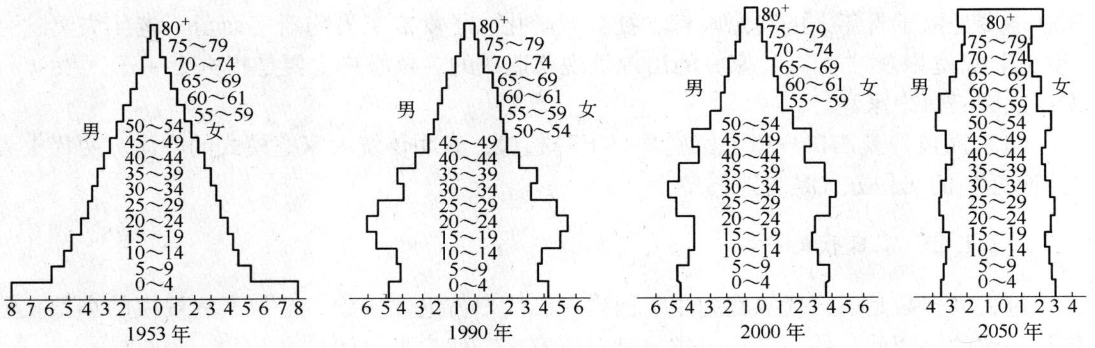

图 2-6 中国人口金字塔

关于家庭成员年龄构成问题，人们按年龄一般把人生划为几个阶段，见表 2-6。在设计小康住宅时，它涉及住宅的生理分室标准。原建设部中国建筑技术发展研究中心和日本国际协力事业团共同研究提出的“中国小康居住目标建议”，其中提出了生理分室标准，共分三个层次，见表 2-7。其理想目标可作为今后住宅设计的依据。

表 2-6 人生各阶段划分

人生阶段	年 龄	人生阶段	年 龄
婴 儿	0～1 岁	初 中	15 岁以下
幼 儿	3 岁以下	高 中	18 岁以下
儿 童	6 岁以下	成 年	60 岁或 65 岁以下
小 学	12 岁以下	老 年	60 岁或 65 岁以上

表 2-7 中国城市小康住宅标准建议生理分室标准

最 低 目 标	一 般 目 标	理 想 目 标
8 岁以下子女可与父母同室 18 岁以下子女可复数同室 15 岁以上子女性别分室	6 岁以下子女可与父母同室 18 岁以下子女可复数同室 15 岁以上子女性别分室 18 岁以上子女保证个人私室	6 岁以下子女可与父母同室 15 岁以下子女可复数同室 12 岁以上子女性别分室 15 岁以上子女保证个人私室

在 20 世纪 90 年代以前，家庭人口构成对住宅套型设计起着主要的影响作用，因为那时人们更多地考虑是“能否住下”的问题。但进入 21 世纪以后，对住宅套型设计来说，家庭人口构成实际上已不是一个主要因素。

2.2.2 居住需求

根据美国心理学家马斯洛（Maslow）的理论（见图 2-7），居住的需求由低到高分成五个层次：生理需求（衣、食、住、行、性），安全需求（安全、秩序、脱离痛苦、难受和威胁），依赖和爱的需求（爱、柔情、友谊和自立），尊重需求（自尊、互尊），自我实现需求（自我成就、实现潜能）。并指出在后一高级层次的需求出现之前，比它低级的需要必须得到适当的满足。一个人生理上迫切的需要得到满足以后，才能专心去确保他的安全；只有在基本的安全感得到以后，跟别人的相属关系和爱才能得到充分的发展；一个人对爱的需要的适当满足，追求、被追求和自尊才能充分施展。在所有前四级水平的需要相继达到了，自我实现的倾向才能达到顶点。

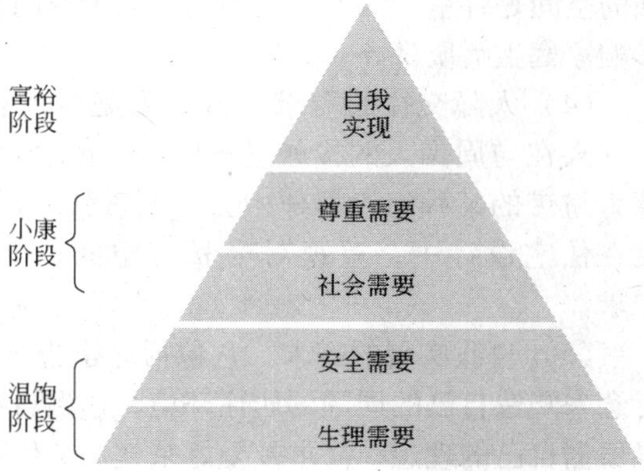

图 2-7　马斯洛金字塔形需求层次

2.2.2.1　居住需求层次

按照马斯洛的需求层次理论，我们可以把与居住建筑有关的需求归纳为以下五个方面：

（1）居住生理需求。生理需求是为保持人体内的平衡，满足生命有机体正常运行而产生的需要，是人类生存的基础。它包括了人对光、空气、太阳和一般居住安全的需求。在现代住宅建筑中，适当的厨房卫生设备、良好的采光通风、合理的日照时间及日照间距、方便的交通等等都是居住生理需求的重要内容。

（2）领域和领域感。它包括安全防卫、部分私密需求以及活动的需求。人们都希望在居住环境中建立一个有一定界线的空间范围并有权对自己的生命财产进行保护和防卫（见图 2-8）。领域也是空间对人形成的心理作用，也就是领域感。在城市住宅中，领域和领域感体现在个人、邻里、组团、社区等方面。像住宅阳台、露台、庭院、单元入口、廊道、公共交通空间、组团绿地、组群院落等形成的空间都具有较强的领域感，人们在此活动会感到安全可靠。在住宅设计中，应重视住宅的私有生活空间和过渡空间，满足人们对领域和领域感的需求。

（3）私密性的要求。住宅私密性主要包括睡、休息、卫生活动和其他私密要求。它常受到两方面的干扰：户内干扰和户外干扰，如噪声和视线（见图 2-9）。套型内部私密性最

图 2-8

图 2-9

强的空间是卧室、浴室、卫生间，其余空间私密性也要求较强。在设计中若处理不当，会影响家庭生活质量。

（4）人际交往的需求。包括家庭内的个体交往及对家庭外的社会交往，如邻里交往。人在与周围人的接触过程中，一般会产生强烈的情感及归属需要，并希望加入以友情为纽带的某种组织群体中去。而现代生活使人际关系，特别是邻里交往减少，这就需要在住宅设计中，重视对半私有空间、半公共空间和公共空间的建构，以满足交往需求。

（5）自我实现的需求。它包括对建造、正名和美感的需求。人们都希望能够按自己的意念来塑造自己的周围的居住环境，达到自我实现的目的。如在中国传统民居中，住户可以根据自己的理想、需求及爱好来建房。体现这种最高层次居住需求的最典型事例，还是那些单独设计和建造的私人独立式住宅。在今天大规模的城市住宅建设中，虽然人们已经很少能有机会在住宅上充分体现自我，但从广泛的居民对住宅的装修改造活动中，仍不难发现人们对追求自我实现的执着。

人的居住需求是按照生理需求、领域需求、私密需求、邻里友爱需求和自我实现需求这几种不同层次的需求逐步递增的。正如居住生活分物质和精神两方面内容，随着人们生活水平的日益提高，居住者需求的内涵也在不断地变化、充实、提高。居住需求随社会发展而发展。

2.2.2.2 居住需求与住宅套型

A 居住功能分解

在以前只要“住得下”的时代，人们的欲望只属于低层次的，“有房住就不错了”的需求，主要是为了满足生理、安全需求。这就形成了各种居住活动功能的混淆，如在一个房间内进行睡觉、休息、学习、会客、就餐等各种活动。如今，人们已进入了追求生活质量的时代，人们的欲望也逐渐向高层次需求发展。并随着社交活动的增多，居住者对住宅功能分解，形成各自独立的活动空间的要求也越来越强烈，如图 2-10 所示。

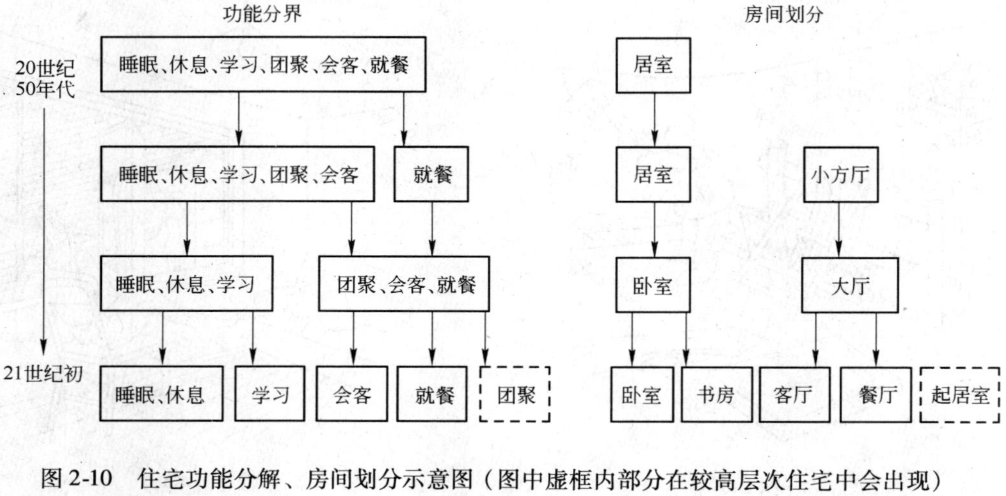

图 2-10 住宅功能分解、房间划分示意图（图中虚框内部分在较高层次住宅中会出现）

B 套型模式演变

住宅套型模式的变化受到社会经济的制约和社会上层建筑的深刻影响。从20世纪50年代的“居室型”套型模式发展到小康时期的“起居型”，并进而向经济富裕时期的“舒适型”模式发展（见图2-11）。

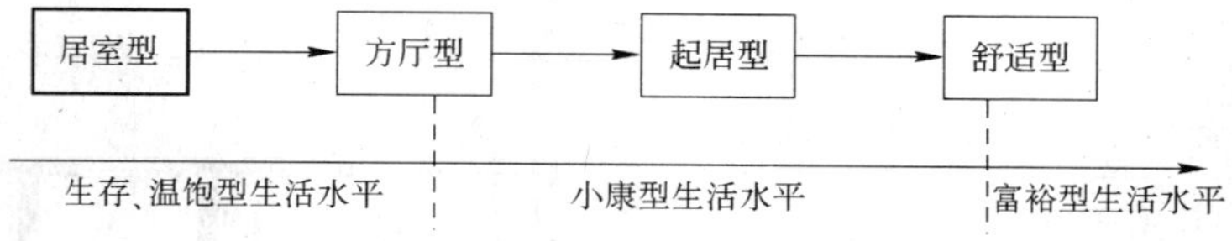

图2-11 居住需求演进图

（1）“居室型”（或称起居就寝合一型）。其平面特征往往是以走道将各居室分隔为相对独立的空间。由于“居室”空间内起、卧活动混杂，给家庭生活带来许多不便，厨房、卫生间空间的尺度亦无法满足基本的使用要求。所以“居室型”套型模式只能适应标准较低家庭的生活（生存、温饱型生活水平）需求，“居室型”套型模式只适应所谓“住得下，分得开”起码的生理分室，故又称其为“生存型”（见图2-12）。

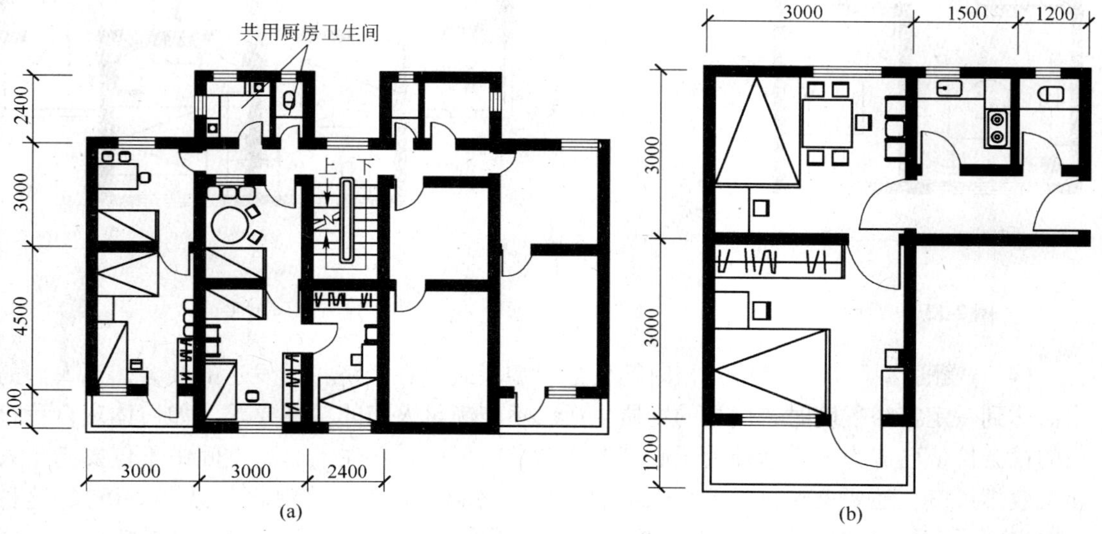

图2-12 居室型平面

（a）居室型平面1（厨房卫生间共用）；（b）居室型平面2

（2）“方厅型”（或称餐寝分离型）。户内的方厅是扩大的交通空间，方厅除了就餐以外还可兼顾家庭团聚、待客、家务等起居活动，克服了部分起居活动与睡眠、学习、休息之间的相互干扰，但由于方厅的尺度和环境尚不能满足起居活动的多种要求，故亦可称之为“温饱型”（见图2-13）。

（3）“起居型”（或称起居、用餐、就寝分离型）。起居型是小康住宅套型模式。新传播媒介的发展和普及，在很大程度上改变了人们的生活方式，人们可以在家里获得各种知识、社会信息和文化娱乐内容。起居室作为家庭团聚、社会交往、文化娱乐、就餐等活动的主要场所，成为户内空间不可缺少的组成部分。同时，因起居、卧室空间的分离，满足了家庭团聚、就餐、视听等同步活动所需要的公共空间，协调了家庭内睡眠、学习、休息等异步活动所需的分离空间，形成了代际之间生活、思想和情感沟通的空间组织。图 2-14 为起居型住宅套型平面。

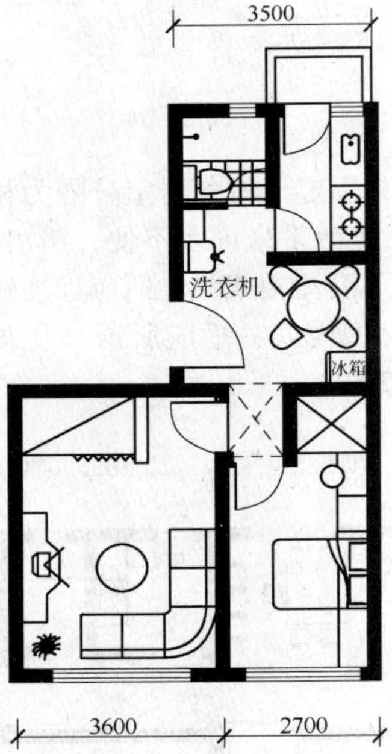

图 2-13 方厅型平面

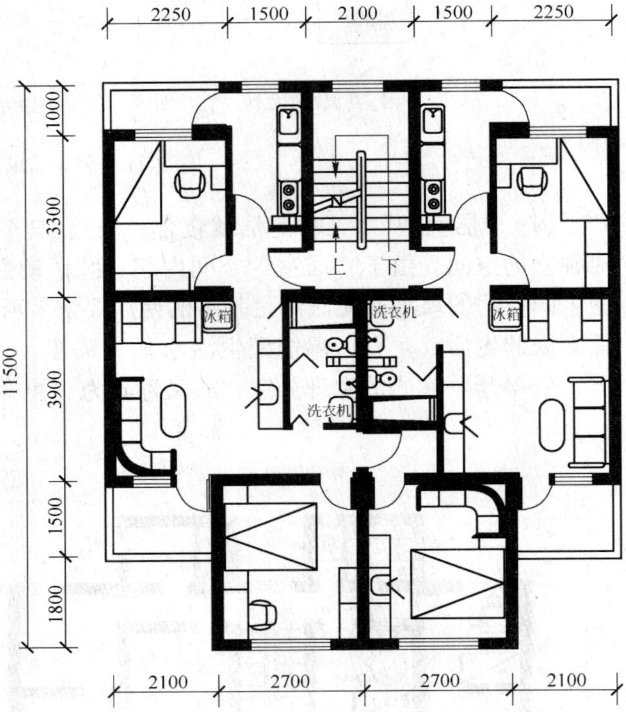

图 2-14 起居型平面

（4）“舒适型”属于经济富裕时期住宅套型模式。在经济相对发达的社会，当人们的生活达到一定富裕程度时，优裕的物质生活已不能满足人们的精神要求，如何体现自我存在的社会价值已成为人们精神上、心理上所追求的目标，在住宅套型空间中不仅要满足人体工效学尺度，还要反映自己的个人生活方式、兴趣爱好和审美观念（见图 2-15），这种户内空间形态称为“舒适型”。户内空间形态的发展与生活水平的对应关系是相对的，舒适型的初级阶段也可适应小康型生活水平。

2.2.3 居住行为模式

2.2.3.1 居民行为与功能空间

依据居民行为特性对住宅户内空间进行合理地功能分室和生理分室是套型设计的主要任务。居住生活行为一般可以分为四类，并各自对应于一定的功能空间。

（1）私人生活行为。私人生活行为主要指个人就寝、更衣整容、衣物存放、学习思考等行为，其相应的功能空间是夫妇主卧室、次卧室（单人、双人、客人、儿童和老人使

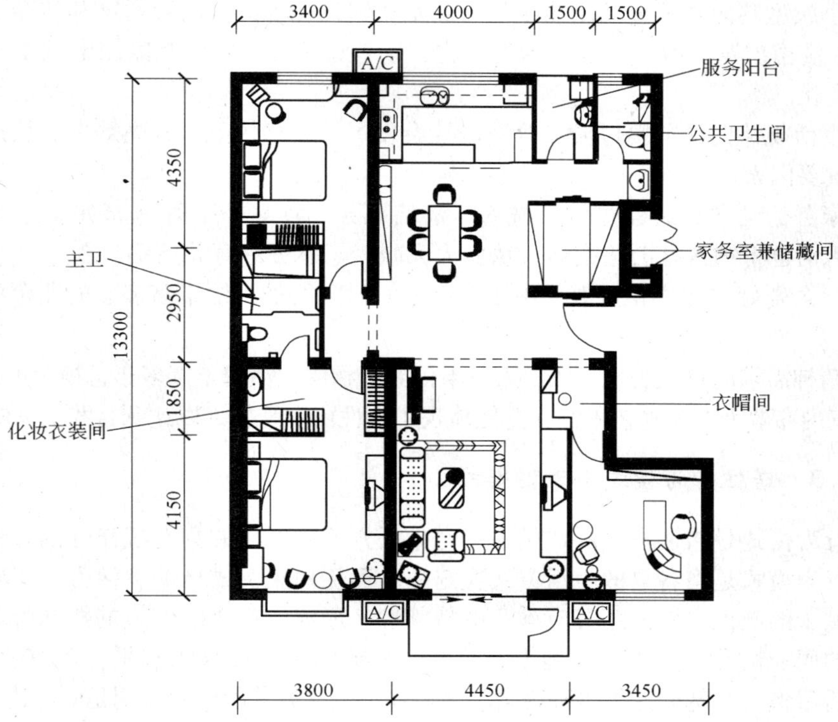

图 2-15 舒适型平面

用）及附设的储藏空间等私密性空间。

（2）社会生活行为。主要指住户各成员起居、团聚、会客、娱乐、就餐等人际交往活动。相应的功能空间组成有起居室、客厅、餐厅及工作室等。

（3）家务活动行为。家务活动行为包括炊事活动、清扫洗涤活动和缝纫熨烫等。相应的功能空间主要是厨房、洗衣室。

（4）生理卫生行为。生理卫生行为主要指洗浴、便溺、洗漱等个人卫生活动。其相应功能空间主要是卫生间及附属的储物与过渡空间。

除上述主要居住行为和相应的功能空间外，住宅套型中还应有与户内走动行为相应的交通空间，与储物行为相应的公共储藏空间以及沟通室内外活动的过渡空间（如阳台、露台、屋顶花园等）。行为空间是套型空间分划和组合的基本依据，方案设计时，应根据住户的意愿和套型面积控制标准综合决定空间组成。

2.2.3.2 社会生活行为共性

（1）物质型转向文化型。科学技术的飞跃发展，信息革命的冲击，使家庭生活的内容由物质上的满足转移到文化上的需求，在家里看书、上网、学知识、学文化蔚然成风，用于智力开发的时间增多。

（2）封闭型转向开放型。为了加强信息交换和知识互补，社会交往得到加强，接待客人的概率增多。

(3) 小康型转向舒适型。物质生活由满足温饱的需求向提高舒适度和洁净度的方向发展，如增加洗浴次数，改手工操作为电气化，家务管理的自动化及家用电脑工作将给生活带来新的变化。

(4) 生活规律向快节奏过渡。为适应社会发展，要求快节奏、高效率、快速度，争取时间成为重要因素。

(5) 家务劳动向社会化过渡。洗衣、清洁服务、食品加工等项家务和劳动逐步社会化，育儿活动也将纳入社会化范畴，从而大大减轻了家务和育儿活动。

(6) 业余爱好向多样化过渡。由于业余空间时间增加，给丰富多彩的业余活动提供了可能。

(7) 精神需求向自我表现过渡。人们不仅限于物质生活的丰富多彩，精神上的要求也会提高，如室内布置上要反映艺术性，并能体现个人性格和爱好，以达到自我实现的需求。

2.2.3.3 居住行为模式与套型模式

居住行为模式是指住户主要成员在一定生活方式中形成的具有规律性的居住行为。住户的居住行为模式是由各自的生活方式决定的。而住户主要成员的生活方式，除了社会生活行为所赋予的共性之外，还具有本身的特殊性。形成住户生活方式的特殊性的原因不仅涉及人们的职业情况、文化教育程度、社会交往范围、经济收入水平，还有个人的年龄、性格、生活习惯、兴趣爱好等多种因素。因而住户生活方式的千差万别是必然的。住户成员的内在居住意识的定型化与其居住行为的不断重复的有机结合，形成了居住行为模式。因此，居住行为模式也必然呈现多元性。日本最大的城市住宅综合建筑集团——住宅·都市整备公团，曾于20世纪90年代初提出了面向21世纪城市住宅设计的八种模式（见表2-8）。结合我国的实际情况，我们把与住宅套型模式相关的居住行为模式分为六种（见表2-9）。

表2-8 日本面向21世纪城市住宅设计的八种模式

住宅模式	生活方式	居住特点
共享型	个人私密性与家庭其他成员的活动要有机结合，家庭成员的角色多样化，而且随时间的推移而发生变化	(1) 房间多而互不干扰； (2) 起居空间大； (3) 住宅平面可自由分隔和采用家具隔断
社交型	追求丰富多彩的社交生活，在家待客成了生活的一部分；爱好开放的大空间	(1) 房屋净空高，空间简洁； (2) 不显眼的大壁面式储藏空间； (3) 像工作室的大客厅
智能型	活跃在信息化社会中，对住宅信息管理自动化极为热心，适应大都市中心的快节奏生活，喜欢24小时在连轴转的工作、生活方式，家也是工作场所	(1) 有便于电脑操作和接受信息的设备条件； (2) 住宅信息管理自动化系统具有防水、安全防范功能，冷暖环境自动调节，可从外部以信号控制浴室的热水开关以及其他家庭服务设备
文化型	热衷于学习新的技艺，培养新的爱好，爱在家里举办编织、插花、英语、技艺等活动，自身还有弹钢琴、绘画等爱好	(1) 从住宅的主要部分分离出一间独立入口的大房间，供特殊文化活动用； (2) 住宅室内环境能满足公共文化生活的精神要求

续表 2-8

住宅模式	生 活 方 式	居 住 特 点
二重奏型	从事涉及面广而繁重的商业活动，需要寻求上下班截然不同的生活模式	（1）在市中心有一处带家具的旅馆式公寓； （2）在郊外有一处手工制作味浓厚的住处
郊外宽敞型	羡慕国外先进国家住宅的宽敞性和舒适性，家庭人口较多，往往多代同住	（1）室内空间宽敞，起居室适于交际； （2）4LDK 套型为主，建筑面积在 125 ~ 126m^2
城市优雅型	充分享受市中心的一切便利条件，陶醉于都市文化生活；经济条件富裕，并追求上层文化享受，有充足的时间	（1）高级精致的室内空间； （2）有方便的家庭服务设施； （3）屋顶花园可眺望城市夜景和提供餐饮
适龄型	家中以老人的生活为中心，老年人正极力争取一切机会活到老学到老，并希望达到年龄的自理能力；家中其他成员不希望因老人年龄的增加而破坏安定的生活方式	（1）住宅形式有老人同住、邻居、近居三种； （2）住宅周围有完善的护理老年人的设施并与住宅内部实现联系的网络化； （3）便于不断学习的新环境功能

表 2-9　住户居住行为模式与套型设计特点

生活类型	居住行为模式	套型设计特点
重视社交活动	以健康快乐地生活为首要愿望，积极参加当地社区交流活动；这类家庭主人回家后一般不考虑工作学习，亲友之间关系密切，愿意交往和在家接待客人，来访较多，同时全家一起进餐、亲朋好友聚餐的次数也较多。重视邻里间礼节性交往；注重住宅外观形式和环境；这类家庭以文艺工作者、企业家、公务员居多	应注重起居空间的生活趣味性，常常要求拥有较大的客厅、餐厅、厨房以及较大的次卫，并且餐厅与厨房联系密切。客厅有很好的朝向和外部景观；邻里间宜设半公共的交往空间
重视个人的工作、学习	在家工作、学习的时间较多，希望户内有安静的、不受干扰的工作或学习空间。往往有大量书籍，在家里接待客人的时间比较少，注重孩子的教育；邻里交往比较淡漠、注重环境质量。这类家庭主要有研究人员、作家、教师、科技人员等	客厅、餐厅未必很大，但需要有较大的书房，考虑书柜、书架的放置，同时也要保证子女有学习条件的独立房间；厨房相对宽敞，便于共同参与和交流
重视城市生活，追求时尚	这个群体的人们一般都是观念新潮，对城市的发展趋势和新事物非常敏感，无论工作或个人生活都追求快乐、时尚、舒适；他们一般把居住地选在市中心	希望在有限的面积内创造出有层次、紧凑的丰富空间，套型总面积并不大；LOFT、错层、带阁楼的跃层等是他们的选择
注重生活便利与安定	这个群体的人们把住宅当作长久的安身之地，注重城市生活的方便与安定，追求坚实稳定的生活方式；一般以中年夫妇、老年夫妇家庭为主	注重套内各空间布局的合理性，以客厅为中心组织空间，各功能空间有良好的采光、通风，景观朝向良好
尊重个人生活	这个群体的人主张按照自己的生活方式追求自己的生活乐趣，重视个人的价值观念。从事管理阶层的白领人士多追求不生孩子的“二人世界”，而被人们称为“丁克家庭”，对他们来说，在家里的时间完全由自己支配很重要，强调个人空间的私密性	考虑空间的自由分割和灵活可变性
享受生活、追求自然	这是一个向往“工作在市区而休闲在大自然”的群体；他们喜欢大自然，住在郊区或常以与家人或友人团聚共度周末为乐	排屋和别墅是他们的理想选择

2.2.4 公共卫生及地域、历史、民俗特点

2.2.4.1 卫生防疫

2003年我国非典疫情的发生和迅速蔓延，与我国多年来建筑设计中存在的诸多缺陷有一定关系。长期以来我国对建筑物的消防、抗震等有较严格的要求，但大部分住宅在设计、建造直至验收过程中都缺乏防疫概念。因此，对加强建筑设计与卫生两个领域的交叉性研究，并尽快研究制订建筑设计防疫强制性规范标准，用以指导今后的城市建设和房地产开发是十分迫切和重要的。从住宅套型设计来看，主要考虑两个方面：

（1）层高不应太低。层高太低，开窗不够，过于依赖空调等机械设备是当今住宅设计的通病。1999年建设部制定的《住宅设计规范》（GB 50096—1999）规定，普通住宅层高不宜高于2.8m，厨房、卫生间的室内净高不应低于2.2m，这是出于节能、节地考虑的。但从卫生角度考虑，住宅层高必须达到3m左右，净高不应低于2.8m（指地板到天花板之间的净高度）。因为污染空气是随着热空气上升的，污染空气一般集中停滞在大约三分之二层高的上部空间，这样室内2m高的空间内空气是干净的。现在一些地方政府过于强调容积率，房地产开发商在高容积率的情况下追求利润，层高越来越低。目前全国普通住宅层高普遍低于3m，有的甚至不到2.7m，室内干净空气层低于2m，就容易对人体健康造成危害，如引发呼吸道等疾病。

（2）强调自然通风。由于空调的基本普及化，当前建筑界对自然通风设计知识较为淡薄。大部分住宅建筑已经没有以前老房子的气窗、老虎窗，而且很多窗户采用只能开一半的推移式门窗，有的可开启部分不足整个窗户的三分之一，这就造成室内上部污染空气难以排出。美国等发达国家绝大多数住宅都拥有壁炉、屋顶天窗等向上排气的通道，较注重自然通风这一问题。

另外，在中高层住宅设计中，应避免为达到采光、通风而设狭窄的内天井。调查表明，内天井式住宅对公共卫生十分不利，住户怨言很多，低层污染空气易通过内天井的吹拔作用进入上部住户室内。

因此，我们建议对住宅设计规范中有关层高的内容进行适当调整。在今后住宅套型设计中，普通住宅层高宜定为3m，净高不低于2.8m。增加窗户面积，并且可开启部分不应小于整个窗的三分之二，最好采用全开启式，以更利于自然通风。

2.2.4.2 地域因素

从地域因素分析，地区的地理、气候条件、自然景观会影响住宅套型的空间布局。在属于亚热带季风性气候的长江三角洲地区，套型内的起卧空间冬季对日照要求并不太高，但为了避开夏季的日辐射强度，应当避免面朝东、西向。例如上海，南偏东10°~15°是最理想的朝向，比正南还要好，这是由于地处偏东。相反在西部兰州，则是南偏西10°~15°为佳。当然若碰上景观好的，可允许适当突破，如面对着黄浦江的住宅。同时对长江三角洲地区来说，争取自然通风与朝向同等重要。特别是卫生间，更是如此，要尽量争取明卫生间，不设或少设暗卫生间。暗卫生间也要充分考虑管道排气通风的要求。长三角地区由于纬度偏南，又靠海，日照强度大，雨季长，空气中湿度大，特别是春夏之交的梅雨季节，情况很糟，要争取自然通风，特别是过堂风，尤为必要，尽可能迎向夏季主导风向。

在气候寒冷的北方地区，起卧空间对日照要求较高，其布局受朝向的限制。在东北地区，冬季长且温度很低，防寒保温成为主要矛盾，减少外墙周边长度对保温、节能十分有利。

2.2.4.3 社会因素

影响住宅套型模式的社会因素包括经济生活水平、不同地方及民族的生活习惯差异、地区的文化传统乃至宗教信仰等历史、民俗特点。如深圳、广州等地，经济生活水平较高，居民易接受外来生活方式影响，加上社会交往的需要，住户对套型的需求已不再仅仅满足功能分室这一基础层次上，期待“绿色”渗透到“家门内”。人们开始尝试将小庭院入户，将阳台变为生态性阳台，使住户空间向更好的环境质量过渡。长江三角洲地区的上海、南京、杭州等城市近几年经济发展迅猛，生活水平高，但城市历史悠久，城区人口密度大，加上土地资源又十分有限，住房一度曾非常拥挤，因此，具有节约土地、节省资源、居住舒适等多种优点的城郊或郊区联排式住宅（也称 TOWNHOUSE）套型曾一度受到欢迎。而经济文化相对落后的地区，则对套型面积的要求显得十分突出。

2.2.5 相关技术发展与住宅套型

2.2.5.1 结构技术

事实证明，不论是目前，还是今后，工业化的建造方法都是提高建筑业生产率的必要条件。但是工业化的方法容易产生一个致命的问题，那就是工业化产生的“确定性”与居住需求“多样性”之间的矛盾。如何解决这个矛盾，是住宅结构技术多年来研究的课题，也是未来继续追求的目标。国外的 SAR 理论正是在这一领域的积极探索，其主要思想就是工业化、标准化与灵活可变性的结合，将支撑结构与围护结构分离，既适合标准化生产的要求，又创造自由分割、灵活可变的空间（见图 2-16）。“支撑体住宅”在我国已有试

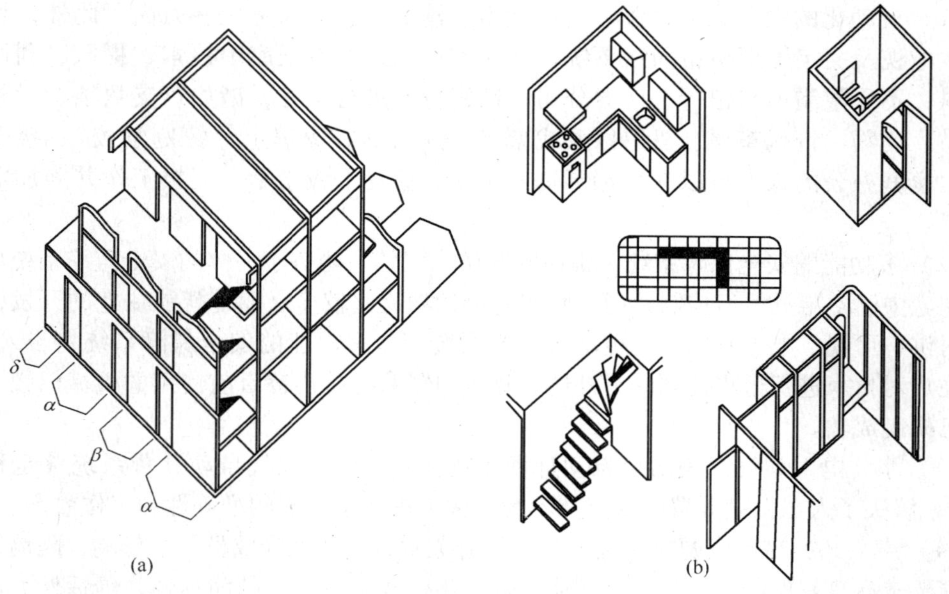

图 2-16 SAR 体系住宅

（a）支撑体部分；（b）可变体部分

作先例，但由于经济及观念方面的因素影响，目前还没有得以广泛推行，随着经济发展和技术的进一步完善，灵活性住宅会有更广阔的市场。另外，近几年较受欢迎的小高层，由于采用了框轻异形柱结构，内部轻质隔墙，分隔灵活，容易拆卸，符合了住宅不断变化的需要，不失为一种新的发展方向。

2.2.5.2 材料技术

据有关专家预测，在未来的几十年里，住宅的建筑材料将打破混凝土一统天下的局面，新颖建材如工程塑料、变色玻璃、聚乙烯等将得到广泛应用。美国伊利诺理工学院C·欧文教授构想的“纳米住宅”为人们描绘了更为美妙的蓝图。纳米塑料是普通塑料与纳米技术在未来可能的结合，它含有如人体细胞大小的计算机。用纳米塑料制成的建筑材料用作墙面能产生不同的图案，并能搜集热、光的能量；用作地板能产生不同的色彩和花纹；用作内墙能变换居室的结构和形态……所有这些建筑材料的更新、发展都无疑会给住宅的建造及套型模式提供更大的自由度。另外，随着我国钢产量的不断增加，钢结构住宅也应运而生，例如在北京、上海、杭州等地已兴建了不少。根据资料表明，钢结构住宅具有其自身特点所形成的灵活的室内空间布局；可增加住宅有效使用面积3%～8%；施工周期缩短30%～50%；结构设计安全可靠性高以及抗震性能优越等特点，这是现今其他结构体系无可比拟的。相信在今后会有更多的钢结构住宅出现。

2.2.5.3 信息技术

信息技术在住宅方面发展的主要方向就是智能住宅。相信在21世纪，随着高新科学技术的发展，兴建多技术、多学科综合运用的智能住宅将是大势所趋。智能住宅的特征主要体现在以下方面：

（1）自动化的家务管理系统。自动炊事、洗衣等日常家务是一方面，此外，利用双向有线电视及文字图形情报网络系统，坐在家里从各种数据库中检索、提取、利用信息和资料，不受限制地与银行、证券公司、销售行业进行交易，诸如存支款项、股票及债券交易、购物、订购车票、机票以及戏票等，还可坐在家里上“家庭学校”，接受辅助教育。家庭办公的人，可以在终端屏幕前工作，接受上级指示、汇报工作并参加电视会议等。

（2）多功能的安全保障系统。集住宅客访、门禁、防盗于一体的安全监控系统目前在国内住宅中已不罕见，但控制开门、呼叫对讲的功能比较多。随着智能住宅的开发，集呼叫、对讲、可视、电控开门、主被动式声光报警等众多功能的安全保障系统将步入家庭，甚至住户对自家进行远程控制。另外还有磁卡门锁系统将代替目前使用的机械门锁，这在国内已研制成功。

（3）水、电、煤气三表出户自动计费系统。水、电、煤气自动计费系统（也称三表出户），解决了人工抄表计费的缺点和不足，大大提高了查表的准确性和工作效率。

（4）声、光、热环境调控系统。为尽量避免对邻居和家庭成员间的影响，隔墙、楼板及门窗要求有良好的隔声措施。在照明方面，不仅要有生理上的明视性、舒适性，还要实行声控系统，无人时自动熄灭。地下室照明将以石英光缆与集光透镜组合的装置，把阳光引进。另外还有自动换气调温、太阳能热水装置系统的运用等等。

从上面的分析来看，似乎信息技术在住宅上的应用，更多地体现在设备及材料上。但我们认为，设备、材料上的更新是一方面，但更多的是对建筑设计观念及方法的冲击。对于由信息技术发展引发的SOHO生活模式来说，这种家庭办公与小企业结合在一起，促使夫妻同在家工作，甚至家族式企业，都不必为上班而奔波。家庭成员共创企业，不仅有助于互相间的思想感情交流，还使两代或三代人同住共作于一宅变得可能。套型模式必然会随之而改变，这是一个很值得建筑师探讨的问题。

2.3 套型内各功能空间设计

住宅套内空间是由一系列空间构成的，包括由客厅、起居室、餐厅、厨房以及健身房等构成的公共功能空间；卧室、书房、卫生间（浴室、厕所、洗脸间）以及保姆室等构成的私有功能空间；门厅、过道、阳台、露台以及储藏室等构成的交通与过渡空间三部分。公共功能空间的形成是为满足家庭相互间自愿的共同团聚，家人在这一空间中一起分享家庭的温暖与关爱。私有功能空间的形成是为满足个人得到独处、休息、睡眠和爱情的需求，是一方私密的自由天地。而交通与过渡空间则起到一个串联和功能补充的作用，是现代住宅套型中不可缺少的节点。

2.3.1 公共功能空间

2.3.1.1 客厅（起居室）

A 客厅（起居室）的功能分析

客厅和起居室是家庭团聚、休息、娱乐和接待的空间，是套型中最具综合性和公共性的部分，是使用频率最高、使用人数最多的区域，也是主人经济实力、社会地位和个性修养的表露和象征点（见图2-17）。在一般标准的住宅中，由于受面积指标的限制，客厅和起居室往往是同一个概念，而在舒适型住宅的大套型中，由于功能的进一步细化，一部分经济收入高的家庭会把两者分开设置。它们的区别在于：客厅是接待正式客人或组织正式社交活动的场所，起居室则是家庭成员日常的、非正式的休息娱乐场所。

图2-17 客厅（起居室）布置实例

客厅是一个家庭对外的门面，主人往往把最可炫耀的东西摆在客厅里。例如在墙上挂有价值的名人字画，在客厅角落的桌子上或两侧的玻璃柜里摆设各种古玩及旅游纪念品，以显示主人的阅历和富有。起居室则主要用于家庭内部成员的日常活动，比较亲密的朋友也常被邀请到这里，因此又称为家庭活动室或家庭室。这部分的空间一般由休息区、娱乐区等组成，家庭影音中心、儿童游戏区有时也被安排在这一空间里。

B 客厅（起居室）的最低限尺度

客厅空间尺度是由人们在客厅内家庭生活活动行为所需占有的最低限尺度范围来确定的。客厅主要功能单元是社交、娱乐、休息区。该区和交通空间构成客厅的空间，其布置方式及尺寸范围如图 2-18 所示。如果客厅还兼有其他功能内容，客厅空间尺度还要加上兼有的其他功能行为单元尺度。

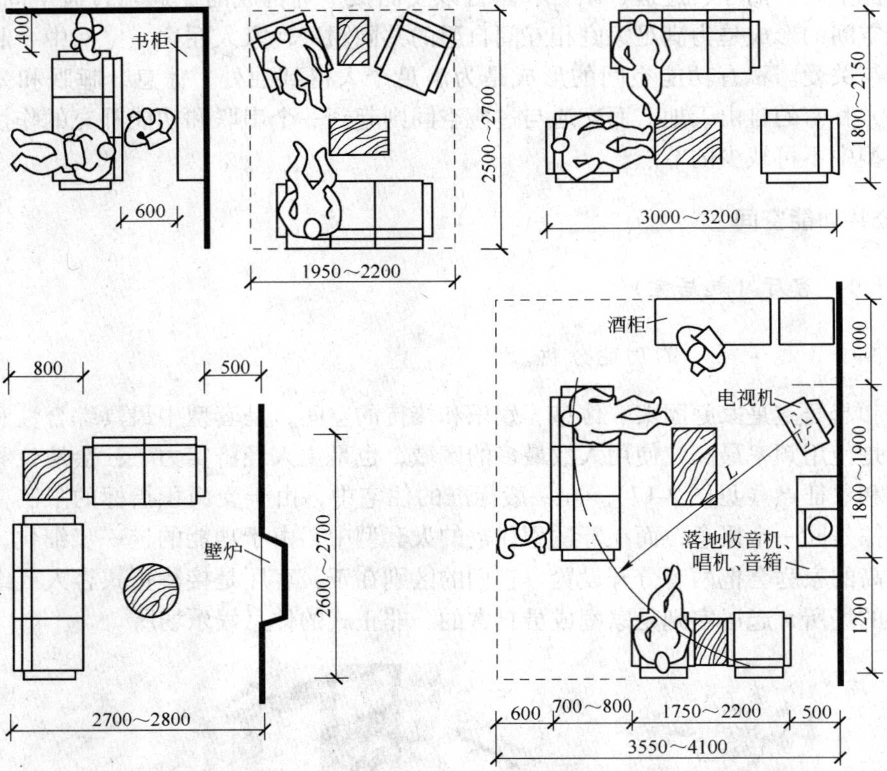

图 2-18 客厅低限尺度分析

客厅最小面宽的尺度主要以视听功能行为单元来决定（见图 2-19）。电视机安放的位置与主要坐具的距离，应考虑人眼视觉生理特点和防止人体的辐射影响两个方面。音响设备布置取决于室内混响的听觉效果适宜和视觉美观等，往往客厅布置是将影视和音响功能重叠在同一行为单元空间中，并一般以影视功能空间决定音响功能行为单元空间的尺度。结合参考《商品住宅性能评定方法和指标体系》（2000 年 9 月试行稿）中的有关规定，现代住宅套型客厅最低限面积及面宽可参考表 2-10。

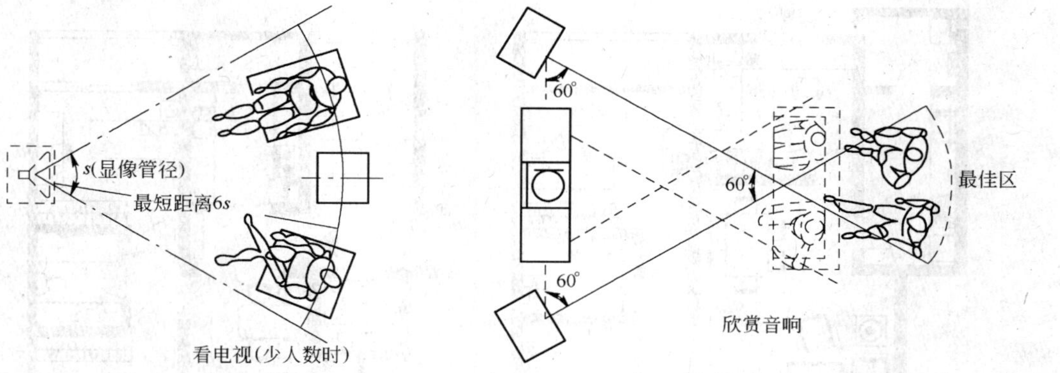

图2-19 客厅视听功能图

表2-10 现代住宅客厅面积及面宽建议

项 目	面宽/m	面积/m^2
经济标准	3.6	15
一般标准	3.6~4.2	18
舒适标准	4.5	22

虽然部分家庭会客的机会并不多，但是一旦家庭中某一成员有客人来访时，其他家庭成员就难以在客厅停留，起居室的出现正好解决了这一矛盾。起居空间并不是客厅空间的简单重复，通常与餐厅、书房、儿童游戏室甚至厨房结合布置，面积一般在12m^2 左右。

C 客厅（起居室）设计要点

（1）客厅、起居室是家庭活动的中心，也是套型内家庭和外界交流共同的空间，在套型中位置比较重要，是各类房间的转换中心；应该有好的朝向，最好为南朝向，通风、采光都应较好；两者设计应具灵活性，既可以单独设置，也可以将两者合并。图2-20所示为客厅布置的两个实例。

（2）客厅的门洞布置应综合考虑使用要求，减少直接开向客厅的门的数量，最好形成袋状空间，布置家具的墙面直线长度不小于3m（见图2-21）。

（3）空间视野要好，一般和阳台相连；客厅可以和餐厅、过道相连，使空间产生灵活性和流通性（见图2-22）。

（4）平面设计应尽量减少交通穿越干扰，户内交通流畅合理，通过便捷。客厅穿越交通最好角穿或短边穿越（见图2-23）。

2.3.1.2 餐厅

A 餐厅功能分析

餐厅是家居生活中的进餐场所，与客厅一起成为家居生活中重要的公共活动空间（见图2-24）。其主要功能就是就餐，有时也有做家务、儿童学习、休闲等行为，主要家具为餐桌、餐柜，有时有吧台。过去由于社会经济水平的限制，餐厅在住宅套内没有形成独立

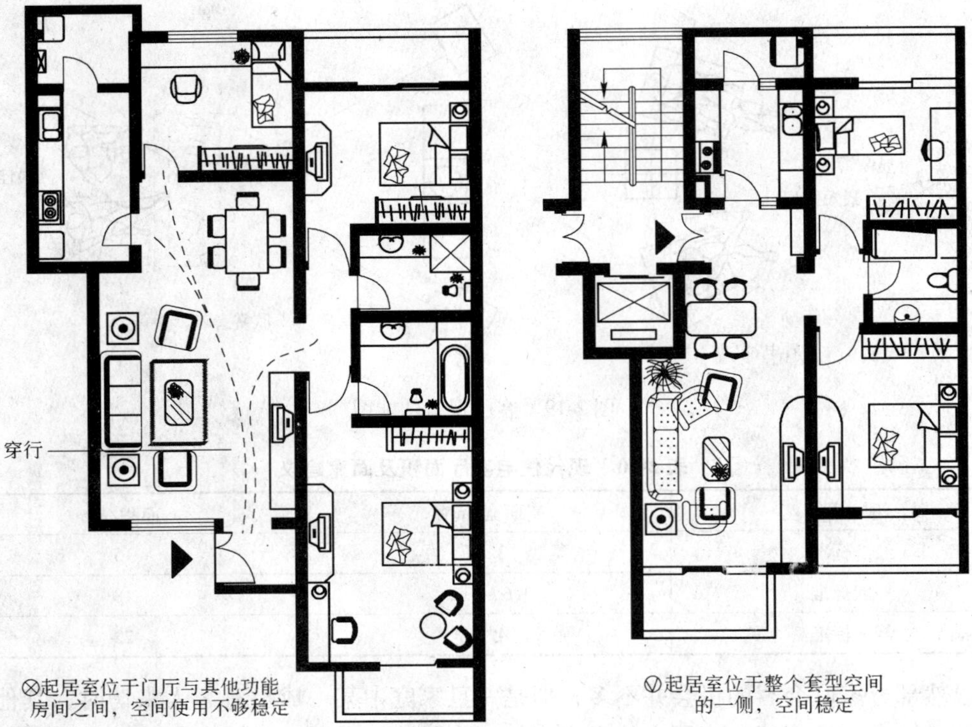

图 2-20 客厅布置

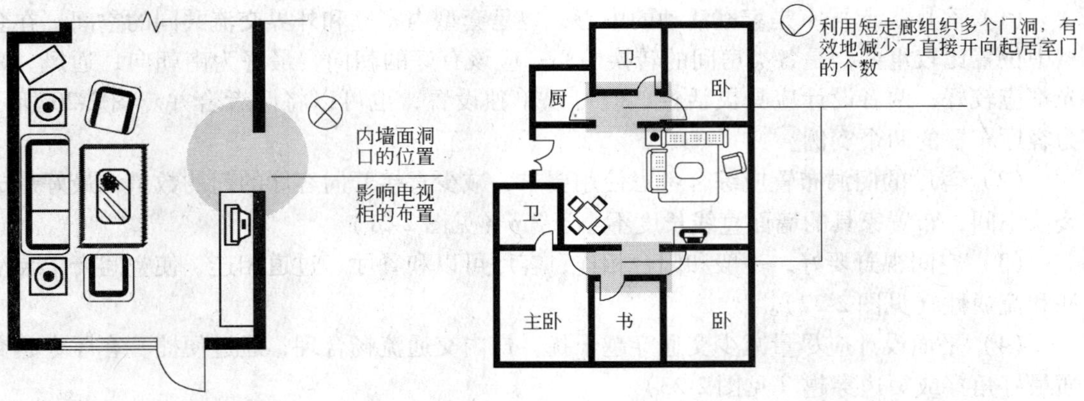

图 2-21 内墙长度、门位置与家具摆放关系

的空间，就餐活动经常合并在其他空间中。在 20 世纪 50、60 年代，居民一般在厨房或卧室就餐；70、80 年代一般在小方厅就餐；一直到 90 年代初，住宅套型中才出现了独立的就餐空间（见表 2-11）。如今，餐厅作为促进家庭团聚、凝聚人气的场所，已受到广泛的重视，已成为住宅套型内部必不可少的空间组成部分。

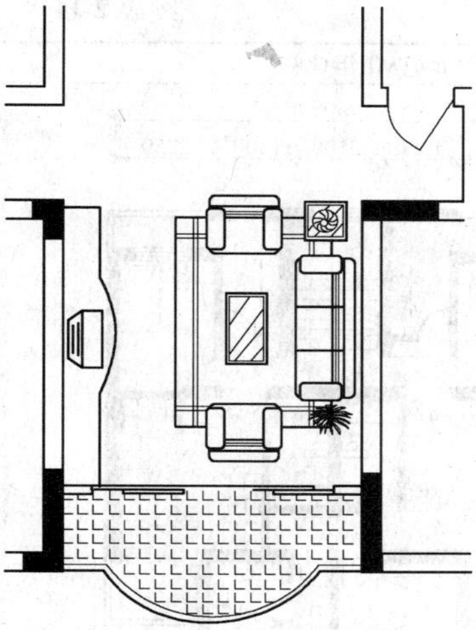

图 2-22　客厅与阳台连接

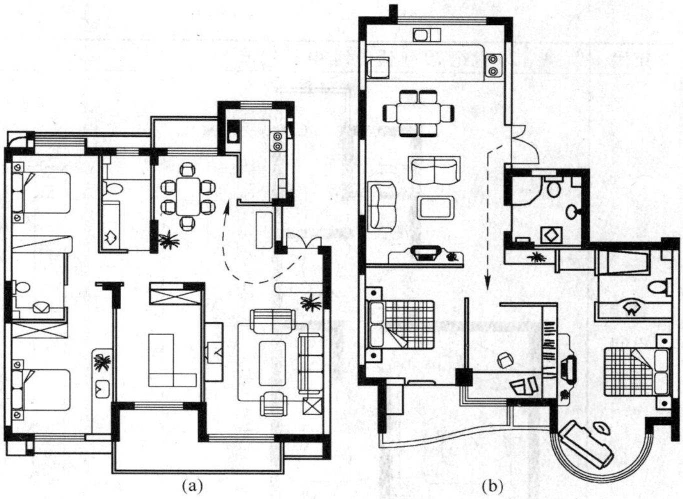

图 2-23　客厅穿越交通
（a）角穿；（b）短边穿越

图 2-24　餐厅布置实例

表 2-11　餐厅空间位置演变示意

年代	新中国成立初到 50 年代末	20 世纪 60、70 年代
餐厅空间位置	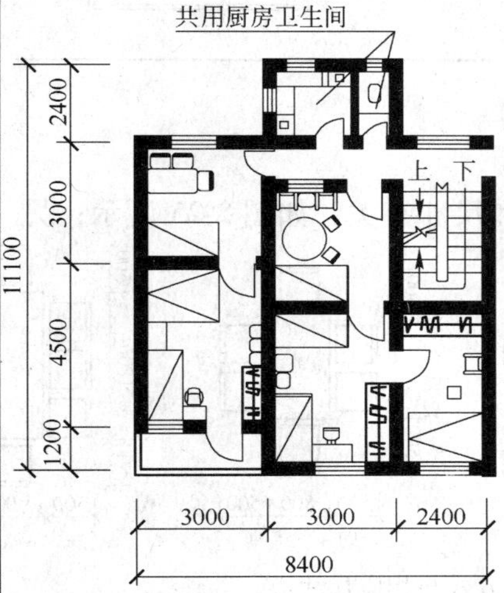	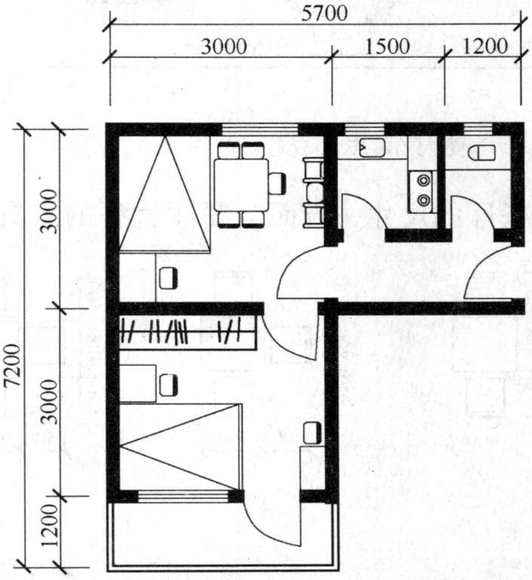

续表 2-11

年代	20 世纪 70 年代中到 80 年代末	20 世纪 90 年代初
餐厅空间位置	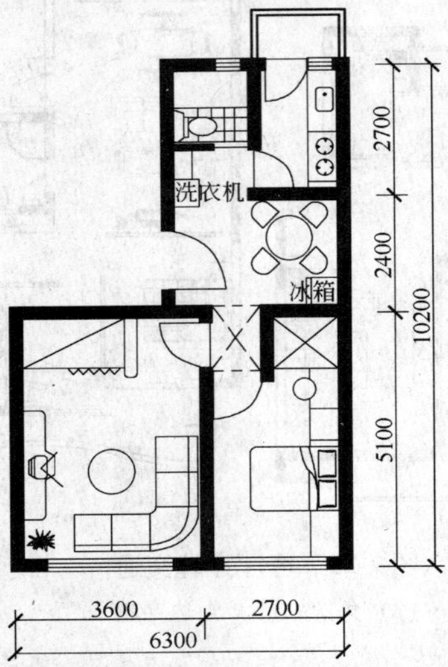	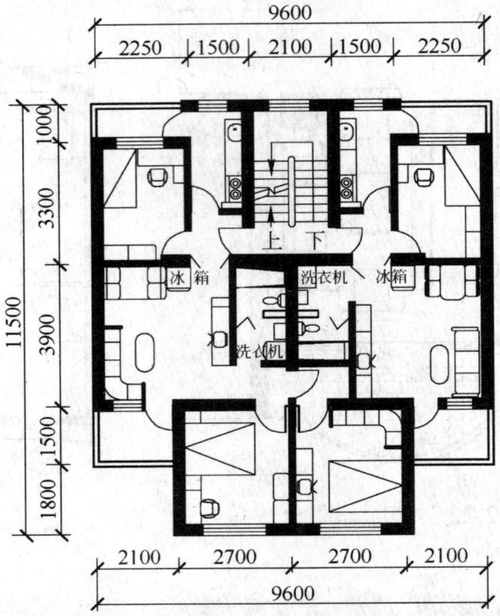
年代	1998 年以后	2003 年以后
餐厅空间位置	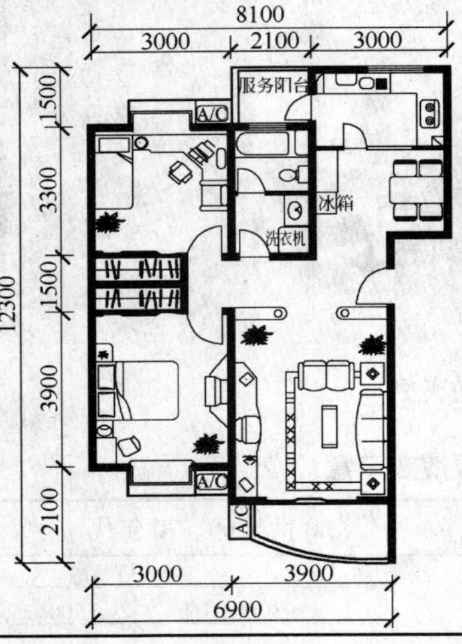	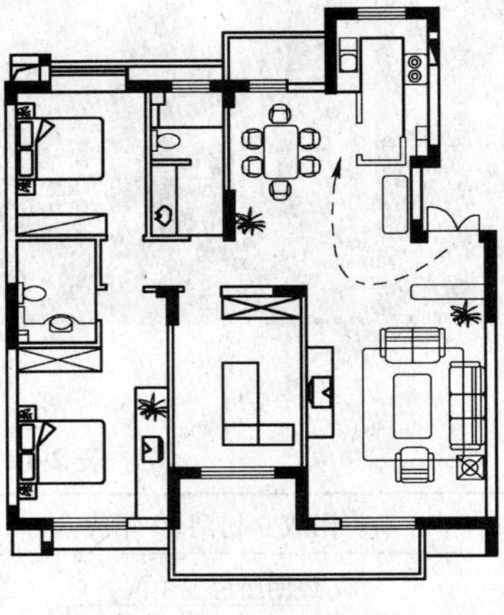

B 餐厅低限尺度

餐厅的尺寸一方面与餐厅就餐的家具类型和尺寸有关，如图 2-25 所示；另一方面要

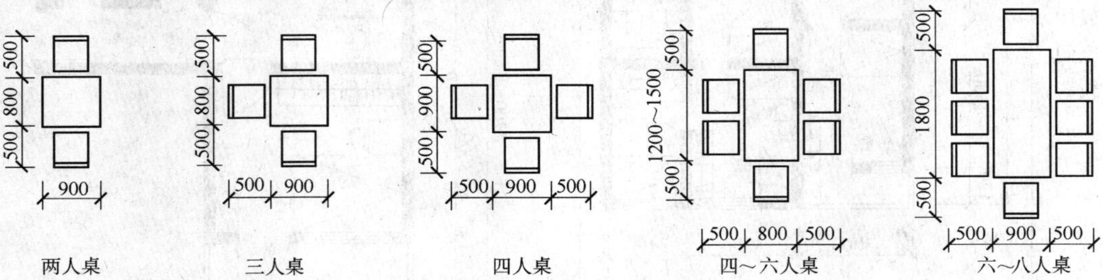

图 2-25 餐桌椅的组合方式与相应尺寸

考虑家具之外的通行区域及节假日多人进餐扩大就餐区的需求。因此，家庭就餐人数是影响餐厅空间大小的最重要因素（见图2-26）。一般情况下，不同规模的家庭应考虑设计相应规模的餐厅（见图2-27）。

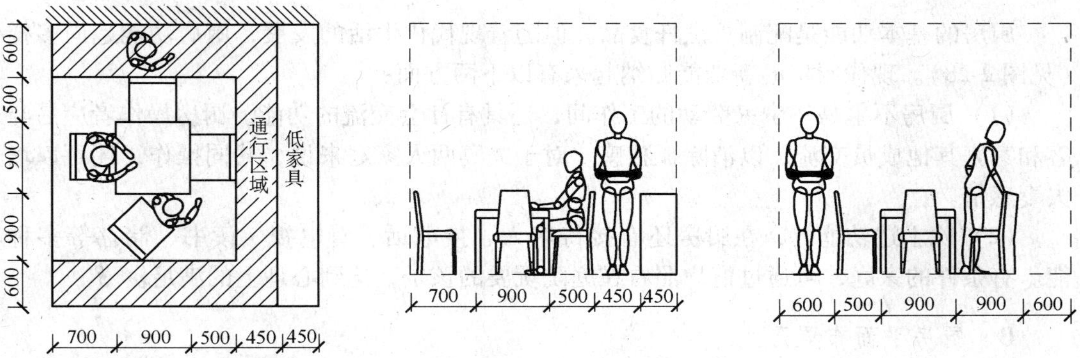

图2-26　餐桌椅布置与墙面或其他家具的距离关系

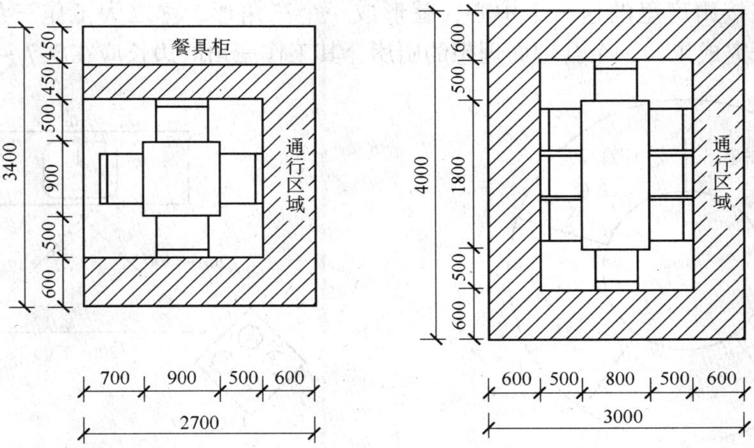

图2-27　餐厅空间尺寸

C　餐厅设计要点

(1) 空间要求。要能够满足家庭成员进餐及放置其他家具设备的需求，并适当考虑居住者在餐厅内展示工艺品等美化空间的要求。

(2) 氛围营造。餐厅空间应重视进餐氛围的营造，如灯光设计、景墙设置、避免卫生间门开向餐厅等，以增强餐厅空间的凝聚力。

(3) 灵活性要求。餐厅空间要具有灵活性，以满足节假日多人共同进餐要扩大空间的需求。

(4) 景观要求。在面积较大的套型中，餐厅空间有景观朝向的需求，有时与北向阳台结合以获得空间的延伸。

2.3.1.3　厨房

厨房是住宅的“心脏”，厨房内集中了住宅内主要的管线与大部分设备，是室内重要空间，是不断提高住宅的功能与质量的重要部位，同时也被看作是社会文明和生活水准的标志之一。

A 厨房功能分析

厨房的基本功能是配制、烹饪食品。但随着现代化生活的发展，厨房功能趋向多样化（见图2-28）。现代厨房的新功能归纳起来有以下两方面：

（1）厨房不单是一个家劳动的工作间，还具有社会交流的功能。厨房操作者应易与来客和家庭其他成员交流，以消除孤独感。对于夫妻两人家庭来说，共同操作，还可以增进夫妻感情。

（2）除上述功能外，在厨房还有接待客人、接电话、看电视、读书、储存等多种功能。有条件的家庭，可通过窗户照看在庭院玩耍的孩子，达到心理上的满足。

B 厨房平面布置形式

一般厨房通常划分为三个组成部分，即储藏和调配中心、清洗和准备中心及烹调中心。假如用线来连接厨房里的这三个中心，就形成一个三角形，称之为工作三角（见图2-29）。根据国外的研究成果，一个合理而理想的厨房，其工作三角的边长应在3.7～6m之间。

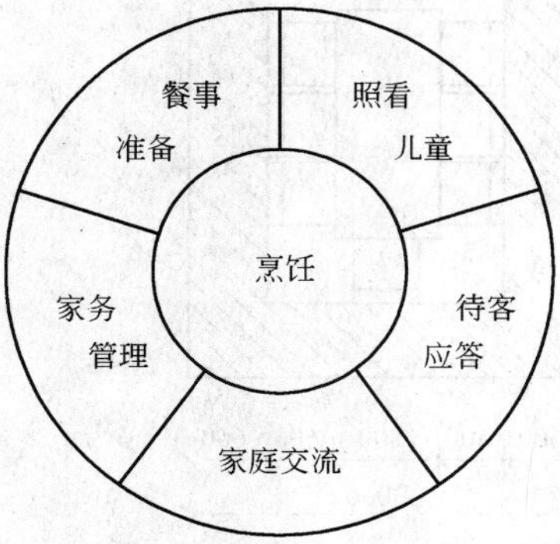

图2-28 厨房功能图

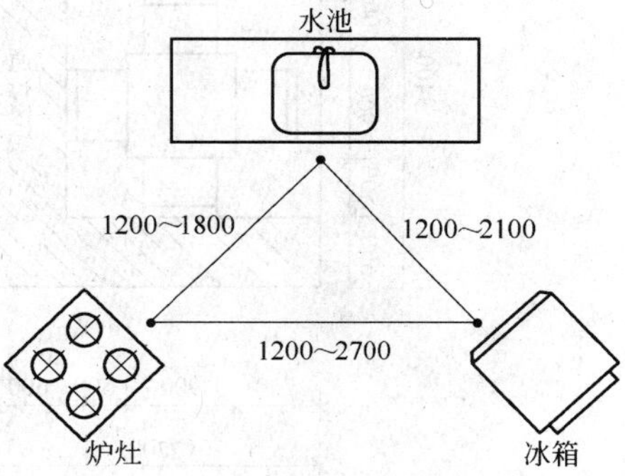

图2-29 厨房工作三角

厨房中工作三角上的这三部分位置，可以各不相同，但最有效的平面布置形式，一般可归纳为以下几类：

（1）U形厨房。U形厨房是一种很有效的布置方式，水槽位于U形平面的底段，炉灶和电冰箱布置在相对两面。在这种布置方式中，穿过厨房的过境交通线与工作三角完全分离。U形两边之间空间一般为1.1～1.5m（低限尺寸为0.75～1.2m）。这样布置的厨房面积稍大，但使用起来非常方便。据实态调查表明，经济收入较高的家庭比较欢迎U形厨房。图2-30所示为U形厨房的布置方式以及所形成的工作三角形位置。

（2）岛式厨房。这是国外较多出现的布置形式，它将调理台或灶具独立出来，形成一个岛式的厨房布局。这种形式常常出现在较大且开敞的厨房设计中，最适合多人一起参加作业，活跃厨房内的工作气氛。当灶具位于岛上时，管道布置及排油烟机需要作特殊处理，因此，在国内，只适合模仿西方生活方式的家庭，见图2-31。

（3）L形厨房。L形厨房是把柜台、器具和设备贴在两相邻墙上连续布置，作业面较

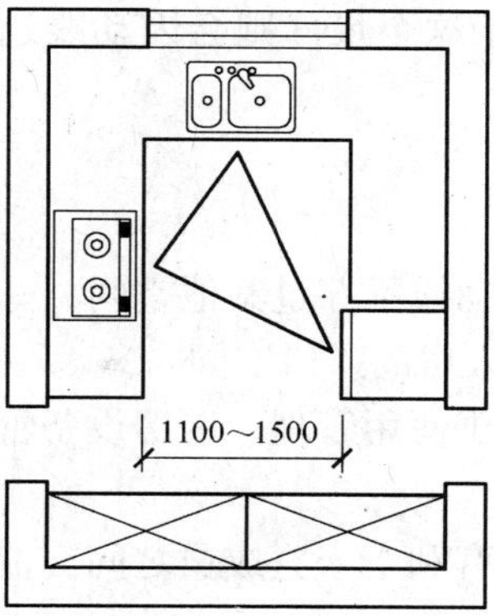

图 2-30 U 形厨房

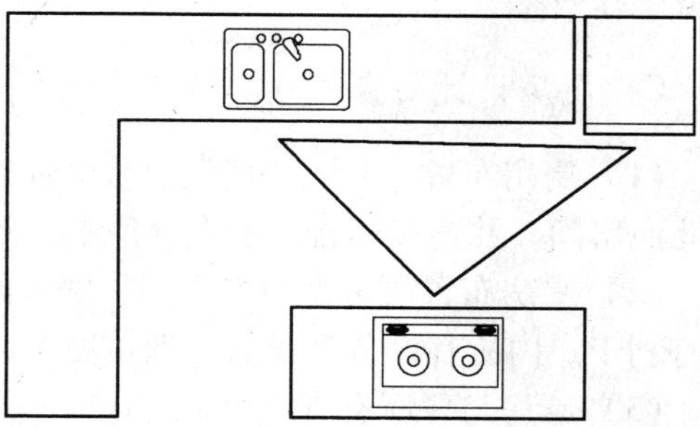

图 2-31 岛式厨房

大，作业流线短，空间利用比较经济，是现代住宅厨房中常采用的形式。如果 L 形厨房的墙面设计过长，厨房使用起来就会不够紧凑。图 2-32 所示为两个不同的 L 形厨房的布置方式以及所形成的工作三角形位置。

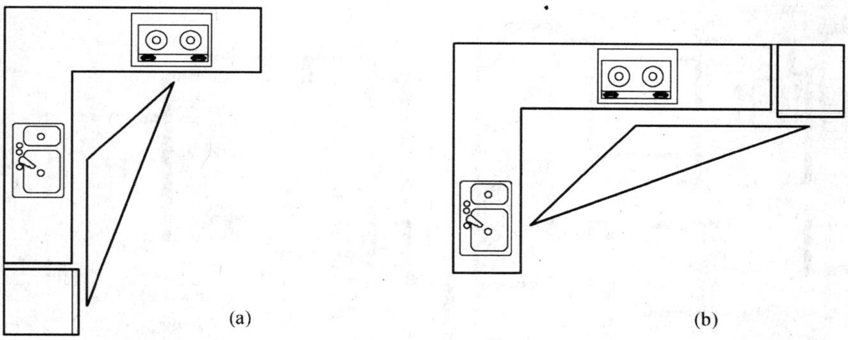

图 2-32 L 形厨房

（a）L 形厨房 1；（b）L 形厨房 2

（4）走廊式厨房。图 2-33 所示为沿两面平行墙布置的走廊式厨房，对于狭长房间，这是一种实用的布置方式。两列间距当一个人工作时为 800 ~ 900mm；两人工作时为 900 ~ 1200mm，距离过大或过小都会带来不便。在现代住宅中建议两人工作间距为 900 ~ 1200mm。

（5）单列型厨房。对于小规模的住宅厨房，可以将几个工作中心设于一个边上。如图 2-34 所示，厨房设备、家具一字形单列布置，次类厨房适合于家庭人数少或很少在家进餐

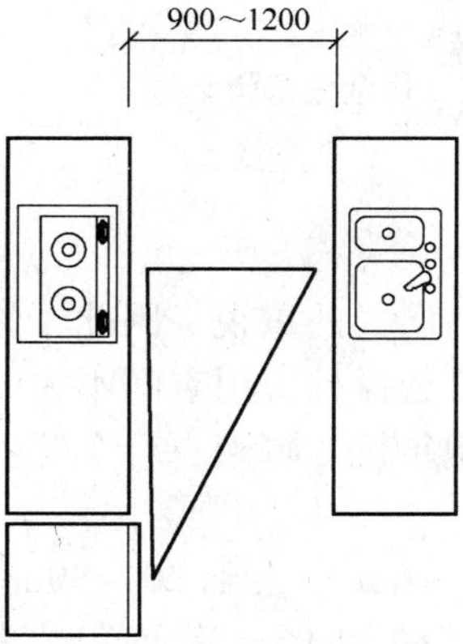

图 2-33 走廊式厨房

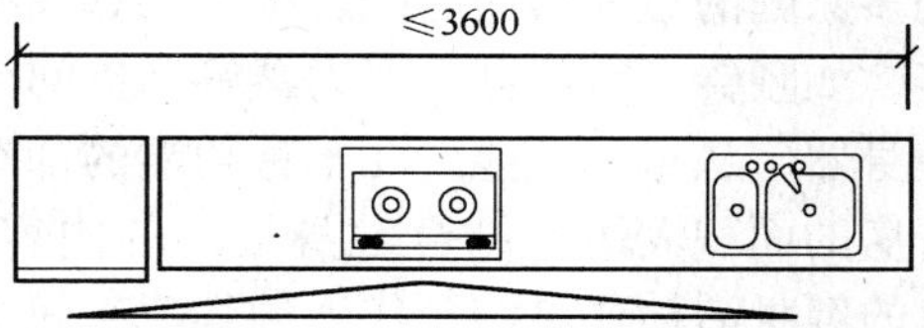

图 2-34 单列型厨房

的家庭类型。单列布置厨房的长度应限制在 3.6m 以内，大于这个尺寸则会因动线过长而降低工作效率。

C 厨房设计要点

（1）厨房布置能与入口门厅直接方便联系，物品、垃圾动线不穿过其他空间，一般设于北向房间，并连接阳台。在大套型中，厨房有时还作为工人房的入口空间。

（2）厨房布置要考虑与卫生间、洗衣间等联系方便，易于使用管理，厨房设备管线设计有利于户内所有设备管线的合理布局。

（3）厨房与餐厅有直接紧密的联系。厨房、餐厅的布局有利于家庭成员之间交流、团聚，并能兼顾照看教育儿童。

（4）厨房应有充足的操作空间和储存空间，提倡整体配套设计。

（5）厨房应有良好的视野，但又要保证私密性，有良好的日照和通风，注意油烟不要干扰户内和户外。

厨房在套型中的位置较合适的例子如图 2-35、图 2-36 所示。

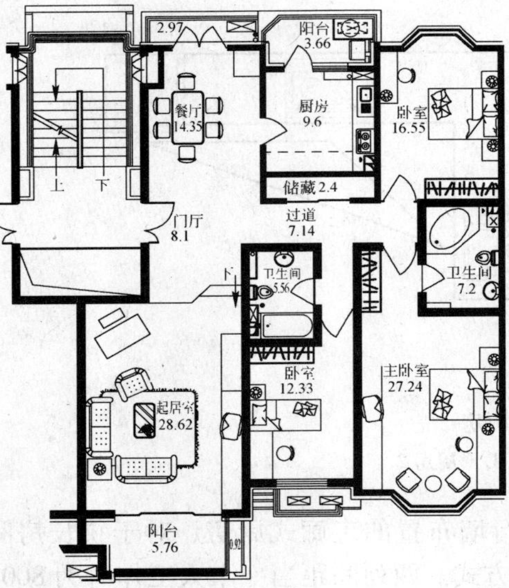

图 2-35 北京新新家园套型

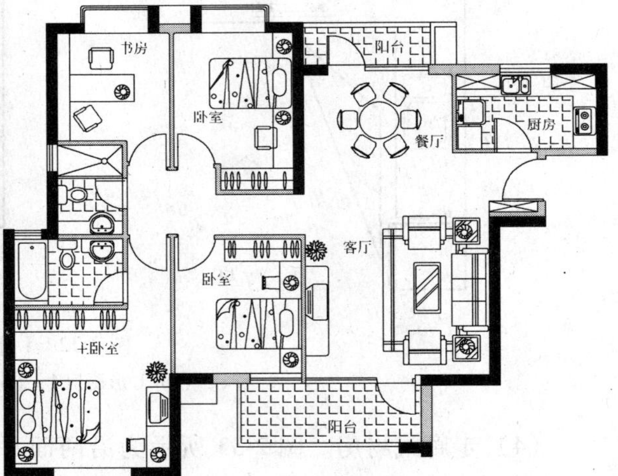

图 2-36 深圳万科金色家园套型

2.3.1.4 健身房

随着人们生活水平的不断提高，健康问题已受到越来越多的居民的重视。因此，健身已成为许多家庭的重要活动之一。根据家庭成员的不同爱好，可选择且占用空间不大的器械有很多，如哑铃、拉力器、握力器等，空间允许的还可设置跑步机、脚踏自行车等。各种组合健身器，从单一功能到几十种功能的都有，实用性很强。

健身房的面积大小应结合健身活动的内容来确定，小到 5 ~ 6m²，大到 20 ~ 30m² 都行。简单的健身活动还可结合住宅的其他空间进行设置，如起居室、阳台等；面积较大的别墅、排屋还可设置室外游泳池、室外球场等。

2.3.2　私有功能空间

2.3.2.1　主卧室

A　主卧室功能分析

人的一生有近1/3的时间处于睡眠状态，拥有一个温馨、舒适的主卧室是很多人追求的目标。主卧室一般是指家庭主人的夫妻卧室，其功能不仅限于睡眠，同时还包括储藏、更衣、休憩、学习等（见图2-37）；此外，作为个人活动空间，主卧室的私密性要求较高。因此，设计时应充分考虑该空间的多功能要求，并避免受外界视线、活动的干扰。图2-38所示为两个主卧室布置实例。

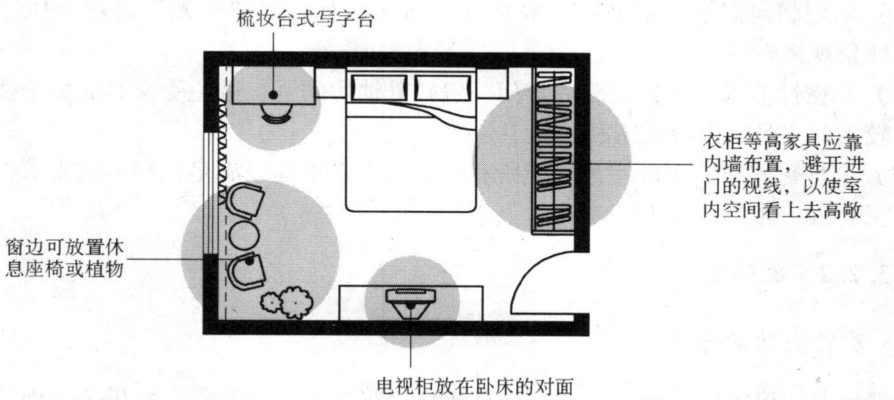

图2-37　主卧功能与家具布置要求

图2-38　主卧室布置实例

B　主卧室尺寸

（1）开间。主卧室的床一般采用一面靠墙，三面邻空的布置方式，而且不少住户有躺在床上边休息边看电视的习惯，因此，床对面经常放置电视柜或悬挂电视，这样的布局是对主卧室开间的基本考虑。另外，参考其他一些基本尺寸，如双人床2000～2300mm、电视柜或低柜宽度600mm、床与电视柜之间的通行宽度600mm以上、家具摆放缝隙宽度100～150mm，我们认为：主卧室开间宜为3600～3900mm。当套型面积紧张需要压缩主卧室开间时，可适当缩小，但不宜小于3400mm。

（2）面积。一般情况下，主卧室的使用面积不应小于12m²。在含2～3个卧室的较大套型中，主卧室的使用面积宜控制在15～20m²范围内。主卧室面积过大，会造成空间空旷、私密性较差、缺乏亲切感等问题。平面布置时可将整个空间进行功能分区，如睡眠区、交谈区、储藏区等。

C　主卧室设计要点

（1）景观朝向需求。主卧室一般布置在南向，有良好的采光、自然通风，隔声效果好；室外景观视野好。

（2）私密性需求。主卧室距离户门一般较其他房间远，避免受家庭成员干扰，私密性较高。较大的主卧可设更衣室和独立卫生间。

（3）个性化需求。主卧室最好能留有一定的弹性空间以满足住户不同需求，如考虑小型学习工作台、休息沙发等。

2.3.2.2　次卧室

A　次卧室功能分析

次卧室与主卧室的功能类似，主要是睡眠，兼有学习、储藏、娱乐等方面。但由于家庭结构、生活习惯的不同，住户对次卧室有不同的安排。次卧室一般用作子女用房，其次为老人房或客房，也有用作保姆用房的。图2-39为次卧室实例。

图2-39　次卧室实例

B　次卧室尺寸（图2-40）

（1）由于次卧室功能用途的多样性，在设计时要充分考虑多种家具的组合方式和布置

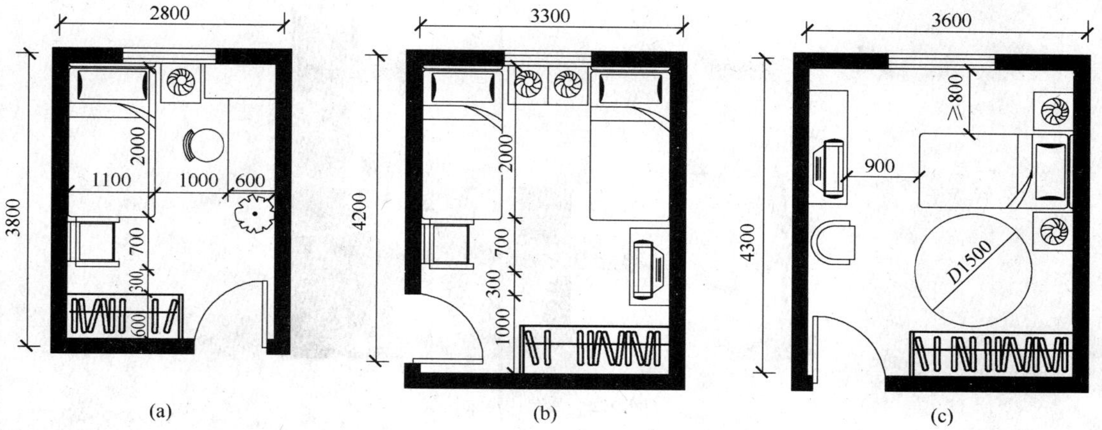

图 2-40 不同功能次卧室常用平面尺寸

（a）单人次卧室平面尺寸；（b）双人次卧室平面尺寸；（c）考虑轮椅使用

形式，一般认为次卧室的开间尺寸不要小于 2700mm，面积不宜小于 $10m^2$。

（2）当次卧室安排老年夫妻或两小孩共同居住时，房间面积应适当扩大，开间不宜小于 3300mm，面积不宜小于 $13m^2$。

（3）当次卧室要考虑轮椅使用时，开间不宜小于 3600mm。

C 次卧室设计要点

（1）次卧室应能直接采光、自然通风，不允许穿套。当通过走廊等间接采光时应满足通风、安全和私密性的要求。

（2）次卧室空间尺度比例要恰当，一般开间与进深之比不宜大于 1∶2，进深尺寸不宜小于 2400mm。

（3）次卧室作为老年卧室时，宜布置在南向，以保证室内的卫生条件和环境质量。

（4）次卧室尽量布置在住宅套内的后端。套型设计将卧室集中在私密空间内，做到公私分区，个别情况也有将次卧室设置在区外的，如客房。

（5）次卧室的门窗位置布局主要是结合卧室家具布局而布置。门窗位置应适合家具位置的不同变换。

2.3.2.3 书房

A 书房的功能分析

书房是家庭工作、学习的空间，承担着书写、阅读、谈话等功能。在没有条件设置书房的套型中，应在起居室或卧室内布置采光通风良好的学习空间。随着社会的发展进步和住户生活方式的改变，越来越多的家庭成员需要在家中工作和学习，不少自由职业者更需要在家中“办公”，如粉领丽人、SOHO 家庭等。SOHO 家庭的书房朝向要好，满足主人在家工作的要求，面积也要大一些。因此，书房在居民的生活中占有越来越重要的地位（见图 2-41）。

图 2-41 书房实例

B 书房尺寸

（1）家具布置。书房内家具的摆放与书房尺寸的确定有直接的关系。考虑到光线的方向，不宜将工作台正对窗（特别是电脑显示器正对窗）布置，以免强烈的光线影响工作。另外，书架一般应靠墙布置以求稳定，并应方便使用者就近拿取所需的文件书籍。常见的书房布置形式如图 2-42 所示。

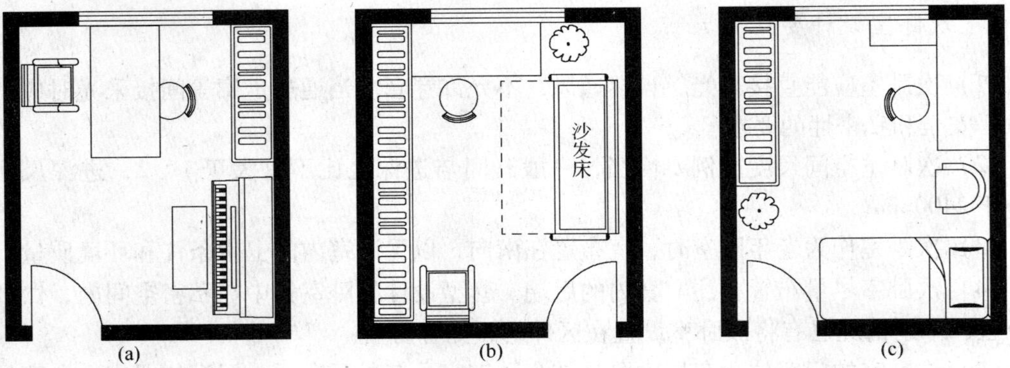

图 2-42 书房常见布置形式

（a）窗与书桌垂直向布置；（b）书房中设置沙发；（c）书房中摆放单人床

（2）书房开间。由于受到住宅套型总面积、总面宽的限制，并考虑家具的布置和整个空间的感受，书房的开间一般在 2600mm 以上。

（3）书房进深。考虑到采光的原因，书房的进深一般在 3000～4000mm 之间。另外，受结构对齐的要求及相邻房间大进深的影响（如起居室、主卧室等进深都在 4000mm 以上），并为使书房保持合适的进深，书房常与其他空间如阳台、储藏间结合。

C 书房设计要点

（1）采光、通风要良好，在套型内位置应相对隐蔽。

（2）对白天在家办公的家庭来说，书房的朝向最好为南向，满足主人在家工作的要求，面积也要大一些。

（3）书桌和工作台尽量靠近窗户，书柜应沿墙布置，方便取用。

（4）书房可考虑与其他空间结合使用，如起居室、主卧室、阳台等。因此，其位置选择应具有灵活性。

（5）书房在空间上要能够摆下一张单人床或沙发床，以兼作客房使用。

2.3.2.4 卫生间

A 卫生间设计新理念

卫生间是住宅中所有供家庭卫生和个人生理卫生的专用空间。因此，卫生间除排便的基本功能外，还纳入了洗浴、盥洗、家务和储存等功能。近年来，人们开始提出可以在每套住宅中设两个卫生间的理念，卫生间设计需求发生了较为明显的变化，具体表现为：

（1）由于生活方式的变化，生活节奏的加快，对健康舒适的追求，卫生洁具的多样化和高舒适性洁具的按摩、预热、烘干和除臭等新技术的应用，排便与洗浴化妆乃至健身等功能的分离及一体化的需求，不同人群之间重视卫生隔离及私密性的要求。

（2）对卫生功能有益于恢复疲劳乃至修身养性等文明和品位的追求。

（3）由于卫生间各种活动，开始要求细分，建筑工效学在设计中受到重视。

（4）卫生间是设备密集、管线布置复杂、通风卫生要求高的空间，卫生间的整体设计理念得到认同和采用。

B 卫生间类型与低限尺寸

卫生间涉及排便、盥洗、洗浴、洁身、洗衣、储存、化妆更衣和健身等多种功能。就多数中档卫生间涉及的排便、盥洗、洗浴、洗衣四项功能的组合方式来说，可分为单件便器、单间洗浴、排便盥洗两件、集中四件、分设四件、前室（折中型）四件等不同类型。其低限尺寸见图 2-43。

C 卫生间的位置、数量与规模

（1）卫生间在套型中的位置选择。卫生间在套型中位置与套型整体布局有一定的内在联系，并有一定的规律可循。我们以最具典型性的三室两厅套型为例，分析卫生间不同布置的优劣（见表 2-12）。

1）卫生间分开布置是指两卫一个在北部，一个在中部，北部卫生间与厨房临近时管线比较集中；临近式布置是指两卫紧邻，一般进深较大，面宽较小，两卫管线集中。

2）卫生间两明时，一般都借用凹缝采光或两卫都取北向（面宽会相应增加）。借用凹缝采光的卫生间内光线会比较暗，而北向的卫生间一般光线比较好。当借凹缝采光的卫生间侧向开窗时还应注意对视问题。

3）在卫生间通风要求较高的南方地区，会经常利用北向凹缝为卫生间采光通风。当凹缝为南向时，比较浪费南向面宽，同时总面宽也会增大。

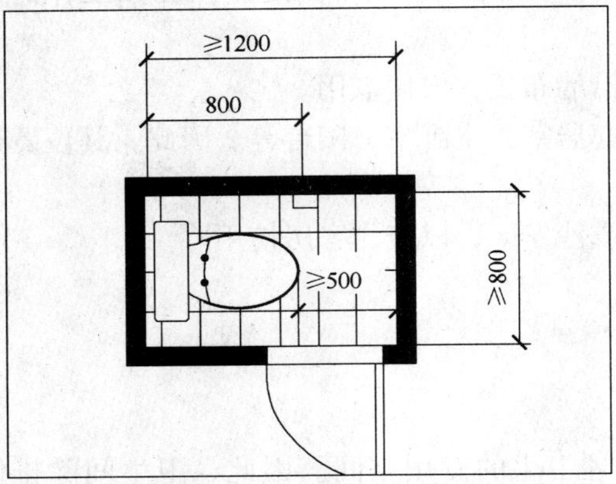
≥1200
800
≥500
≥800

(a)

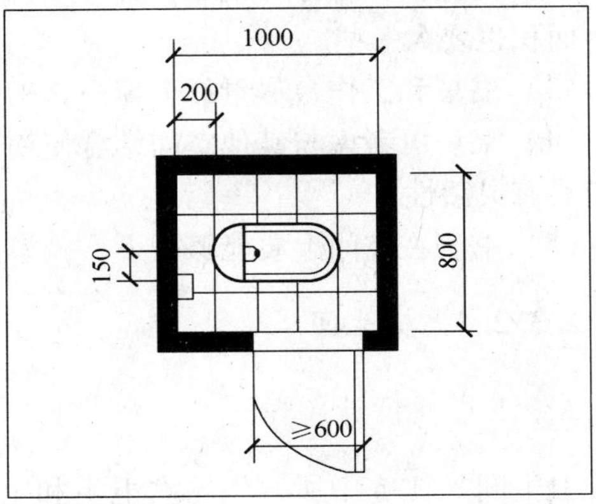
1000
200
150
800
≥600

(b)

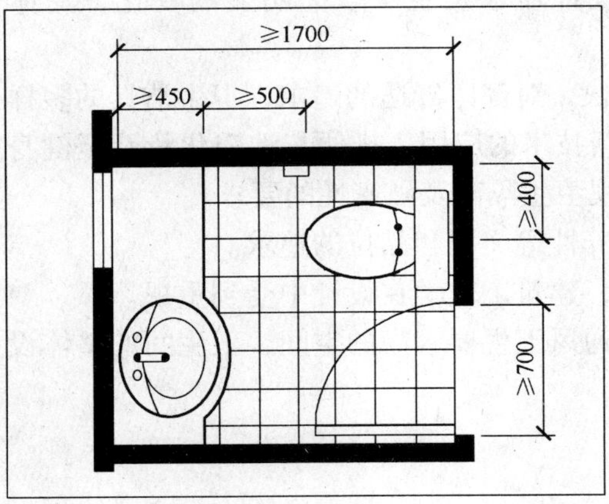
≥1700
≥450
≥500
≥400
≥700

(c)

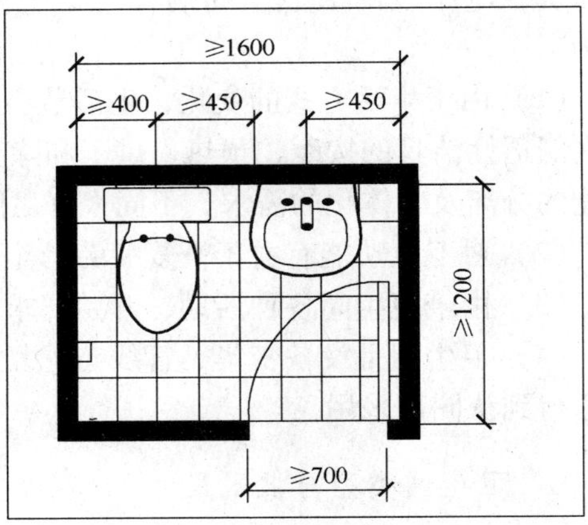
≥1600
≥400
≥450
≥450
≥1200
≥700

(d)

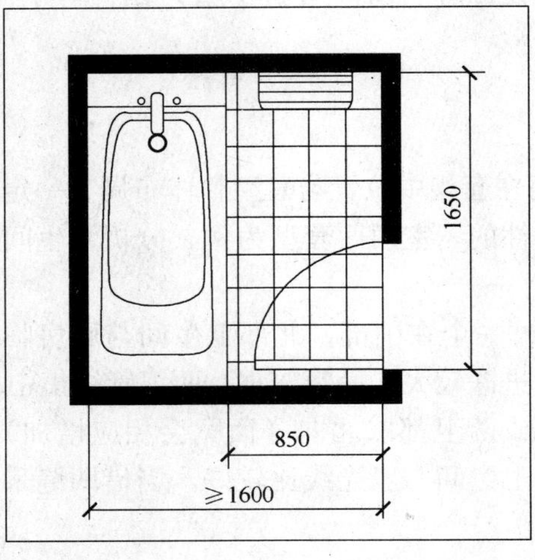
1650
850
≥1600

(e)

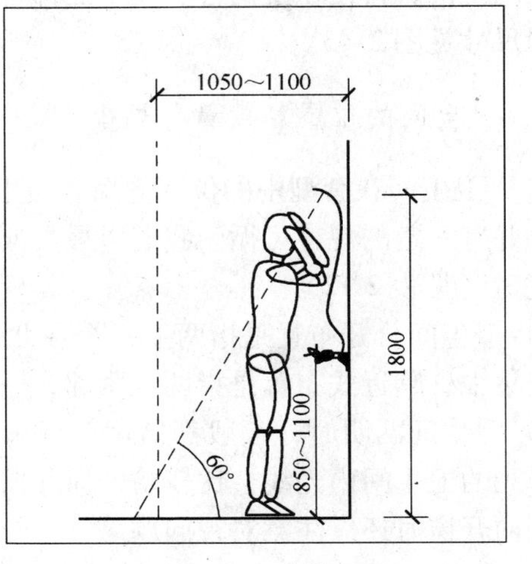
1050~1100
1800
850~1100
60°

(f)

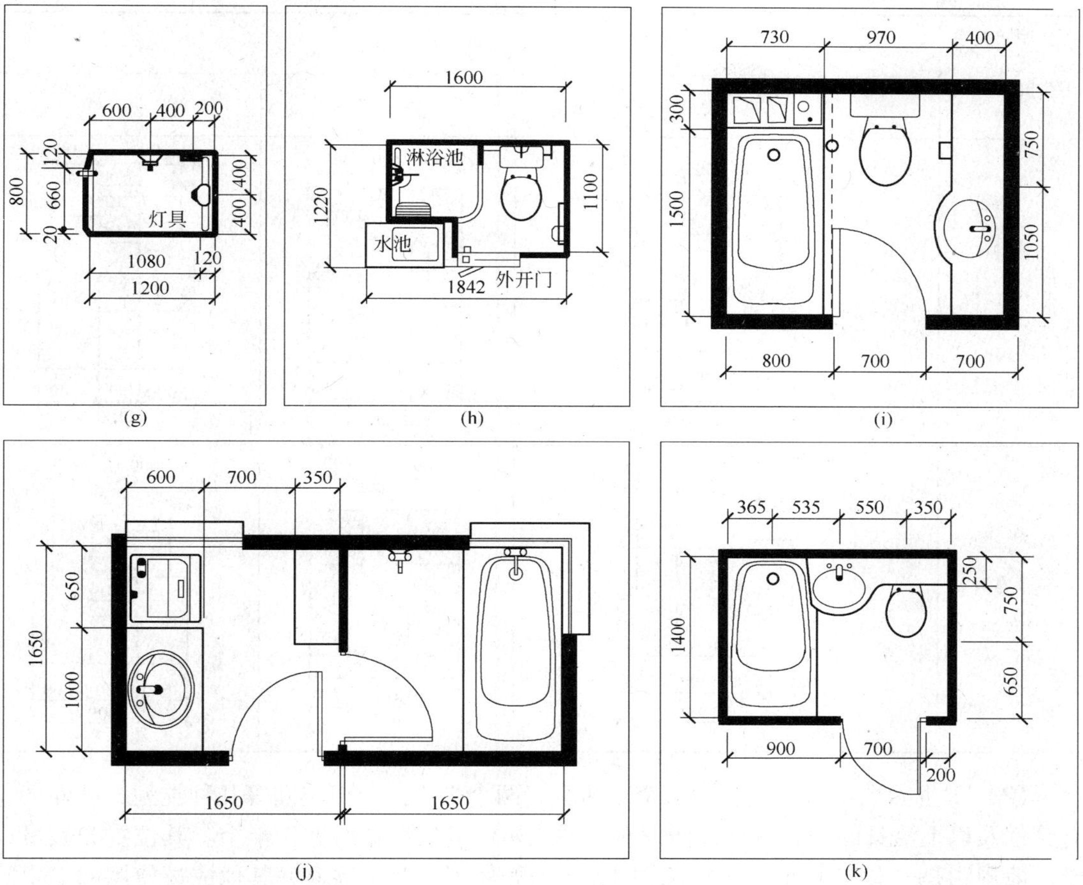

图 2-43　卫生间最低限尺寸

(a) 设单个坐便器的卫生间最小尺寸；(b) 设单个蹲便器的卫生间最小尺寸；(c) 坐便器 + 洗脸盆空间最小尺寸；(d) 坐便器 + 洗脸化妆台空间最小尺寸；(e) 中型独立浴室的尺寸；(f) 淋浴喷头的射角；(g) 淋浴盒子间尺寸；(h)淋浴池 + 便器的卫生盒子间尺寸；(i)典型三洁具卫生间；(j)洗脸 + 洗衣功能的尺寸；(k)整体装配式卫生间尺寸

表 2-12　三室两厅套型卫生间布置方式

<table>
<tr><td rowspan="2">明暗关系
卫生间
布局位置</td><td colspan="3">三室两卫</td></tr>
<tr><td>两　明</td><td>两　暗</td><td>一明一暗</td></tr>
<tr><td>分开布置
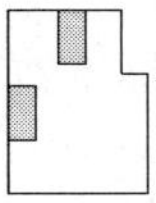
(一个在中部，
一个在北部)</td><td>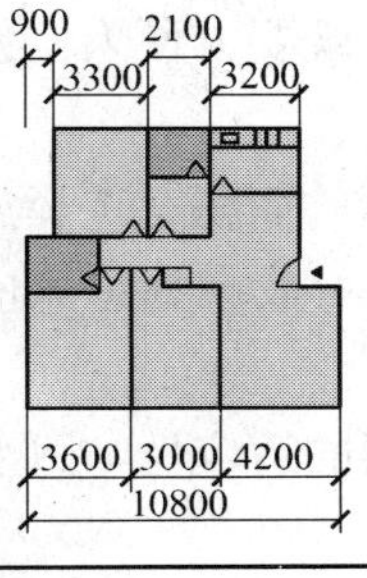 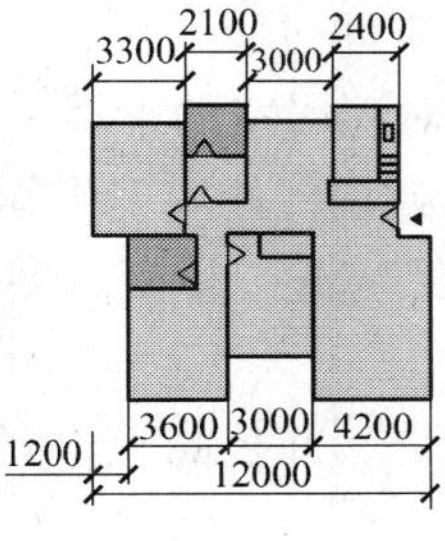</td><td>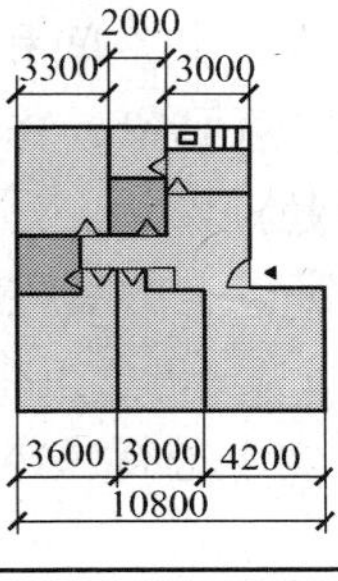</td><td>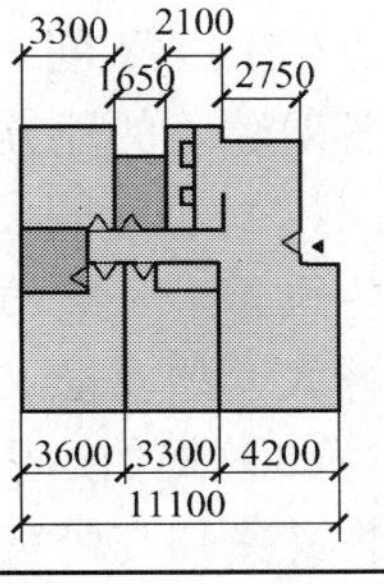</td></tr>
</table>

续表 2-12

<table>
<tr><td>明暗关系
卫生间布局位置</td><td colspan="3">三室两卫</td></tr>
<tr><td></td><td>两　明</td><td>两　暗</td><td>一明一暗</td></tr>
<tr><td>临近布置
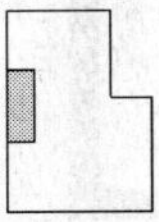
（两个均在中部）</td><td>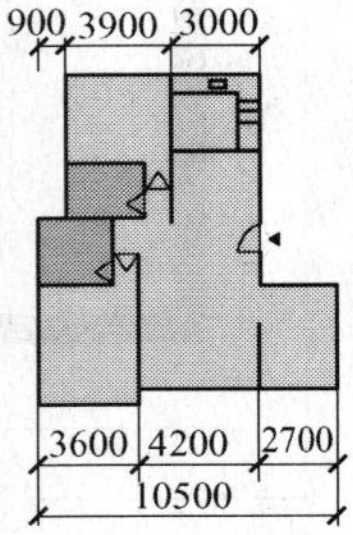</td><td>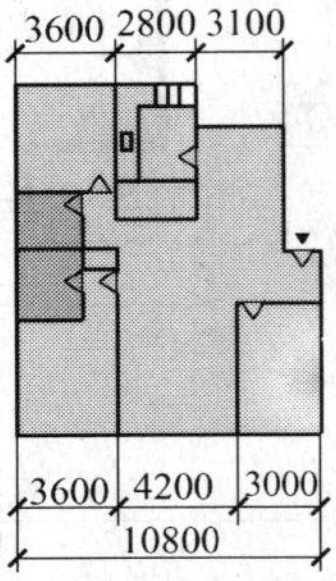</td><td>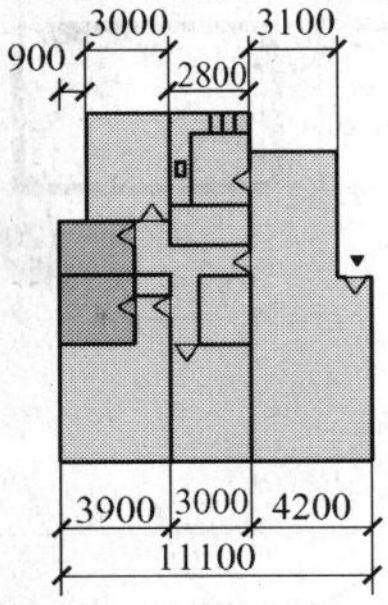</td></tr>
<tr><td>其他布置形式</td><td>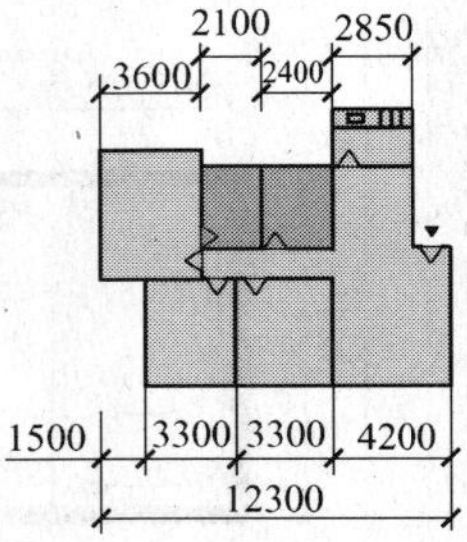</td><td>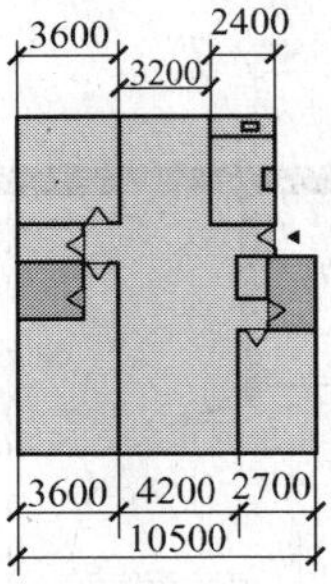</td><td>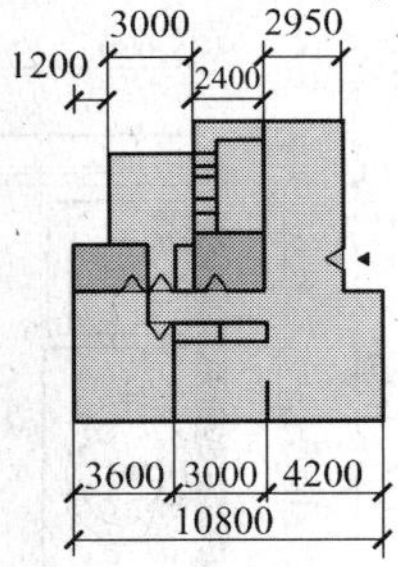</td></tr>
</table>

（2）卫生间数量可以区分为一个、两个、两个半、三个卫生间等几种类型，国外把设有三件及以上洁具的称为一个，而设有一件或两件卫生洁具的称为半个。其位置和数量设定一般规则是：套在主卧室内的卫生间为主夫妇使用；对于供家庭其他成员使用的卫生间应设在方便其他几个卧室的位置；当不再专设供来客及外人专用的半个卫生间时，其位置要考虑避免外人进入私密区；对于设专供来客或外人使用的半个卫生间一般宜靠近入口和公共活动区。

（3）对于卫生间的规模，并参考《商品住宅性能评定方法和指标体系》（2000 年 9 月试行稿）中的有关规定，建议现代住宅套型卫生间面积及面宽为：单卫生间面积不宜小于 4.5m^2，双卫生间总面积不宜小于 7m^2，卫生间一边净长不宜小于 1.8m。两个及两个以上卧室的套型至少具备两个卫生间（其中一个为主卧室专用）。

D　卫生间设计要点

（1）卫生间一般布置在公共空间和私密空间过渡的位置，既要方便人们使用，又要放在相对隐蔽的地方，往往靠近卧室，并减少对起居室的干扰。

（2）卫生间设计应有超前意识，适当扩大现代住宅卫生间的面积，选择质量标准高的卫生设备；一般两卧及两卧以上的套型内主卧应配卫生间，即一般家庭每家应有两个卫生间，大套型及复式住宅设 2.5～3 个卫生间。

（3）提倡运用建筑工效学进行整体式设计，并提高卫生间的适应性与可变性；强调私密性并密切与卧室的联系。

（4）卫生间应有良好的通风组织，特别是在长江三角洲地区，受梅雨季节影响，提倡明卫生间设计。

（5）规范规定卫生间不应直接布置在卧室、起居室、厨房的上层，可布置在本套内的卧室、起居室、厨房的上层，并均应有防水、隔声和便于检修的措施。

2.3.2.5　保姆室

A　功能特征

保姆室是为家庭雇用的家务工人居住的空间。它在以往的住宅套型设计较少涉及，但随着居民生活水平的日益提高和家政服务的日趋普及化，保姆室已成为住宅套型中不可或缺的部分（有时也以客房来替代）。

B　面积尺寸与设计要点

保姆室家具布置较为简单，主要家具有单人床和储藏柜，储藏柜的空间也不大。面积大的套型，应尽可能在保姆室内设置专用的小卫生间（见图2-44），既方便保姆的使用，又能避免卫生用具的交叉使用，保证住户的舒适度。一般来说，保姆室的面积为3～5m^2。

在不需要雇用保姆的时候，保姆室可作为灵活空间使用。如可以作为客房或储藏间使用，也可作为一个小书房使用，还可作为主人的专用收藏屋使用。设计时，保姆室宜靠近厨房、卫生间等房间，并与户门距离较近。

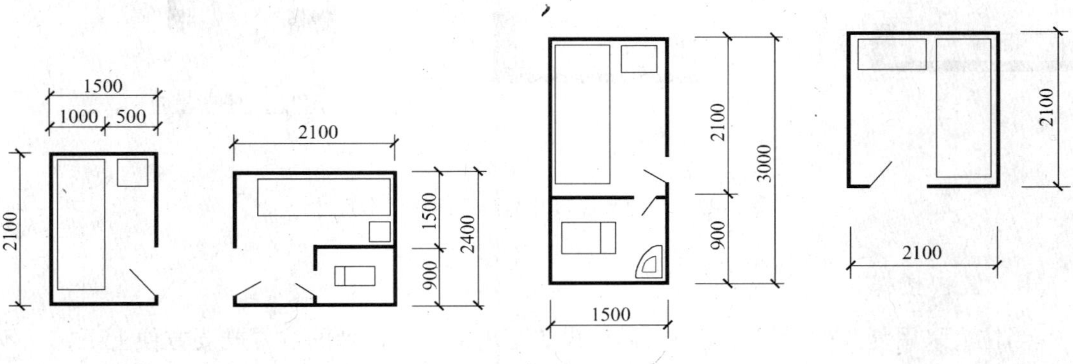

图2-44　保姆室常用平面布置

2.3.3　交通与过渡空间

2.3.3.1　门厅、过道与户内楼梯

A　门厅、过道

门厅是户外进入室内的过渡空间，是联系户内外空间的缓冲区域。其功能是换鞋、更衣、整装以及存放等。过道是户内各房间联系的纽带，其功能是避免因房间穿套而造成空间之间的穿插与干扰。过道能便捷地连接各个功能空间；面积要经济，避免太长；设计时要尽量提高过道的利用率（见图2-45）；过道连接多个门时，注意考虑通风和私密性（见

图2-46)。门厅的开间一般不宜小于1500mm，面积不宜小于2m^2（见图2-47）；通往卧室、起居室的过道净宽不应小于1000mm，通往辅助房间时净宽不应小于900mm。

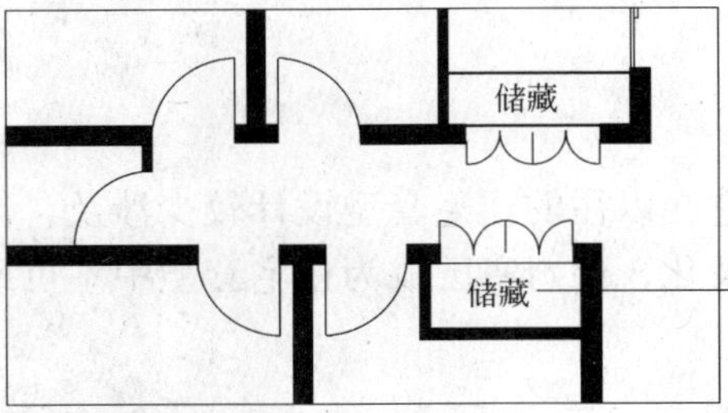

图2-45

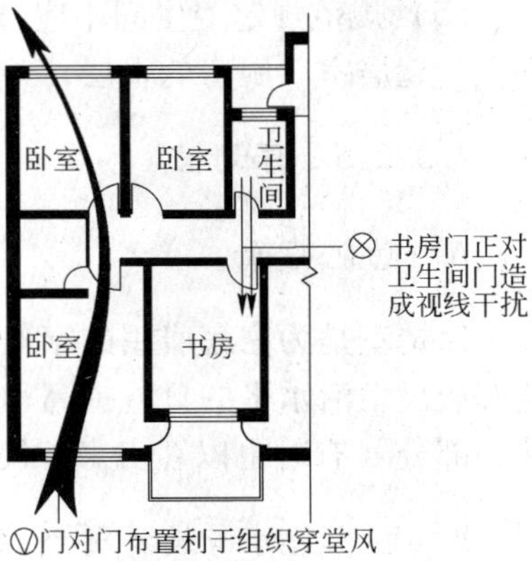

图2-46

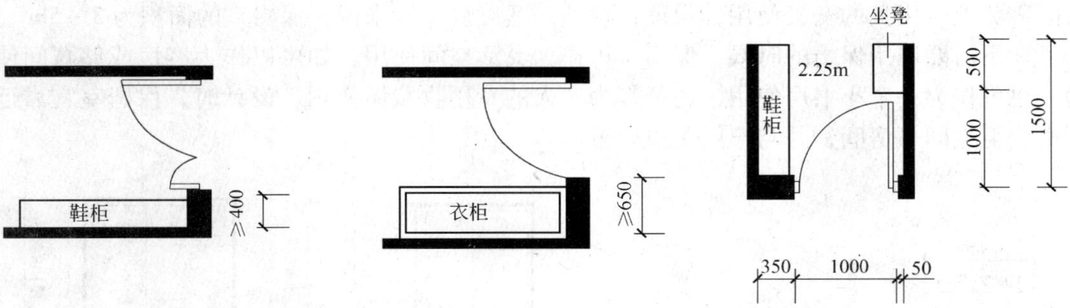

图2-47 户门墙垛尺寸与门厅面积参考尺寸

B 套内楼梯

当住宅采用复式或跃层套型时就需要设置套内楼梯，楼梯的位置既要方便上下，又不能对其他空间产生影响。套内楼梯可以单独设置在楼梯间内，也可以与起居室、餐厅等公共空间结合在一起。根据位置的不同，套内楼梯有多种平面形式，当设置在楼梯间内时，一般为单跑或双跑形式；当与起居室、餐厅等空间结合时，多采用弧线、螺旋等形式，既可节省空间，又能起到视觉焦点的作用（见图2-48）。

住宅的套内楼梯，当梯段两边为墙时，梯段净宽不应小于900mm，其他情况下，梯段净宽不应小于750mm；楼梯踏步宽度不宜小于220mm，高度不宜大于200mm；扇形踏步距内侧扶手边250mm处，宽度不应小于220mm。

2.3.3.2 阳台和露台

A 阳台

住宅阳台包括生活阳台和服务阳台，生活阳台一般和卧室、起居室相连，服务阳台一

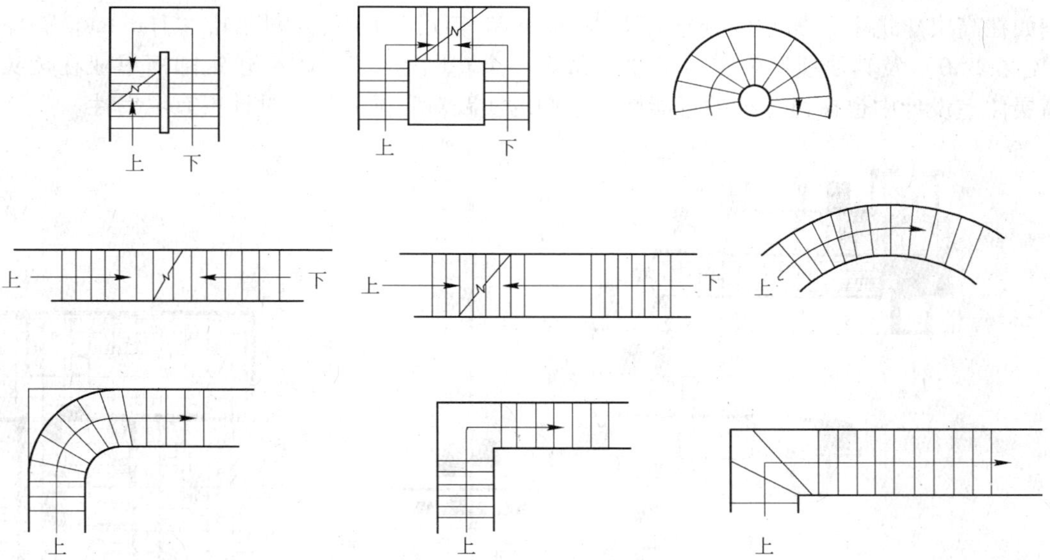

图 2-48 套内楼梯平面形式

般和厨房相连；北方住宅一般将阳台进行封闭，生活阳台成为卧室或起居室空间的一部分，安排一些健身、休闲等功能，服务阳台成为厨房空间的一部分。

阳台的进深目前常采用 1.2 ~ 1.5m，阳台栏板或栏杆的高度多层为 1.05m，高层为 1.1m；采用栏杆的阳台，栏杆的垂直间距净距不大于 0.11m，不应采用水平栏杆；阳台应设晾晒衣物的设施。

B 露台

露台指顶部无遮盖的露天平台，如不设雨篷的顶层阳台、退台式住宅中退台后敞露部分的下层屋顶。它是居室空间的外延，是住户休憩、娱乐、聚餐等的室外活动空间。露台的面积一般较大，可以硬化，供人在上面进行各种活动；可以覆土，种植绿化树木；还可以砌筑水池，改善环境小气候；有些甚至可以建廊筑亭，构筑小花园（见图 2-49）。

图 2-49 花园露台实例

实践证明，在有限的土地上让更多的家庭（甚至每户）拥有一个花园露台是可能的。例如在高层建筑中，加拿大建筑师沙夫迪 1967 年设计的蒙特利尔市“Habitat67”住宅（见图 2-50）及其他项目中实现了“给每家一个花园露台”；印度建筑师柯里亚在孟买的高层住宅设计中也探讨了这种可能性，他们的实践对我国的住宅设计很有启发性。

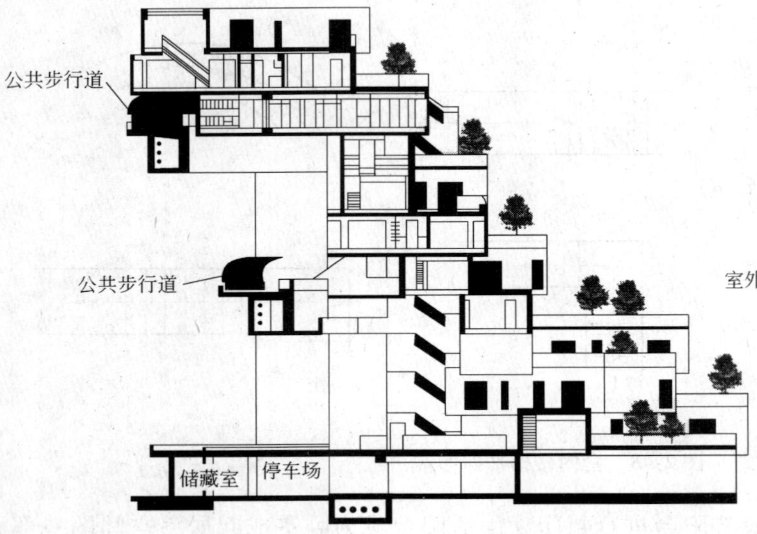

(a)

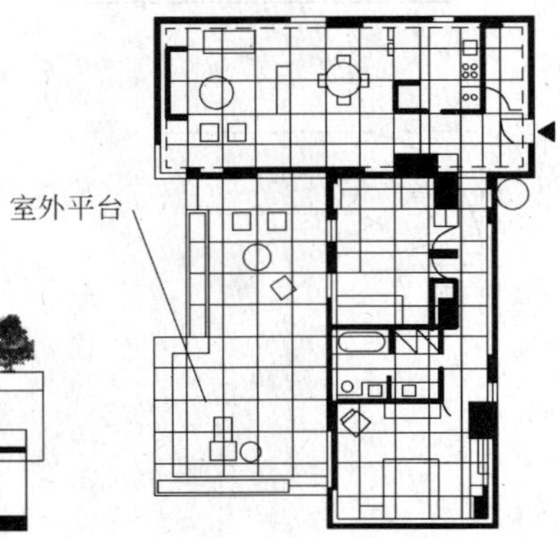

(b)

图 2-50 蒙特利尔市“Habitat67”住宅
（a）剖面图；（b）四室单元平面图

2.3.3.3 储藏空间

我国的住宅过去受建筑面积所限，不可能很周到地解决储藏空间。近年来，随着生活水平的提高，家庭内衣物和各类物品不断增加，一个家庭需要有集中的储藏室，也需要有分散在不同居室的储藏空间。根据所储藏物品的不同性质、不同使用情况等特性，应分类储藏，方便住户查找与取用。

储藏空间的常见形式有：进入式储藏间、壁柜、吊柜等。设计时要留出一定的集中储藏空间，同时尽量找出可以用作储藏的零散空间加以利用。

2.4 套型内空间的联系与组合

在上一节中，我们主要讨论了现代住宅套型内部各功能空间的特点，套型内部各空间的功能既相对独立，又相互联系、相互补充，只有将它们按照一定的空间秩序组合起来，才能形成一个完整的“家”的概念。同时，住宅内部空间的组织必须与家庭成员的居住行为模式相适应，必须符合人们的生活习惯、生理、心理、社会交往以及各使用功能本身的要求，还要与社会经济发展相适应（见表 2-13）。

表 2-13 家庭生活活动分析

家庭生活		活动特征						适宜活动空间	
分类	项目	集中	分散	活跃	安静	隐蔽	开放	分 类	空 间
休息	睡眠		○		○	○			卧室
	小憩		○		○	○			卧室
	养病		○		○	○			卧室
	更衣		○		○	○			更衣室、卧室
起居	团聚	○		○			○		起居室、客厅、卧室
	会客	○		○			○		客厅
	音像	○		○			○		起居室
	娱乐	○		○			○	居住部分	起居室、阳台、庭院
	运动		○	○			○		阳台、健身房、庭院
学习	阅读		○		○	○	○		卧室、书房
	工作		○		○	○			书房
饮食	进餐	○		○			○		餐厅
	宴请	○		○			○		餐厅
家务	育儿		○	○					卧室、起居室
	缝纫		○	○					起居室、家政室
	炊事		○	○					厨房
	洗晒		○	○					厨卫、阳台、家政室
	修理		○	○				辅助部分	厨房、家政室
	储藏		○	○					储藏间
卫生	漱洗		○	○		○			卫生间
	化妆		○	○		○			卫生间、卧室
	沐浴		○	○		○			卫生间
	便溺		○	○		○			厕所、卫生间
交通	通行		○	○			○	交通部分	过厅、过道、楼梯
	出入		○	○			○		过厅、过道

2.4.1 空间的功能关系

套型内部空间的功能关系可用图 2-51 表示。从图中我们可以看出，有些空间是独用的，如卧室、卫生间、书房等；有些是合用的，如餐厅、起居室、客厅等；在同一空间内的使用功能也有单一的和重叠之分，如单人卧室兼书房。在今后住宅套型设计中，许多重叠功能的空间将逐步被单一功能的空间所取代，从而达到高质量的生活水准。

2.4.2 空间的组合设计

2.4.2.1 空间的功能分区

住宅空间的功能质量需要通过空间的合理组织来给以保证，在一定程度上住宅单元内

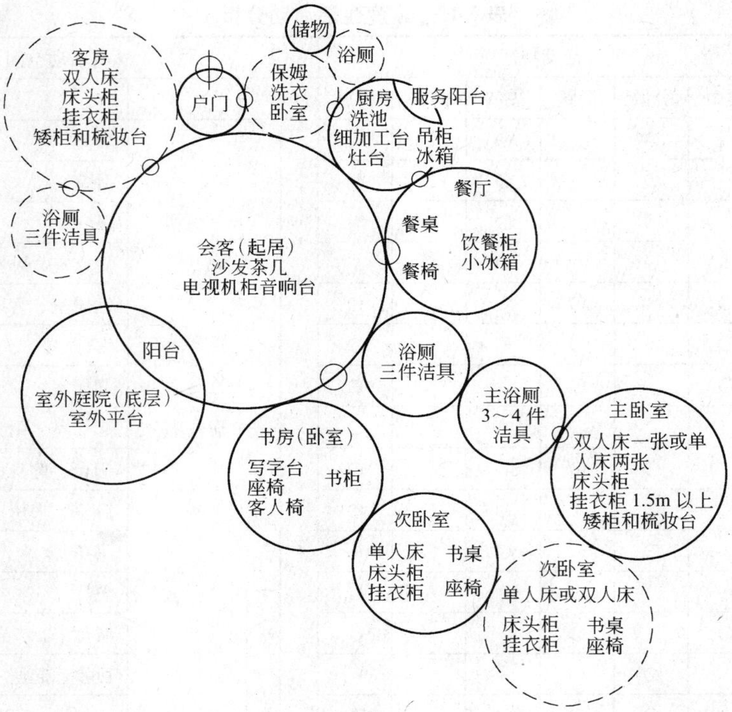

图 2-51　住宅户内功能分析图（虚线部分为大套型可增加的空间）

部空间的组织与布局决定了各个空间的质量。住宅内部空间的组织既要符合人们的生活习惯、生理、社会交往以及各使用功能的要求，又要与社会经济发展相适应。其功能分区有内外分区、动静分区和洁污分区。

A　内外分区

内外分区是按照空间使用功能的私密性程度的层次来划分的。住宅内部的私密性程度一般随着人的活动范围扩大和成员的增加而减弱，相对地其对外的公共性则逐步增强。其私密性不仅要求在视线、声音等方面有所分隔，同时也要在空间组织上满足居住者的心理要求。因此，应根据私密性进行分层次的序列布置，把最私密的空间安排在最深部。国外学者对住宅功能分区研究后提出了住宅空间私密性序列（见图 2-52）：卧室和卫生间等为私密区，它们不但对外有私密性要求，本身各部分之间也需要有适当的私密性；家庭中的各种家务活动、儿童教育和家庭娱乐等活动对家庭成员之间无

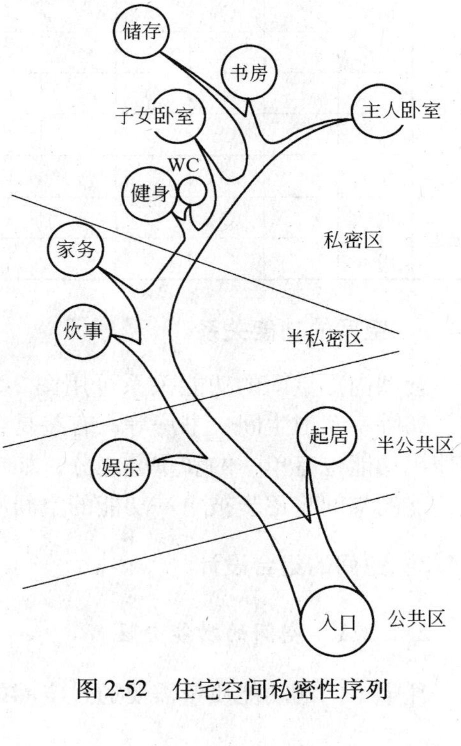

图 2-52　住宅空间私密性序列

私密性要求，但对外人仍有私密性要求，因此这是第二层次，也称半私密区；半公共区是由会客、宴请、与客人共同娱乐、客用卫生间等空间组成，这里是家庭成员与客人在家里交往的场所，公共性较强，但对外人来讲仍带有私密性；入口的门是住户与外界之间的一道关口，门外一般为平台或公共楼梯间，这里完全是开放的外部公共空间。以此布置，住宅内各个空间的功能方可得以保证。

B 动静分区

从居住行为模式上来考虑，住宅内部空间也可以按动、静来进行分区。人们活动比较频繁、活动产生的声响和对其他空间影响较大的属于动区范围，如门厅、客厅、起居室、餐厅、厨房、儿童游戏室等。而卧室、书房、卫生间等属于静区。在确定动静划分以后，各个空间的限定和组合也就相应建立起来，特别要注意避免动区对静区所产生的干扰和影响，使静区保持其相对的独立性（见图2-53）。

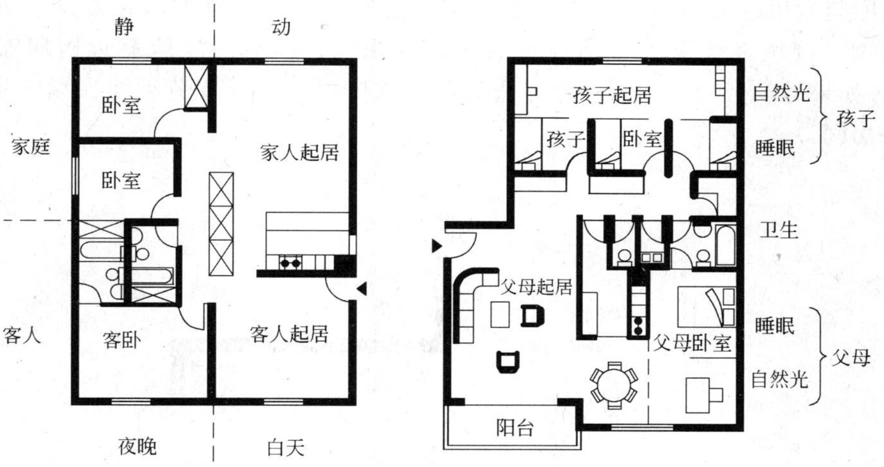

图2-53 动静分区

这一分区方法和内外分区具有某些相似的地方。对于住宅中最重要的卧室，在单层平面中，往往把它们布置于平面的一侧，与属于动区的会客、起居等隔开距离；在复式、跃层或竖向平面住宅中，卧室往往被布置在楼层，但工人房或客人房除外，它们一般布置在底层；一般情况下，卧室的穿套是绝对禁忌的，除非有充足的理由；浴厕的布置则要靠近卧室，方便出入和使用。此外，在今后套型设计中，也可将父母与孩子的活动分区，从某种意义上来讲，也可算作动静分区。这在国外高标准的套型中已有出现。

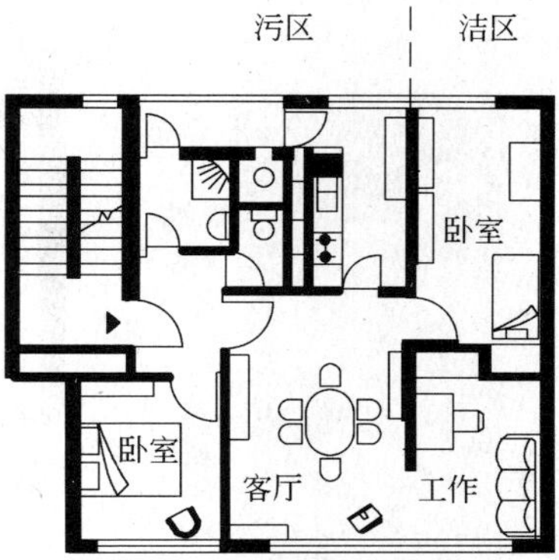

图2-54 洁污分区

C 洁污分区

住宅套型中的洁污分区，实际上体现在用水和非用水活动空间的分区（见图2-54）。由于厨房、浴厕、洗衣需要用水，相对而言不易清洁，而且管网较多，厨房还要负责向卫生间供应热水，因此集中处理较为合理。如果是二层或三层平面的套型，则应尽可能使上下楼层的卫生间对齐，与其他空间适当分开，而厨房和浴厕之间需再作分隔。楼层的卫生间一般不应布置在餐厅、客厅、起居室等重要空间的上方，以免管道布置影响下部空间和引起不良感受。由于厨房、卫生间的功能差异，有时又布置在内外两个区域。

2.4.2.2 套型平面空间的组合

A 门厅与其他功能空间的组合

门厅是户内户外的过渡空间，起着过渡、缓冲作用（又称玄关）。住户通过门厅出入，门厅组织户内各功能空间的交通。它与客厅联系密切，接待一般客人有时在门厅接待，而亲朋好友在客厅或起居室接待。

门厅与厨房、客厅应有直接联系，它们之间是一条直接的联系动线。如果没有旁门，购物、倒垃圾等家务劳动经常通过门厅出入，一般门厅应靠近厨房布置（见图2-55）；如果另设旁门，则厨房应靠近旁门，这样可缩短家务劳动线，减少生活物品穿过其他房间。

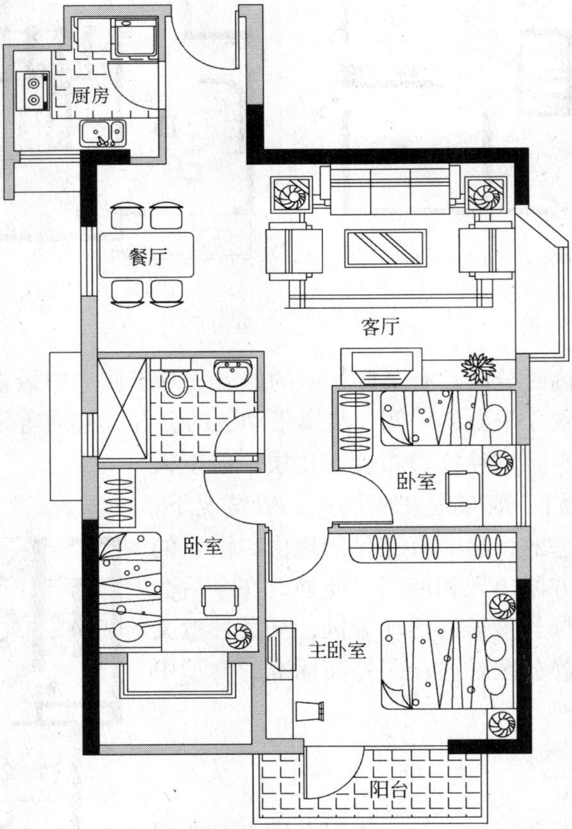

图 2-55

B　厨房、餐厅、客厅空间组合

厨房、餐厅、客厅三者关系的核心是餐厅，因为餐厅与厨房、餐厅与客厅的关系都很紧密。在面积小的套型中，通常将客厅与餐厅合并，或者厨房、餐厅、客厅合并，形成大空间。厨房与餐厅这两个空间本身在功能上不可分割，联系直接紧密。在现代套型中，可将厨房、餐厅融为一个较大空间，形成中国式 D·K 厨房，如图 2-56所示。

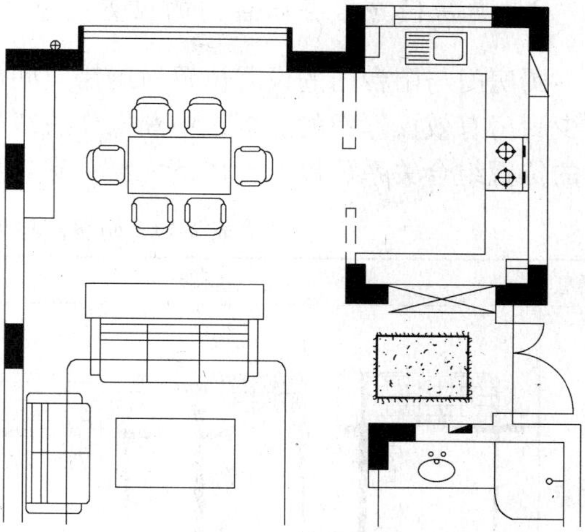

图 2-56

C　厨房、卫生间、卧室组合

从技术上讲，卫生间和厨房管道设备联系紧密，最好靠近布置，这样管线集中便捷，便于上下水管道、燃气管道、热水管道、热水器等安装。但从使用上讲，卫生间宜靠近卧室，不只是联系紧密，而且私密性也较强，尤其是专用卫生间更应直接紧靠主卧室布置。

在现代住宅套型设计中，应首先考虑卫生间与卧室的关系。厨房和卧室关系疏远，而且要求隔离，避免厨房油烟的干扰，要求居室通风和厨房通风截然分开。如图 2-57 所示为厨房、卫生间、卧室三者空间关系合理组合的例子。

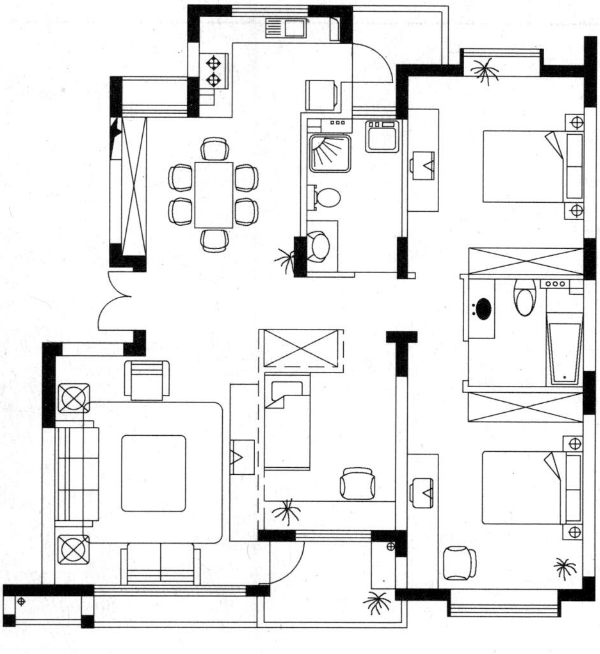

图 2-57　厨房、卫生间、卧室组合

D 厨房门与服务阳台门的位置关系

厨房门与阳台门的设置位置对厨房空间的布局有较大的影响。门的位置不当，往往会减少厨房有效操作面的长度，中断操作流线，降低厨房的利用率。厨房门与阳台门两者之间的位置组合关系可以分为以下三类：穿越型、相邻型、对角型（见表2-14）。

表2-14 厨房门与阳台门的几种组合关系

类型	穿越型布置	相邻型布置	对角型布置
图示	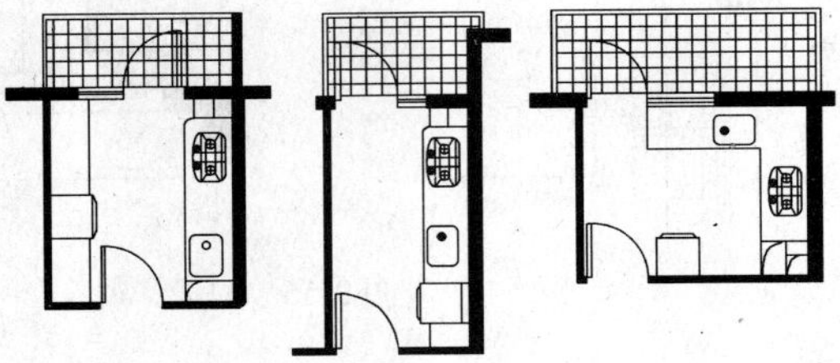	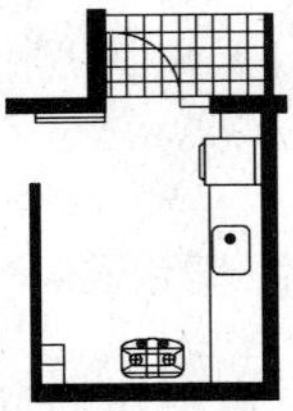	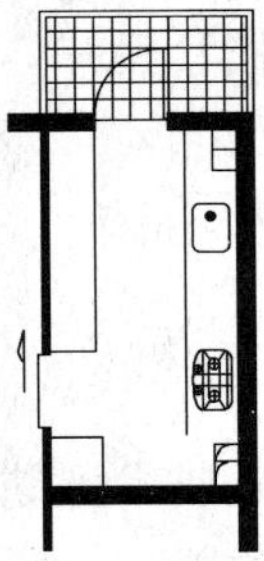
特点	厨房门与服务阳台门位于相对的两侧墙面，且位置基本相对。橱柜有双列式、单列式及“U”形排法。其中以门开在中间的双列式排法因台面较多更优越些	厨房门与服务阳台门位于相邻的两侧墙面，距离较近，能最大限度地增加台面，节约交通面积，空间利用率高。多见于塔式住宅	厨房门与服务阳台门位于厨房空间的对角线位置。厨房门一般通向餐厅，方便联系

3 不同类型住宅设计

《住宅设计规范》（GB 50096—1999（2003 年版））规定，我国的住宅根据层数可以划分为以下几种类型：一层至三层为低层住宅；四层至六层为多层住宅；七层至九层为中高层住宅；十层及十层以上为高层住宅。不同类型的住宅在套型、结构、消防等方面有不同的要求，设计时应加以注意。

3.1 低层住宅设计

3.1.1 低层住宅概述

低层住宅是指一层至三层的住宅建筑。在农业经济社会时期，技术水平相对较低，城市人口密度不高，低层住宅是一种主要的居住形式，我国及世界各地原生的民居建筑都是如此。从新中国成立到 20 世纪 60、70 年代，低标准的城市集合型低层住宅仍是城乡住宅建设的主要形式之一。而今随着科技水平日渐发达，经济和城市建设飞速发展，城市人口密度大大增加，城市住宅越来越向多层、高层方向发展。20 世纪 90 年代以来，我国住房制度改革后，居住者对住宅市场的类型、标准和居住方式都提出了不同的要求，低层住宅在我国出现了新的发展前景，同时城市化进程促使城市急速向土地价位较低的郊区扩展，因而城市周边地区又出现了规模化、批量化建设的较高标准低层住宅的建设新浪潮。虽然低层住宅不是城市住宅的主要形式，但由于人们对低层居住方式的认同和低层住宅特点的把握，使其具有长期存在和发展的生命力，应给予足够的重视。

3.1.1.1 低层住宅的特点

与多层和高层住宅相比，低层住宅主要具有以下一些特点：

（1）占地面积大，常拥有独立或半独立的院落。从居住行为方面来看，低层住宅能使住户更接近自然，实现室内空间向自然环境的有机延伸，提供了室外活动的自由与便利，扩大了生活空间；从居住心理方面来看，也更符合人类回归自然、实现“前庭后院”的理想家园模式的心理需求。但由于建筑密度较低，土地资源消耗较多，在我国不宜作为城市建设的主要住宅形式。

（2）空间形态和建筑造型更趋近于自然。低层住宅体量小，层数少，尺度亲切宜人，变化丰富，更易与自然环境的地形、地貌、植被、水体等协调，保证建筑与环境的融合，空间形态具有理想家园的亲近感，也易于创造更具归属感和社区认同感的居住环境，更符合人的居住心理需求。

（3）平面和空间组合方式灵活。低层住宅因体量和尺度较小，可因地制宜，在结合特殊地形方面有较大的灵活性；低层住宅的户内空间因各方面的限制较少，在空间的组合上可进行较为灵活的处理，使之互相延伸、渗透、借景和转换，丰富空间构成。

3.1.1.2 低层住宅设计要点

在低层住宅设计中，应尽可能扬长避短，充分发挥其居住形式接近自然的优点，克服其不利于节地节能的“先天性”缺点，进行创新。

（1）在进行套型设计时，既要注意居住功能设置的细化，即明晰化、周全化、多元化和个性化，同时又要注意空间功能分区的强化，重视空间的趣味性、丰富性、流动性，以适应低层住宅的建筑标准较高、居住功能更趋完美的设计要求（见图3-1）。

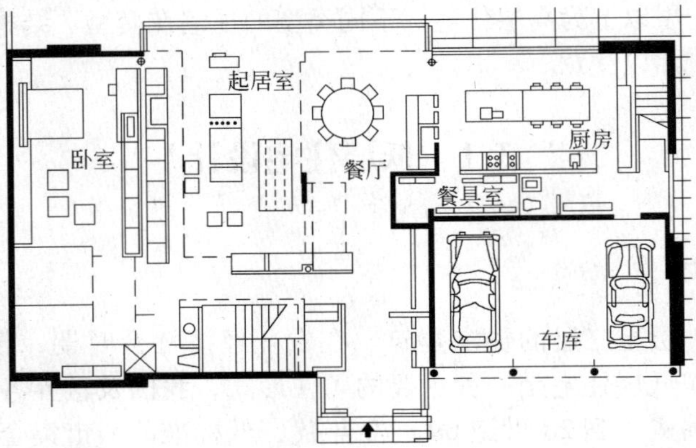

图3-1 居室空间的流动、渗透与开放（砖与玻璃住宅）

（2）在楼栋设计时，充分考虑宅院绿地、阳台、露台、屋顶平台以及入口交通场地等室外空间的组织和利用（见图3-2），为住户提供富有生活气息的室外空间，还应考虑满足汽车停放空间的需要，方便停放、居住和道路空间的联系，同时要注意依靠自身形态的合理设计如增加楼层和加大住栋进深的做法来解决节约用地的问题（见图3-3）。

图3-2 室外空间的组织和利用

（3）在进行住宅组合和群体规划设计时，重视住宅套密度（即单位用地上建造的住宅套型数量）的合理控制，提高城市土地资源的有效利用，注意住户套型和住宅群体形态的多样性，满足住户需求的多样化，重视院落空间的组织与利用（见图3-4～图3-5），提

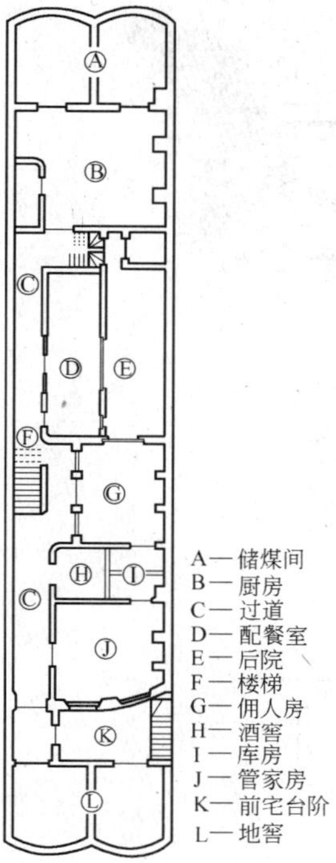

图 3-3　英国布林顿大进深住宅

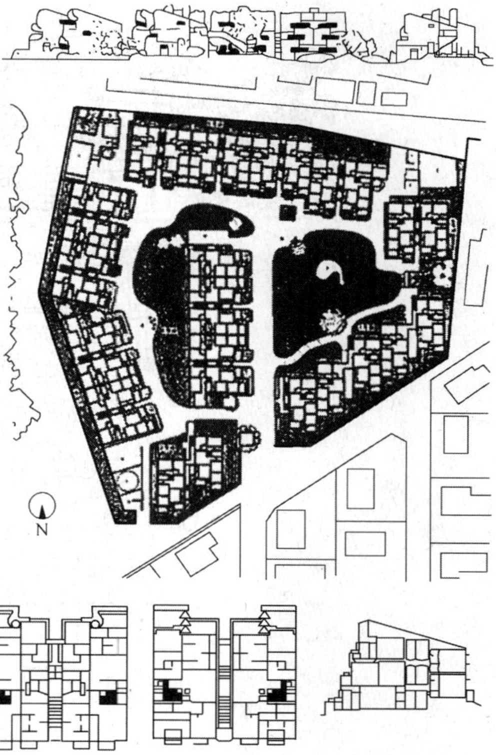

图 3-4　层次丰富的院落空间组织
（日本水产市六番池小区低层住宅群）

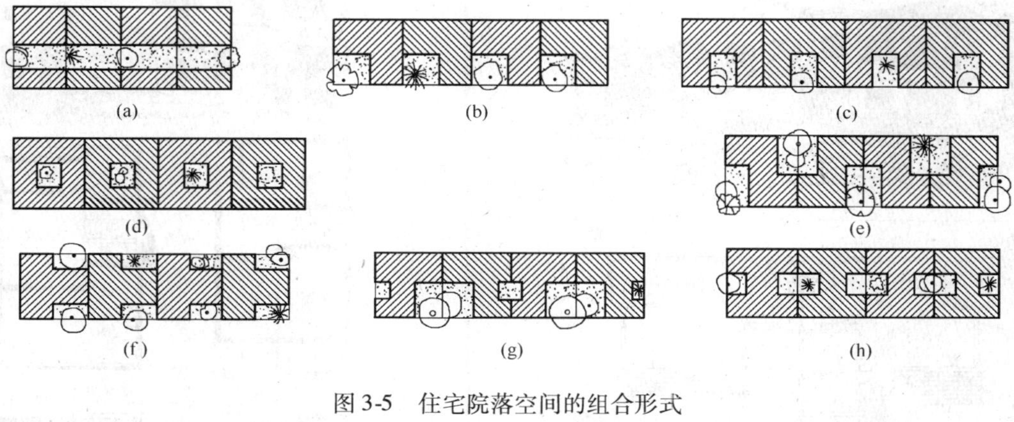

图 3-5　住宅院落空间的组合形式

高低层住宅居住环境的优越性。

3.1.1.3　低层住宅分类

低层住宅多为接地型的空间模式，即住宅套型空间入口皆在地面上，一般可由地面道路直接入户，楼栋设计基本上是由套型空间单元在平面方向直接以各种方式拼合成住栋，而无需在楼栋内设置公共交通空间。根据院落和住宅组合方式等不同情况，低层住宅可分成独立式（见图 3-6）、并联式（见图 3-7）、联排式（见图 3-8）、叠拼式（见图 3-9）、连廊式等。一般独

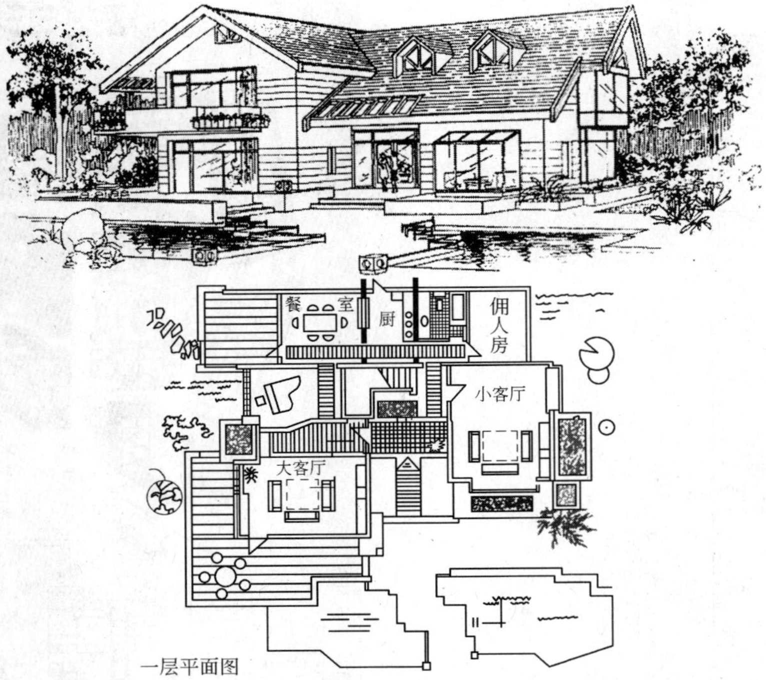

图 3-6 独立式住宅

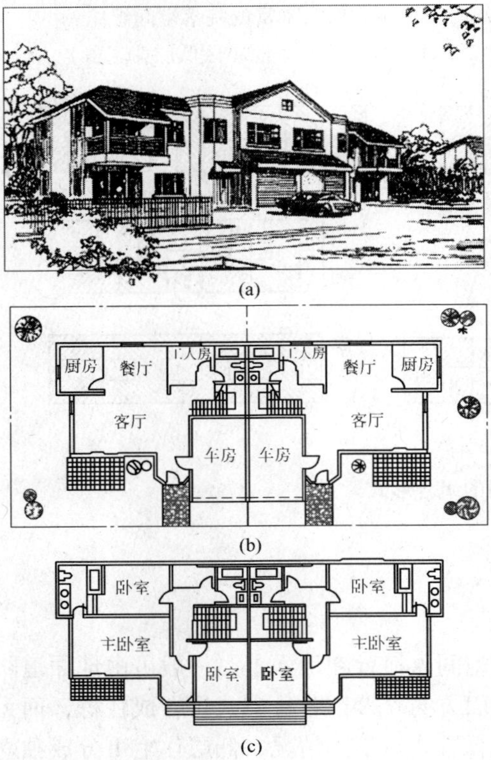

图 3-7 并联（双联）式住宅

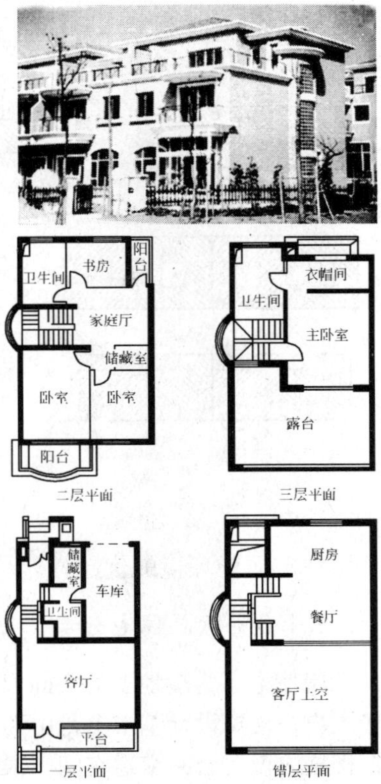

图 3-8 联排式住宅（上海·圣淘沙）

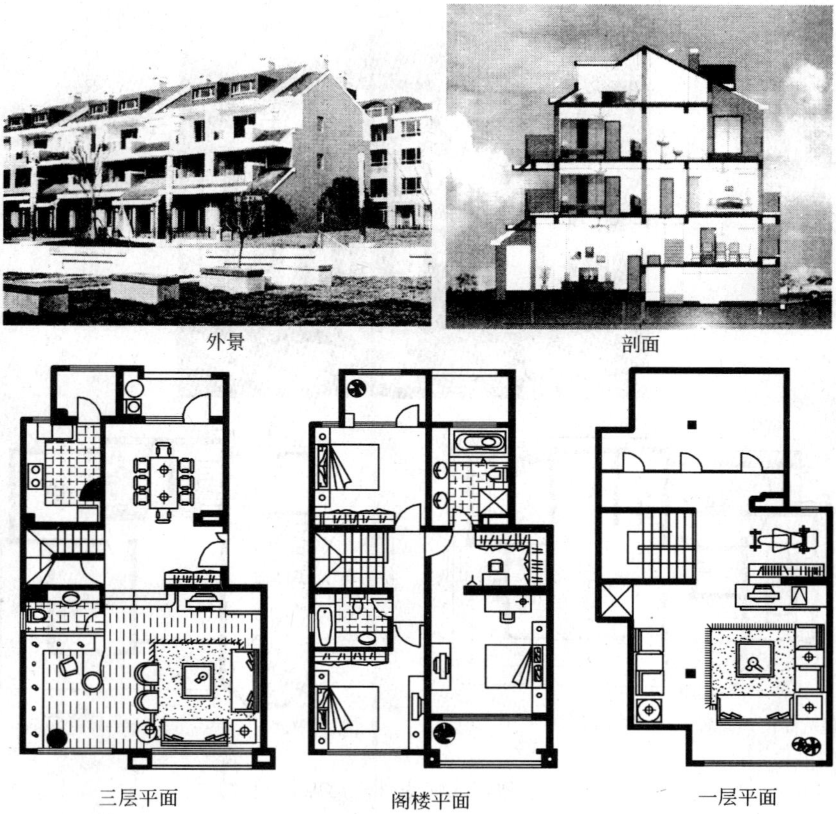

图 3-9　叠拼式住宅（上海宝成花苑）

立式住宅的面积标准、建筑质量、周围环境及服务设施等标准相对都较其他低层住宅要高。

3.1.2　独立式住宅

独立式住宅又称为独院式住宅，即住宅不与其他建筑相连，独立建造（见图 3-10）。独立式住宅四面临空，并独门独院。平面组合方式灵活多样，可保证良好的朝向、通风、采光，建筑造型新颖灵活，住宅环境优美、私密性良好，有利于提供安静、舒适和方便的室外活动空间，为人们休息、娱乐，进行各种融入自然的户外活动提供了极佳的场所。缺点是占地面积大而建筑密度最低，不利于节地，建筑外墙较多，不利于节能，而且市政设施和土建工程造价较高，因而适用于住宅标准要求高、经济条件好、生活水平高的居民，建造较少。

根据基地和建筑标准的不同，独立式住宅层数多为 2 ~ 3 层或为单层，有些还设有地下或半地下室，一般多用作车库、仓库、洗衣房，底层空间一般为客厅、起居室、餐厅、厨房、卫生间等以公共活动为主的用房，二层及以上为卧室与卫生间，并且结合阳台、露台、屋顶活动平台等户外空间穿插布置，丰富室内外空间的交流和立面造型的需要。

独立式住宅根据使用者的需要往往有不同的入口（见图 3-11），如业主入口和佣人入

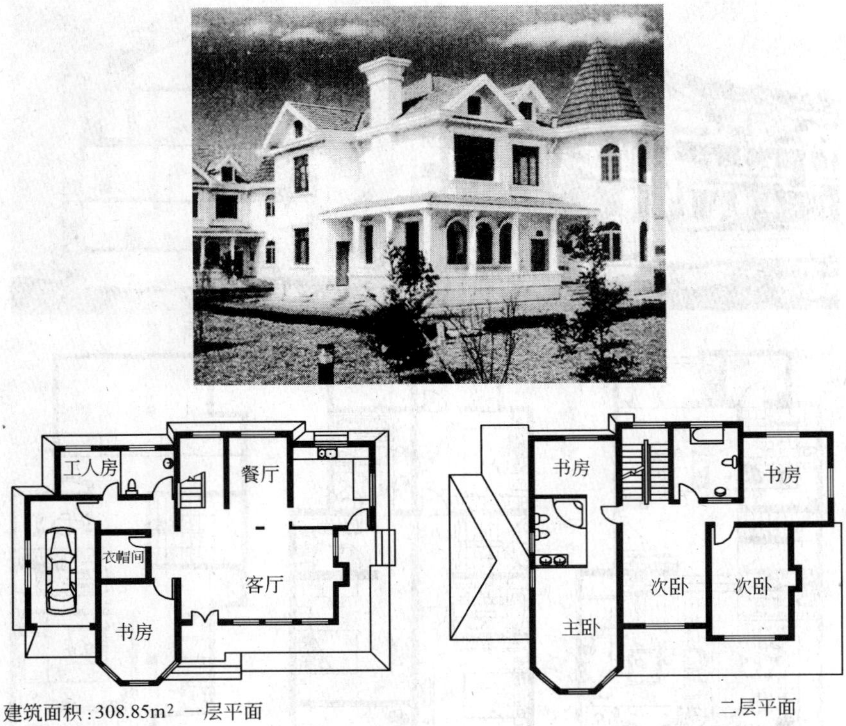

图 3-10 独院式住宅（上海丽茵别墅）

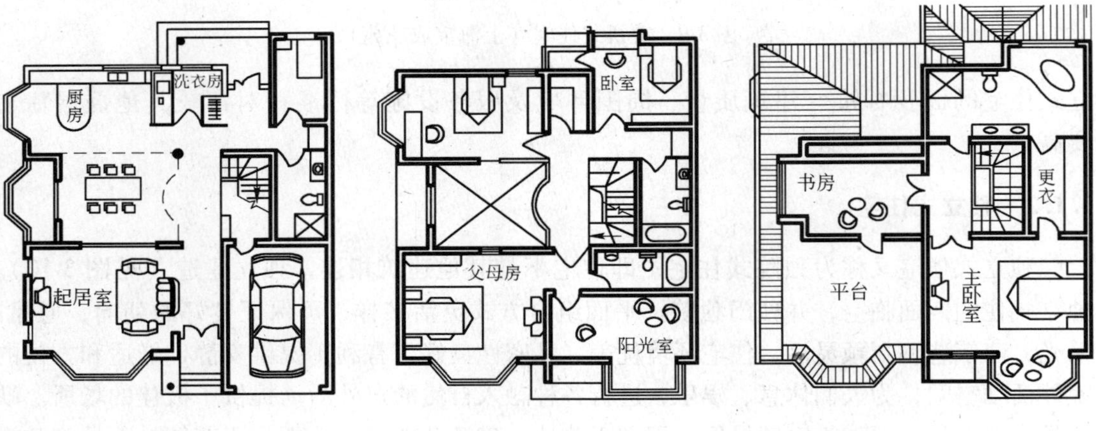

图 3-11 各自独立的独立式住宅入口（河北廊坊国际花园住宅）

口等，以避免干扰，各自直接到达相应的起居或辅助等不同性质和功能的空间。小汽车需要以最直接便捷的方式进入车库，到达居室内部，在设计时应综合考虑道路关系、对居室的采光、朝向影响以及使用的便捷性等多方面因素。

更高标准的独立式住宅在住宅市场上常被称为“别墅建筑”，其建筑标准（主要指套型面积和建筑质量）和环境标准（主要指基地环境和公用设施）都明显高于一般的低层住宅。而且别墅建筑强调更高的居住品位，对建筑设计有更高的个性和艺术性要求：空间形态自然和谐、因地制宜（见图3-12），功能配置齐全合理、突出个性（见图3-13），空间布置层次丰富、讲究品位（见图3-14），建筑造型优美动人、富有特色（见图3-15）等。

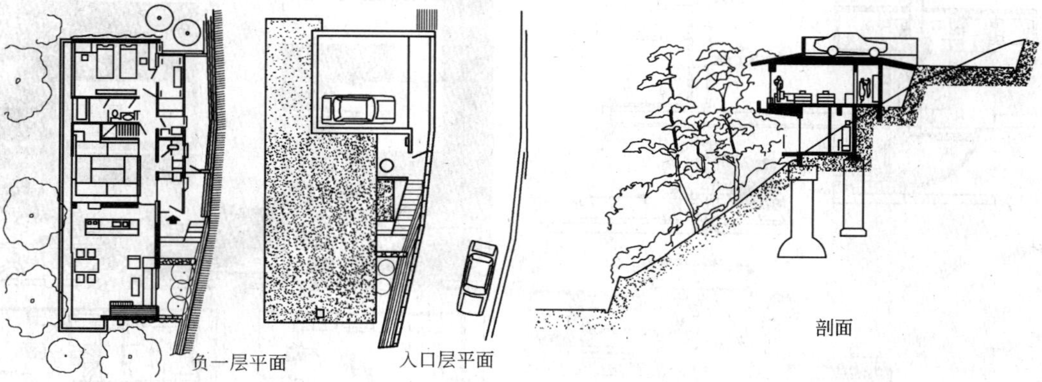

图3-12 空间形态结合自然环境

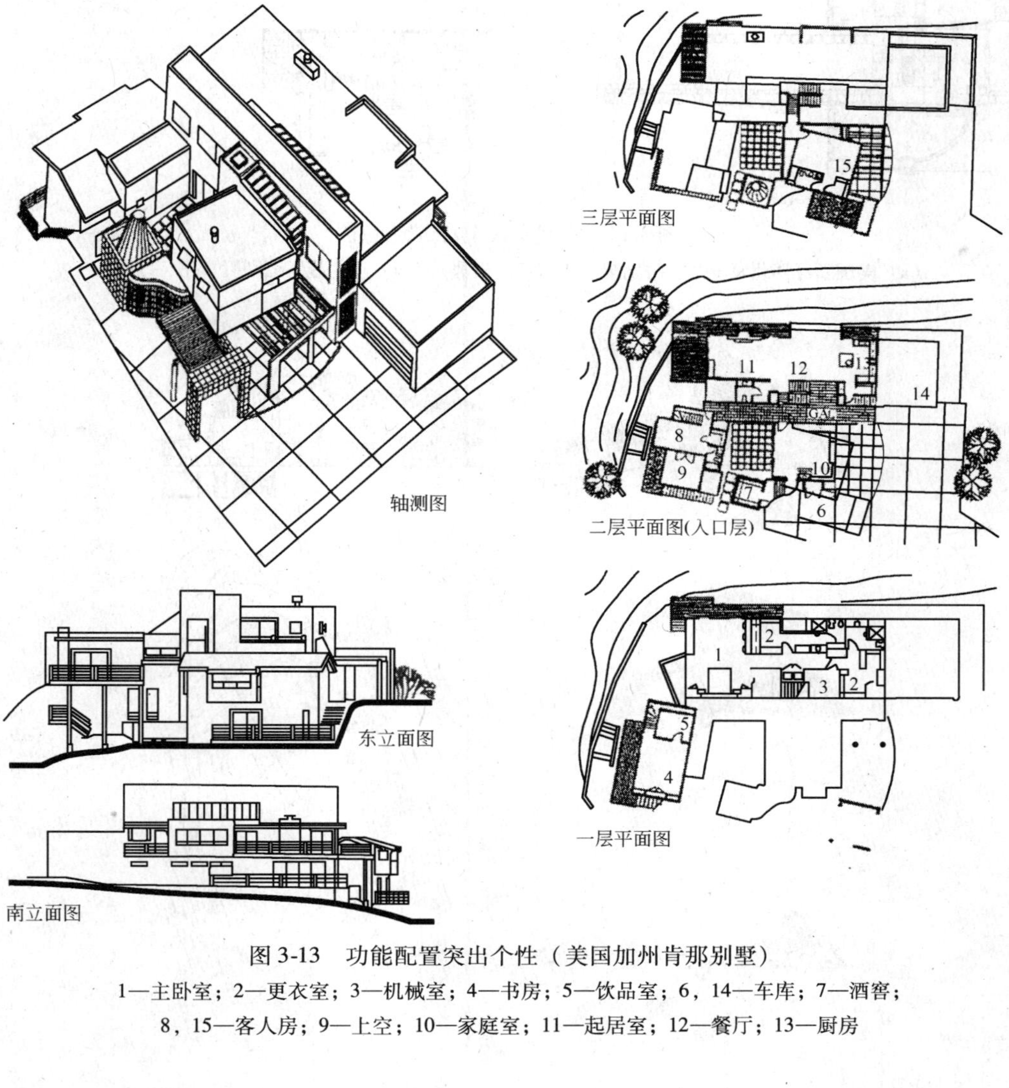

图3-13 功能配置突出个性（美国加州肯那别墅）

1—主卧室；2—更衣室；3—机械室；4—书房；5—饮品室；6，14—车库；7—酒窖；8，15—客人房；9—上空；10—家庭室；11—起居室；12—餐厅；13—厨房

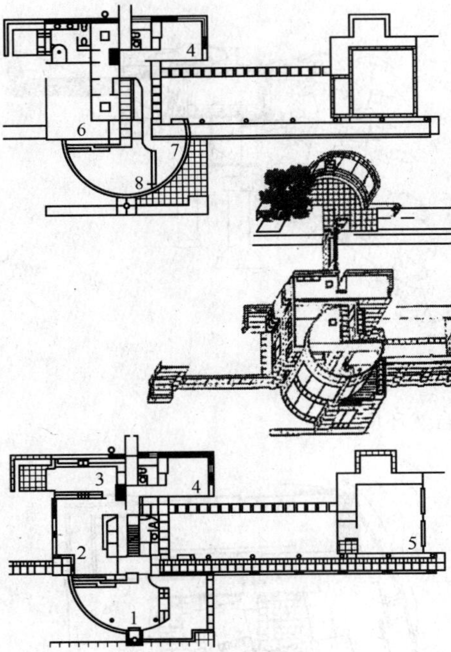

(a)

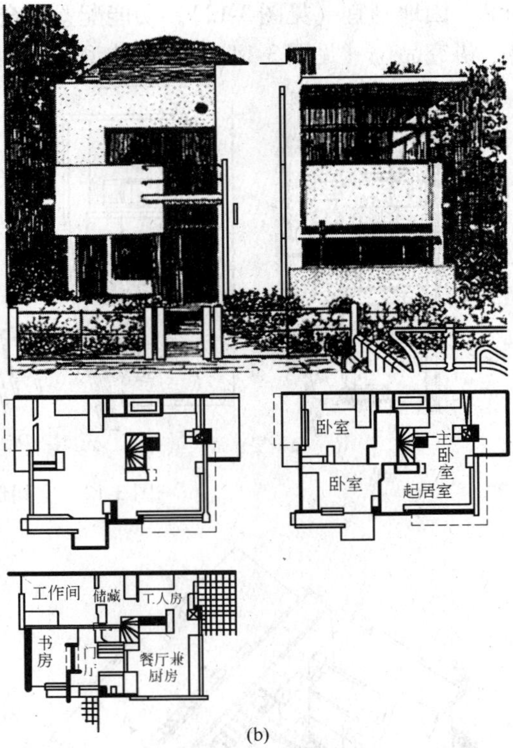

(b)

图 3-14 空间层次丰富讲究品位

（a）美国新泽西州葛罗塔乡村别墅（理查德·迈耶）；（b）荷兰施罗德别墅（里特维德）

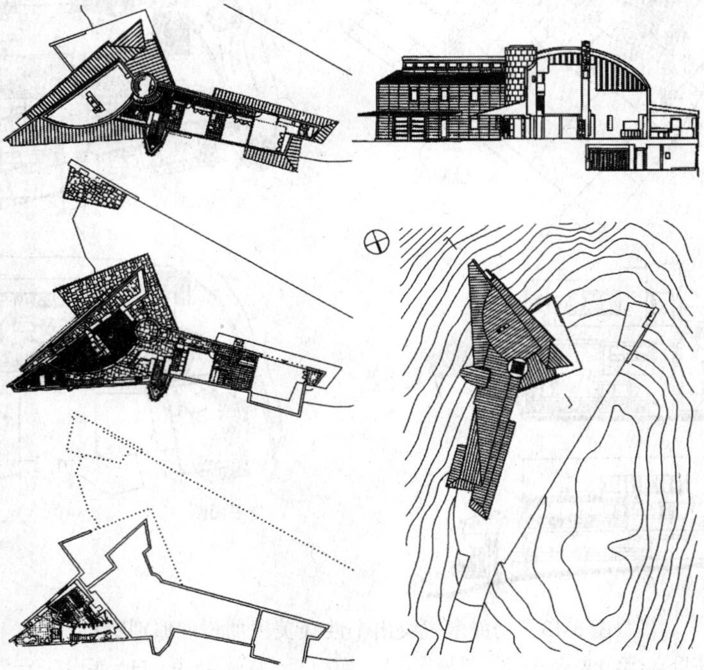

(a)

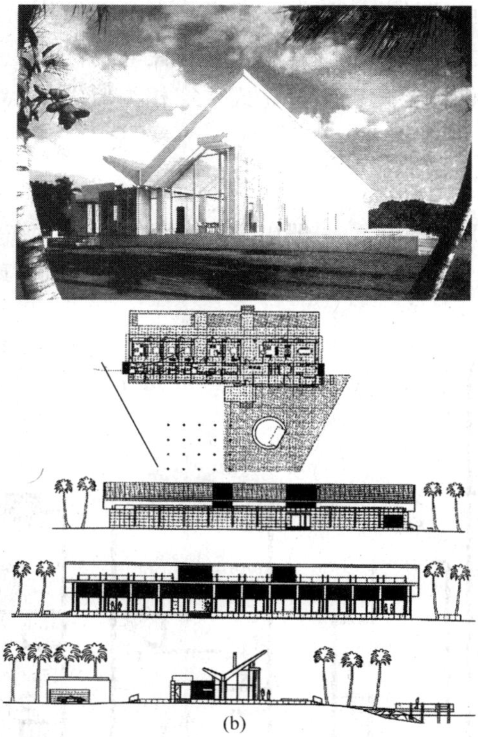

(b)

图 3-15 建筑造型优美富有特色

（a）美国佛蒙特州卡尔维尔山小住宅；（b）美国那不勒斯纽格鲍尔住宅（理查德·迈耶）

3.1.3 并联式住宅

并联式住宅又称为双联式住宅，即两户住宅在平面上并联组合，两户共用一面山墙，组合成为一栋建筑（见图 3-16）。

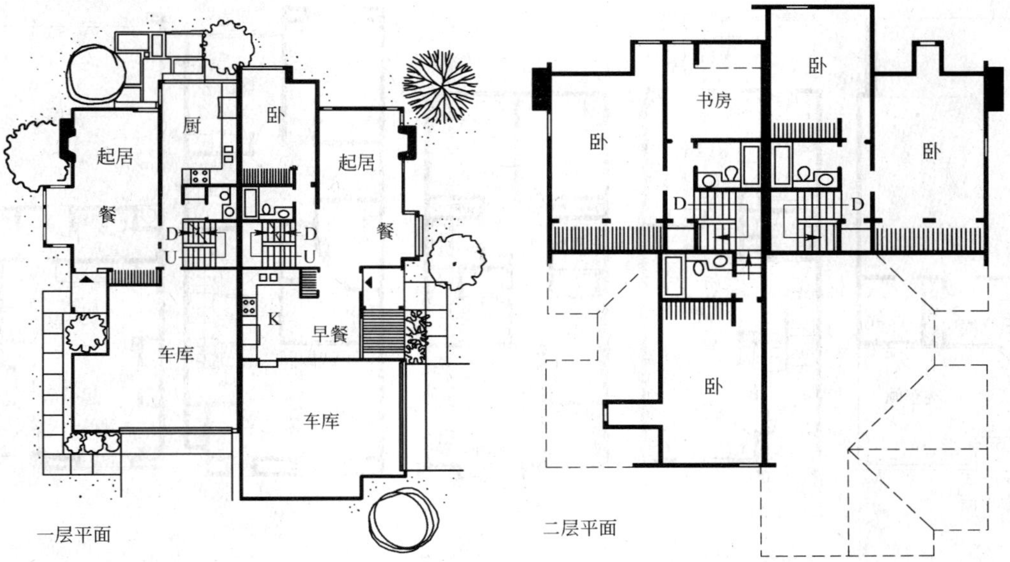

图 3-16 美国双联式住宅

并联式住宅除相连的山墙外三面临空，通常也有独立的院子，采光和通风条件都比较好。与独立式住宅相比，并联式住宅既具有独立式住宅的优点，又能节约用地，减少室外管网的长度。并联式住宅设计要求也与独立式住宅相类似。

3.1.4 联排式住宅

联排式住宅又称为拼联式住宅，一般由各户套型空间单元在单向拼合至三户以及三户以上，除两侧尽端住户只与一个住户共用一面山墙外，中间户均为两面共用山墙（见图3-17）。

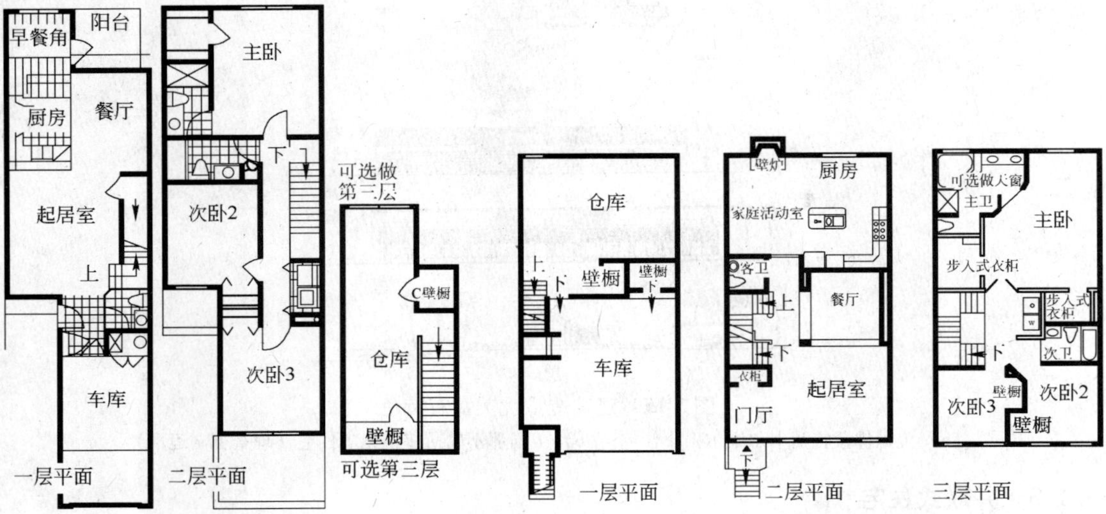

(a)

(b)

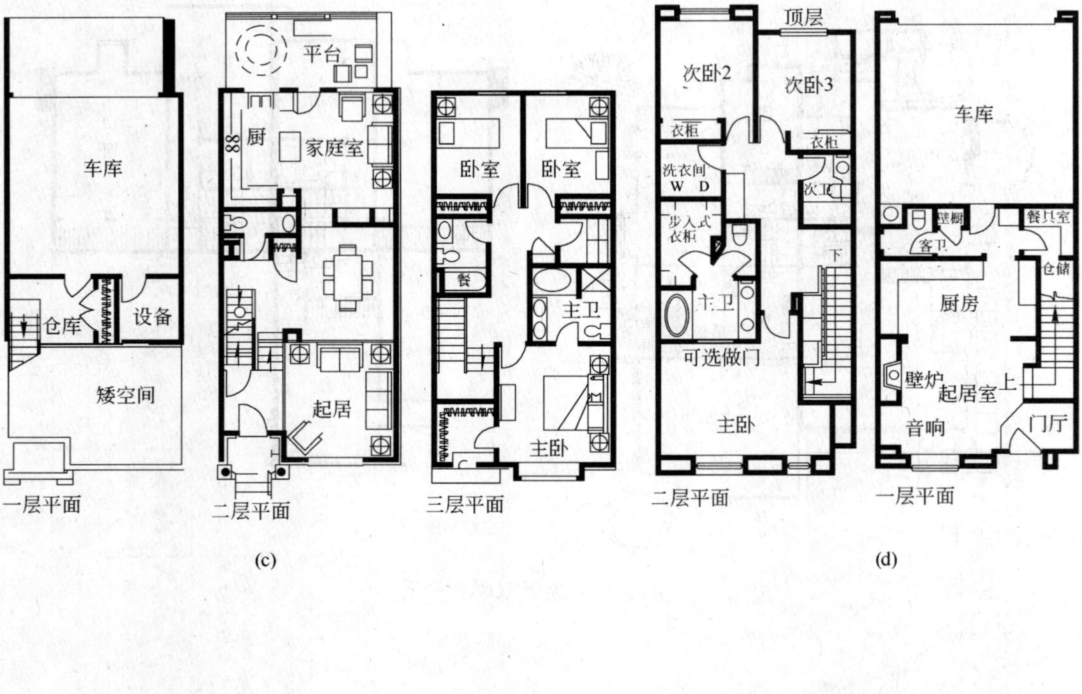

(c)

(d)

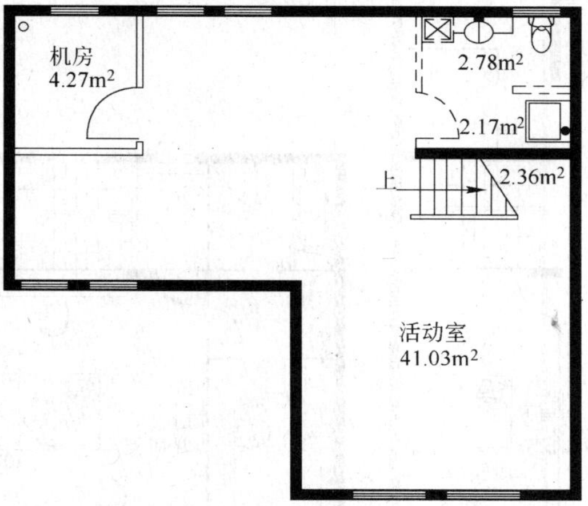

地下一层平面

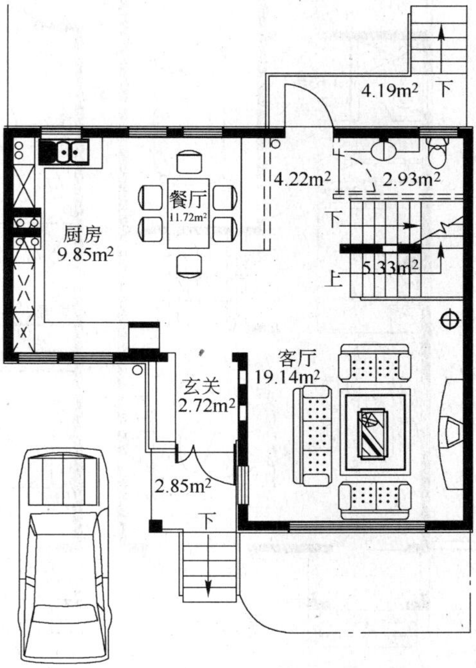

一层平面

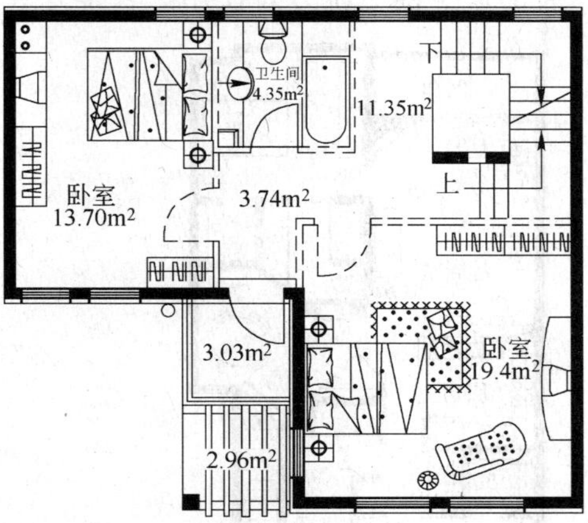

二层平面

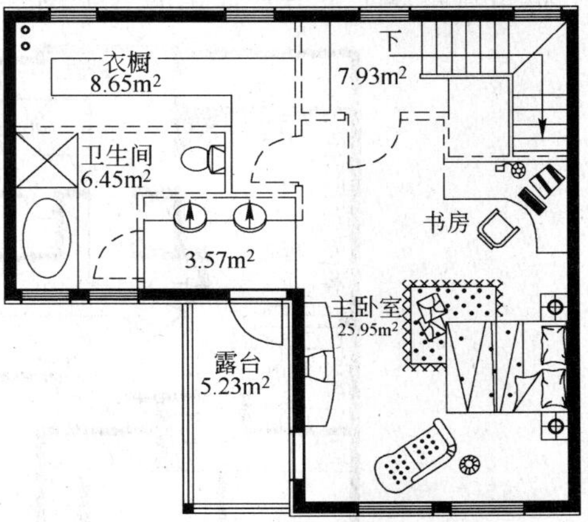

三层平面

(e)

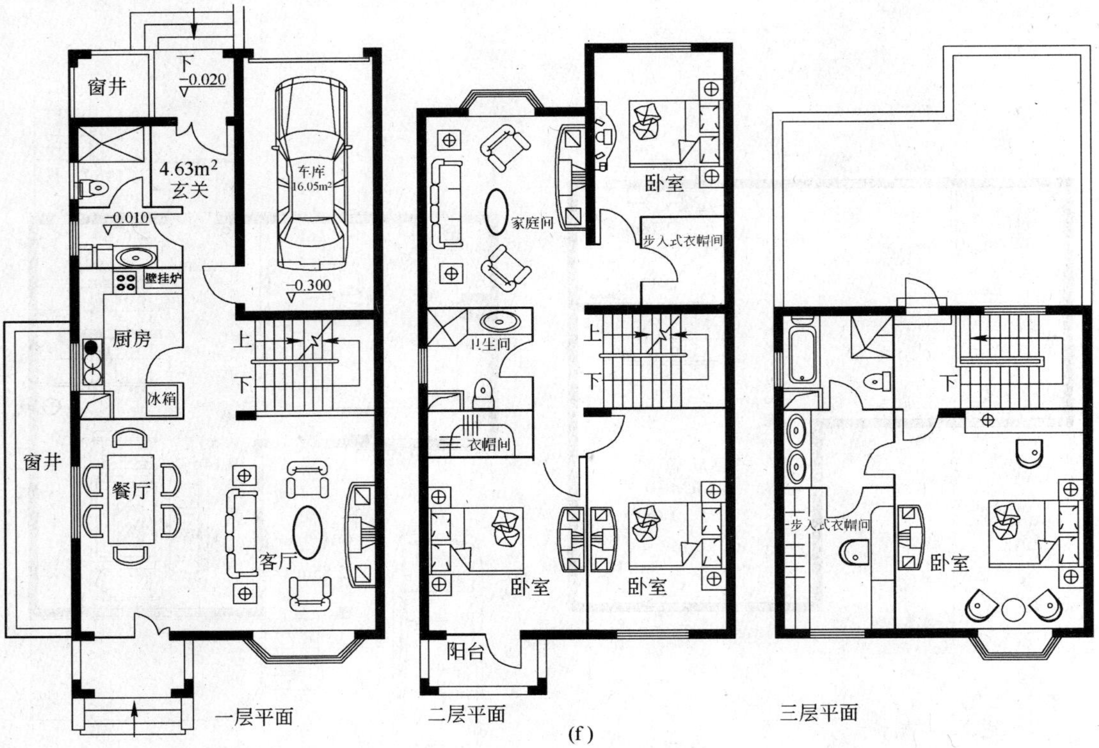

(f)

图 3-17 联排式住宅

(a) 车库入口同层同向；(b) 车库入口同向不同层；(c) 起居室与餐厅错层式；(d) 经济型联排住宅；(e) 大面宽联排住宅；(f) 车库入口同层异向

联排式住宅一般也为 2 ~ 3 层，最多见的是每个单元的 1 ~ 3 层的跃层空间归一户使用，但也有楼层上下分户使用的（见图 3-18），有的甚至前后院分户使用。联排方式也多

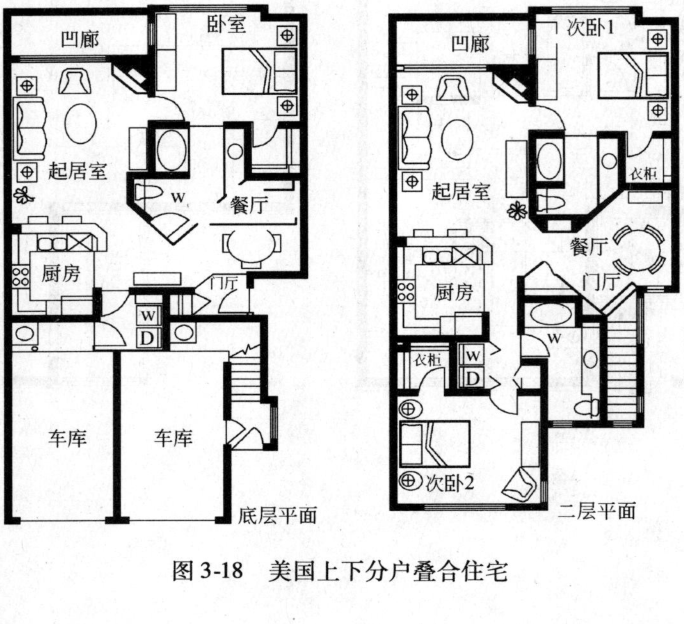

图 3-18 美国上下分户叠合住宅

种多样，一般有横向拼联、纵向拼联、斜向（错位）拼联、混合（围合）拼联等多种组合形式（见图3-19）。通常横向组合及错位组合的适中性、均好性较好，住宅的私密性也较好，而围合式组合则可以创造出多样的邻里空间环境，但应注意保证相邻住户的私密性要求。

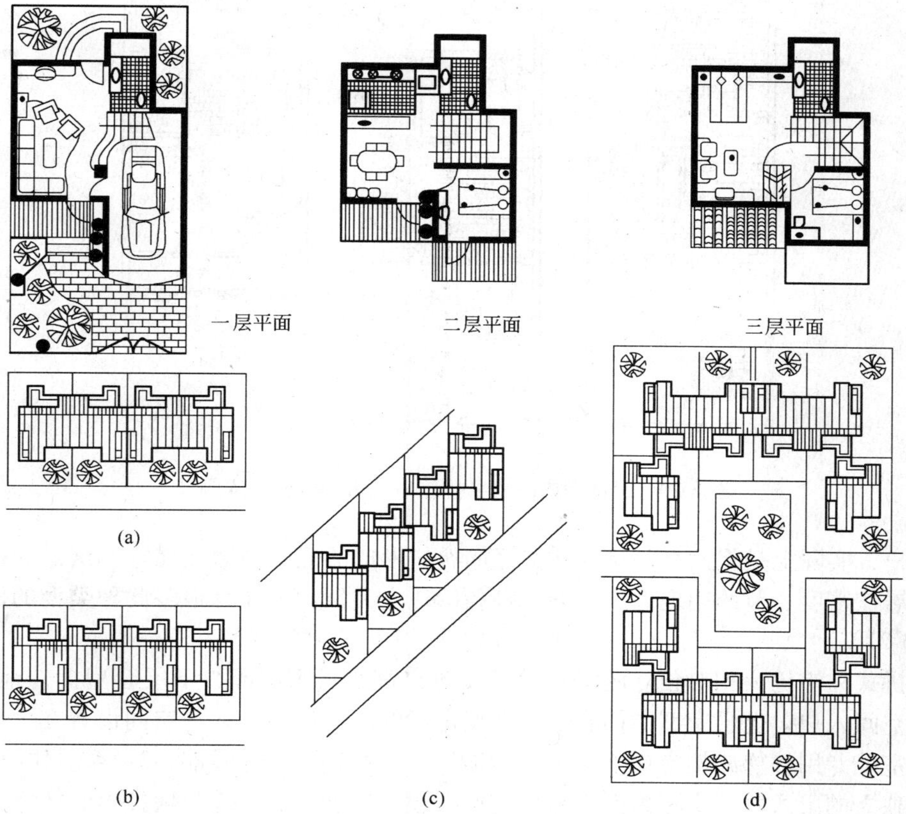

图3-19 联排式住宅的组合形式
（a）横向镜像拼联；（b）横向拼联；（c）斜向拼联；（d）围合拼联

我国2000年以来的低层住宅中又出现了一种名为Townhouse的住宅形式（见图3-20），即为街区型联排住宅或聚合式联排住宅，一般直译为城镇住宅，是指有天、有地、有独立院落和车库的联排住宅。在群体规划上，住户既享有专有宅院，又有公共庭院。拼联长度也较普通的联排式住宅长，一般为30～60m，4～8个套型单元拼联，产品类型相对单一，建筑覆盖率较高，既节约了用地，比别墅经济，又满足了人们脚踏大地头顶蓝天的需要，故而也被称为经济别墅。

联排式住宅通常兼具独院式住宅和多层住宅的优点，距离城区位置适中，对绿化、景观有相当的需求，可以兼顾独立式住宅的舒适和公寓的邻里亲情，而且价格适中，因此在我国更易于被人们接受，是目前最为主要的低层住宅类型。

3.1.5 叠拼式住宅

叠拼式住宅又名为Cityhouse，其纵向可至5层，通常为4层，1～2层为一户，3～4

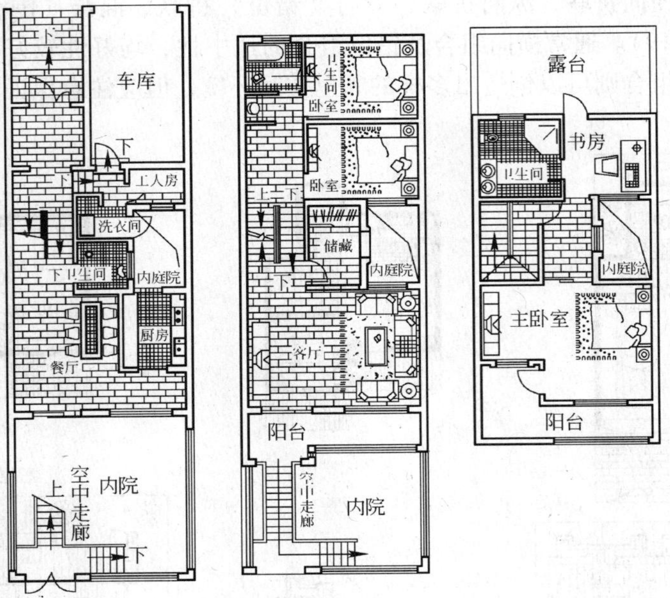

图 3-20 经济型内院式联排住宅（天津顺驰·太阳城）

层为一户，实际上是将两个联排式住宅竖向叠拼形成的低层高密度住宅。这是为提高低层住宅的居住密度、节约用地而产生的一种新的住宅类型。国外有很多此种类型的优秀实例（见图 3-21）。

叠拼式住宅仍为相对独立的分户设计，每户都有私家花园，下层套型拥有地面花园，从地面空间入户，上层套型则拥有下层套型提供的屋顶花园，入户空间设置在 3 层，入口需通过室外专用楼梯或架空敞廊与地面相接，1 ~ 2 层住户走楼前，3 ~ 4 层住户走楼后，有各自独立的出入口，实际为准接地型的空间模式（见图 3-22）。从我国的住宅设计规范来看，叠拼式住宅虽为 4 层，但上层套型的入口空间在 3 层，因此仍视为低层住宅。其居住标准稍逊于单纯的联排式住宅，套型面积小，住户增加，也可大幅提高容积率，最高容积率可达 1.2，兼具接地性与容积率较高的优势。在土地资源紧张的国情下，此类住宅对房地产开发具有很实际的参考价值。

目前的叠拼式住宅大致有如下两种模式：

（1）叠加式组合，即上、下两套住宅在垂直方向进行相同或相似的重复叠加。楼层一般为 3 ~4 层，通常采用全重叠的叠加方式，也可以采用退阶式或悬挑式的部分叠加方式（见图 3-23）。目前尚有层数为 4 ~5 层，上、中、下三套叠拼的住宅类型（见图 3-24），或名为“情景式住宅”，又是介于低层住宅和多层住宅之间的套型设计，但已不属于低层住宅范畴。

（2）互补式组合，即两户或三户在垂直方向上交叉组合交错叠拼，共同形成一个住宅单元体，一般为 3 层左右。这种组合方式有利于在不降低容积率和居住条件的前提下，适当缩小每户套型面积，满足市场对小套型低层住宅的需求，而且上层套型的入户高度降低，有利于增强亲地性感受（见图 3-25、图 3-26）。

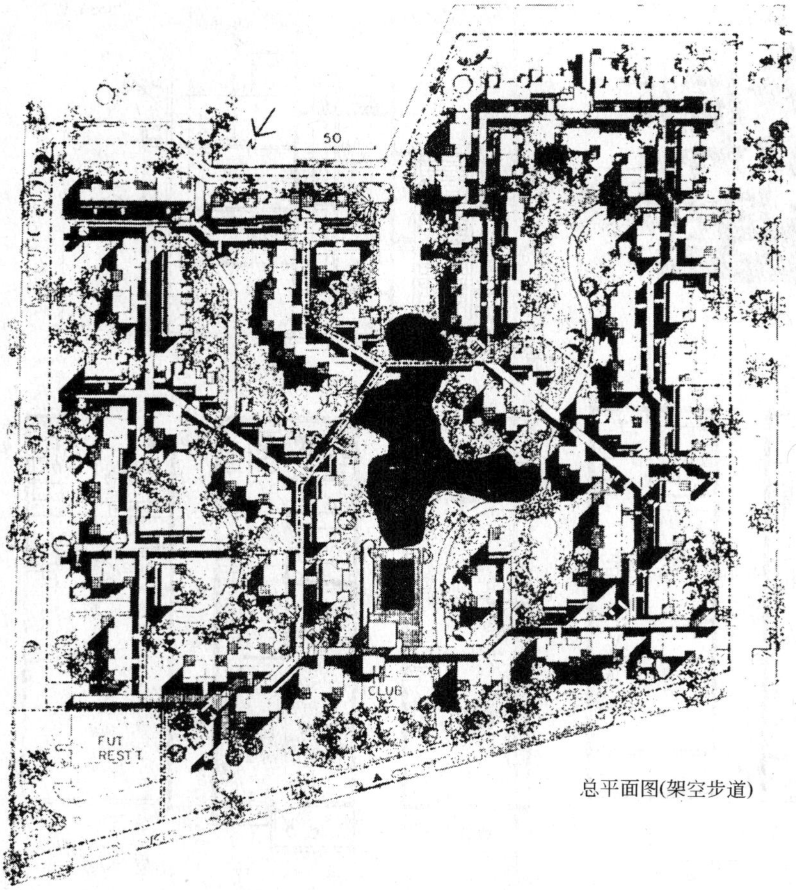

总平面图(架空步道)

住宅单元剖面图

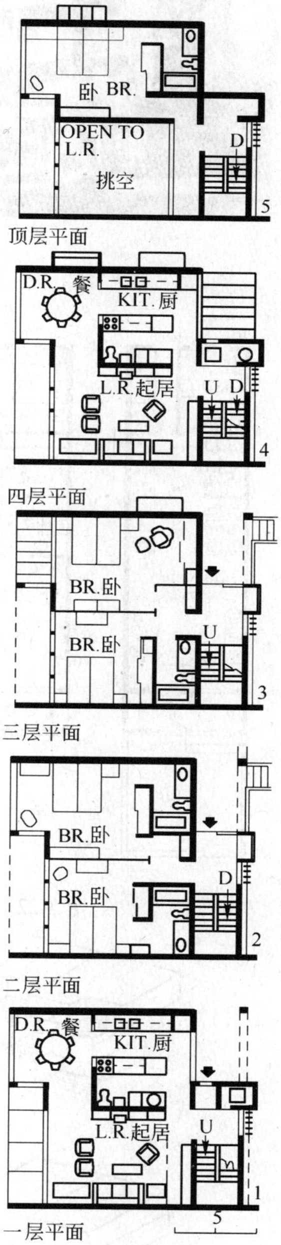

住宅单元平面图

图 3-21 叠拼式住宅（加拿大）

（1～2 层为一户，3～5 层为一户，以架空步行廊将各栋住宅联系）

透视

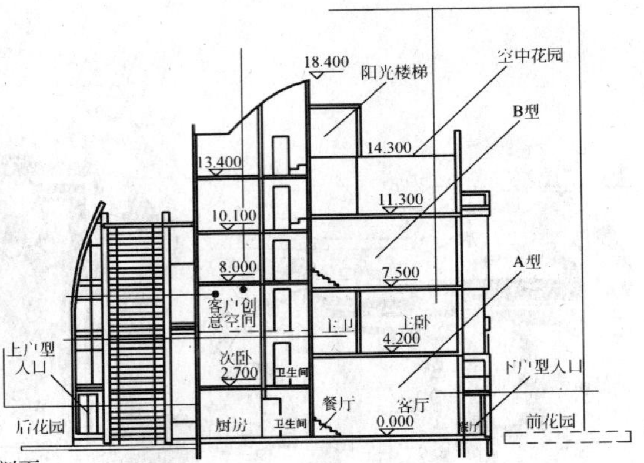

剖面

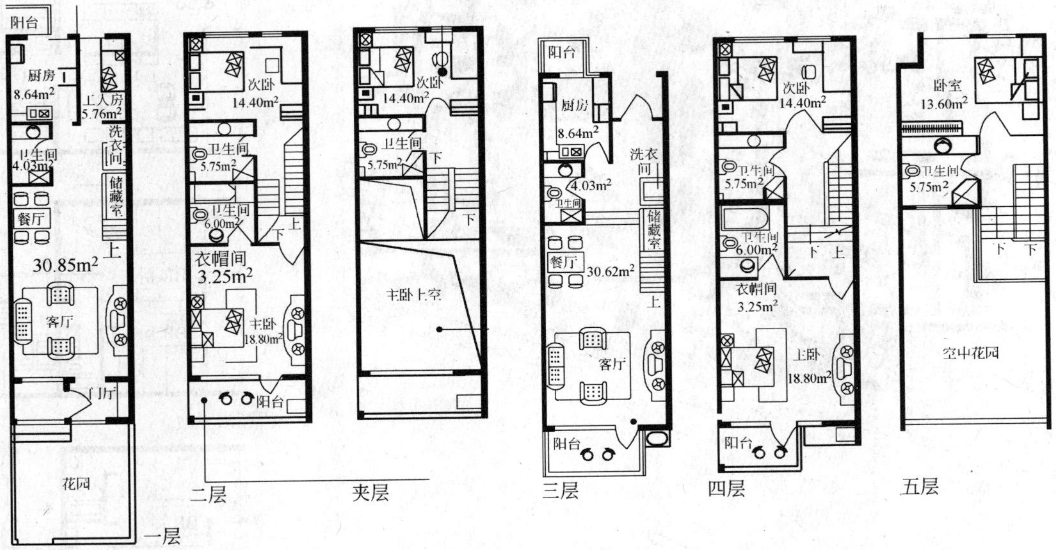

图 3-22 上下分向入户的叠拼式住宅（北京丰台风格与林叠合住宅）

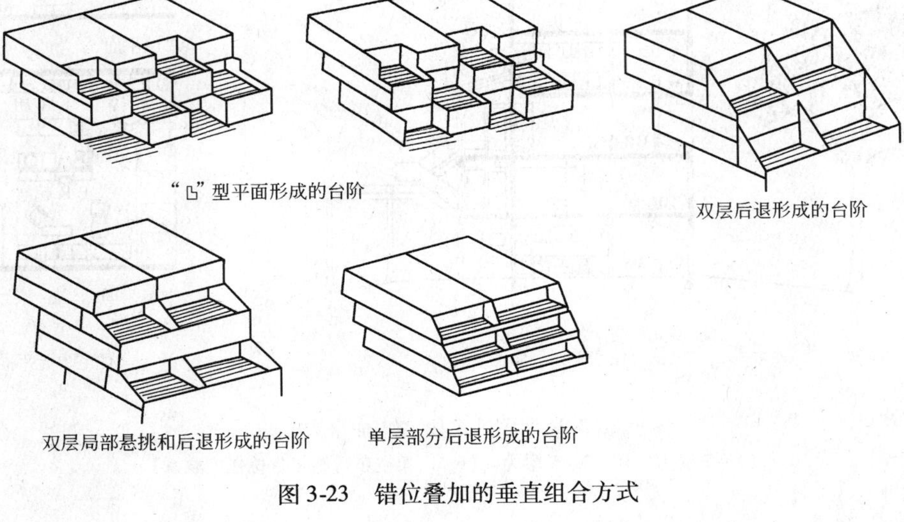

图 3-23 错位叠加的垂直组合方式

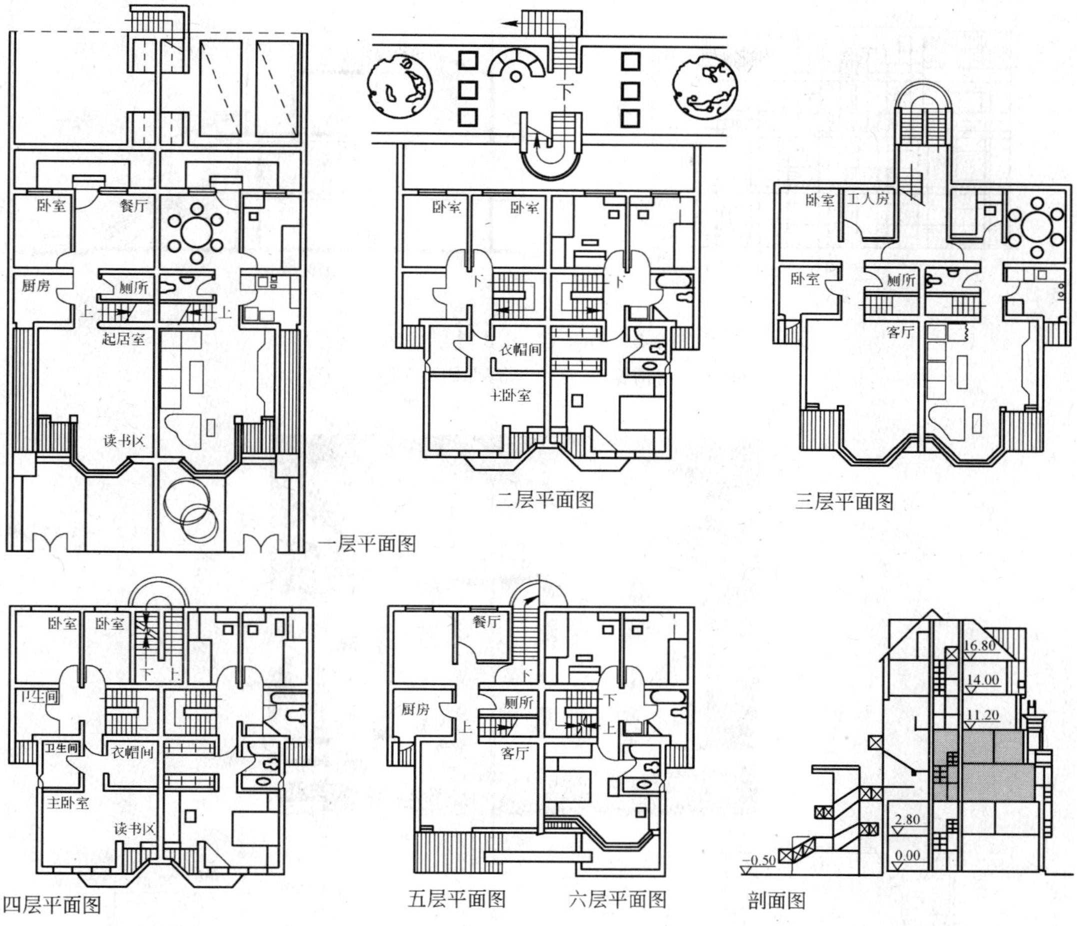

图 3-24 三户叠拼式住宅

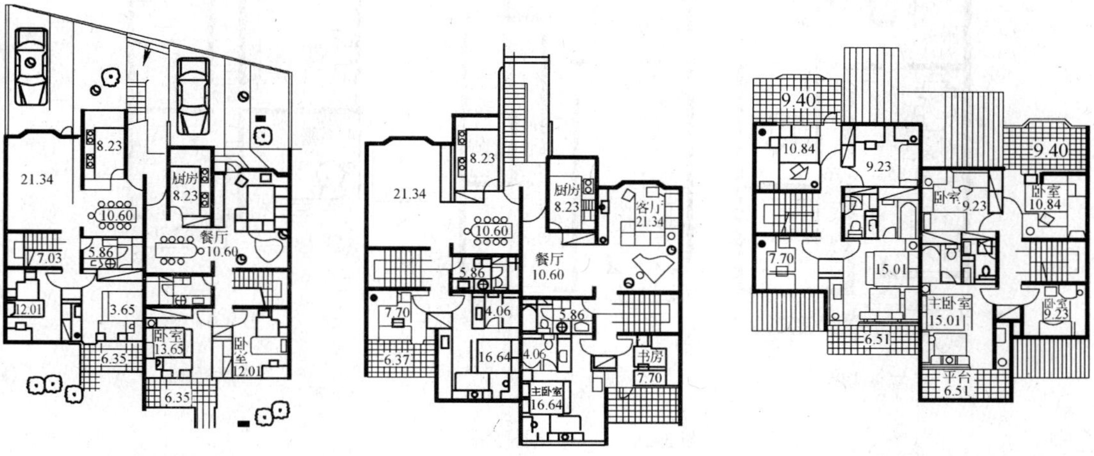

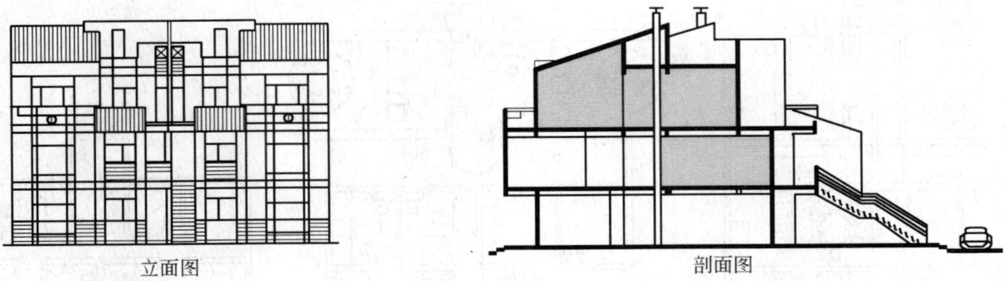

图 3-25 前后互补式叠拼住宅

（一层及二层南侧为一户，二层北侧及三层为一户）

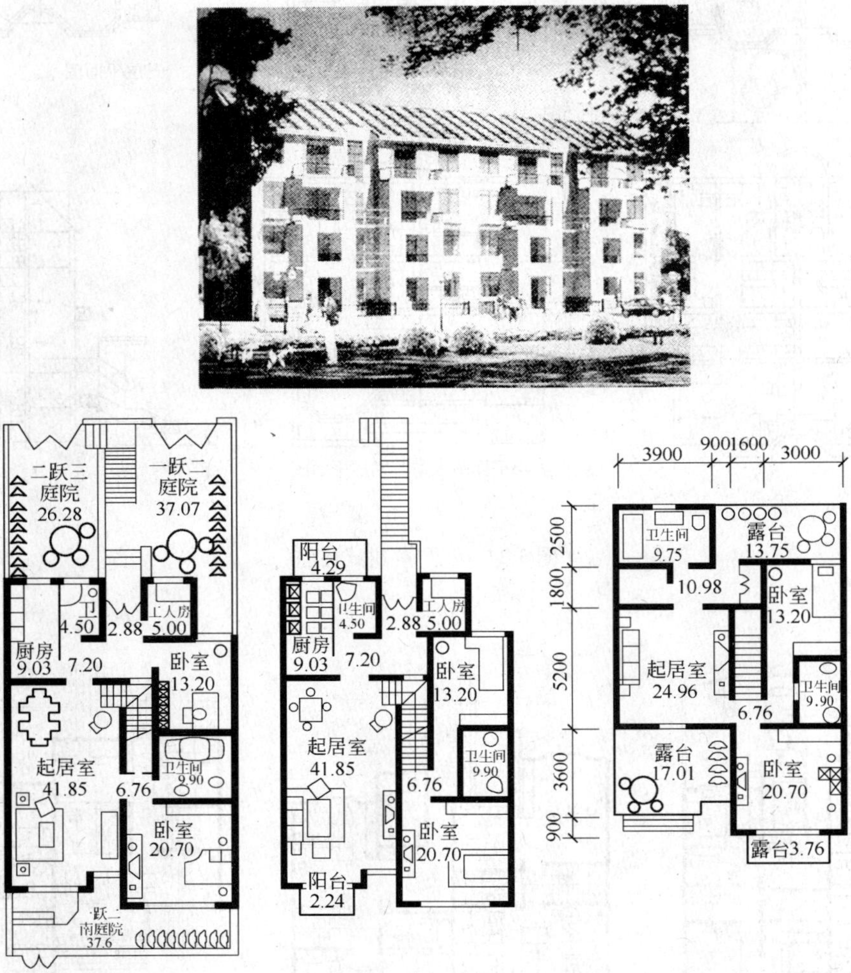

图 3-26 左右互补式叠拼组合

（一层及二层右侧为一户，二层左侧及三层为一户）

3.1.6 连廊式住宅

低层的连廊式住宅又可称为群集式住宅，它是由更多住户的跃层套型空间单元以二维平面关系拼联形成的板式住宅楼，各户的套型空间单元常以公共走廊纵横相连。

由于住宅层数相对较少，通常可以利用顶部采光，以天井空间解决室内部分采光通风要求。其平面空间组合形式极为灵活，建筑形体丰富新颖，比单向拼联的联排式住宅更为节约用地。由于我国住宅规范的限定，这种低层住宅类型多出现在国外（见图3-27）。

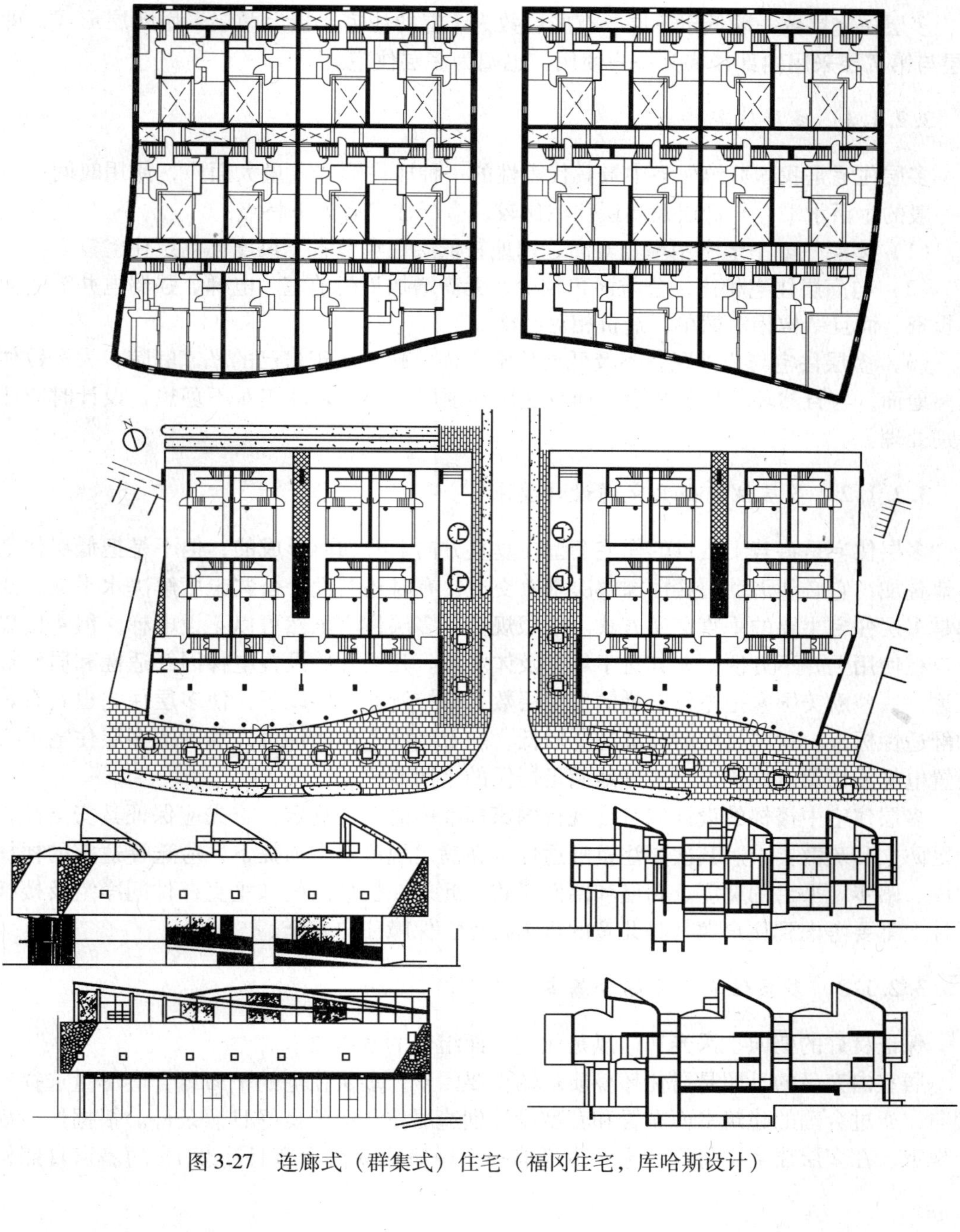

图3-27 连廊式（群集式）住宅（福冈住宅，库哈斯设计）

3.2　多层住宅设计

3.2.1　多层住宅设计概述

多层住宅一般是指层数为4～6层的住宅。根据《住宅建筑规范》（GB 50368—2005）规定，7层以及7层以上的住宅或住户入口层楼面距室外设计地面的高度超过16m以上的住宅必须设置电梯。由于经济条件的限制，目前我国普通的多层住宅一般都不设电梯，因此，多层住宅层数一般低于7层。有些层数为7层的住宅，顶上两层采用跃层形式，即第6层与第7层采用内部楼梯为一户使用，也归为多层住宅。

3.2.1.1　多层住宅特点

多层住宅是我国城镇住宅中最具代表性的一种居住形式，量大面广，使用时间长，适宜一般的生活水平。与低层及高层住宅比较，多层住宅有如下特点：

（1）多层住宅土地利用率相对高，用地较低层住宅节省，尺度比高层住宅宜人。

（2）与高层住宅相比，公摊面积较少，无需增加消防前室、电梯、强弱电井等的面积和投资，而且结构相对简单，造价相对经济。

（3）多层住宅与户外联系不及低层住宅方便，缺乏属于自己的私家庭院，大多数住户远离地面，与自然环境接触减少，而且底层和顶层的居住条件相对不理想，设计时应注意特别处理。

3.2.1.2　多层住宅公共交通设计要求

多层住宅是将若干数量的住宅套型在垂直方向上叠加而形成的，但不是把低层住宅简单地叠加，它必须借助公共楼梯解决垂直交通，有时还需设置公共走廊解决水平交通。楼梯是多层住宅主要的垂直交通方式。按照规范，多层住宅虽然可以不设电梯，但4层以上住户在使用上并不方便，尤其对于年老及体弱者。几层开始设置电梯因舒适性和居住标准而论，一些欧美国家把不设电梯的住宅层数严格控制在4层以下，使多层住宅也具有较高的舒适性标准。我国目前的标准还比较低，随着经济条件的许可，我国的多层住宅也可以设置电梯或预留电梯位置，更好地满足居民的生活需要。

多层住宅中楼梯的设计应符合现行国家标准中的有关规定。首先应保证其安全性，即满足防火和疏散要求。其次要注重舒适性，在满足规范要求前提下，应选择适宜的楼梯的梯段、踏步、平台的宽度、高度和踏面形式。此外在栏杆高度和垂直杆件间净空及楼梯井设计上都要考虑到住户尤其是儿童的行为特点，保障住户安全。

3.2.1.3　多层住宅平面组合基本要求

保证良好的朝向、采光和通风是住宅平面组合的基本要求。

居室内充足的日照是居住环境质量的重要因素，多层住宅的平面组合应尽量选择有利朝向，通过合理的建筑平面布置和套型设计创造居住空间的良好日照条件。根据住宅规范的规定，在多层住宅中每套住宅至少应有一个卧室能获得大寒日连续1h的满窗日照，当一套住宅卧室总数大于4个时，其中宜有两个能达到上述要求。

规范规定，卧室、起居室（厅）应有与室外空气直接流通的自然通风，单朝向住宅应采取通风措施。在住宅设计中应合理布置门窗的位置、方向，有效组织与室外空气直接流通的自然风，特别是相对外墙窗间形成对流的穿堂风以及相邻外墙窗间形成流通的转角风，利用平面形状的变化或设天井，可增加内外临空面，有利于通风采光，在南方地区尤其重要（见图3-28）。单朝向的住宅应通过户门上方设通风窗、下方设通风百叶或机械通风装置等手段保证通风。采用自然通风的房间，其通风开口面积也应符合规范规定。

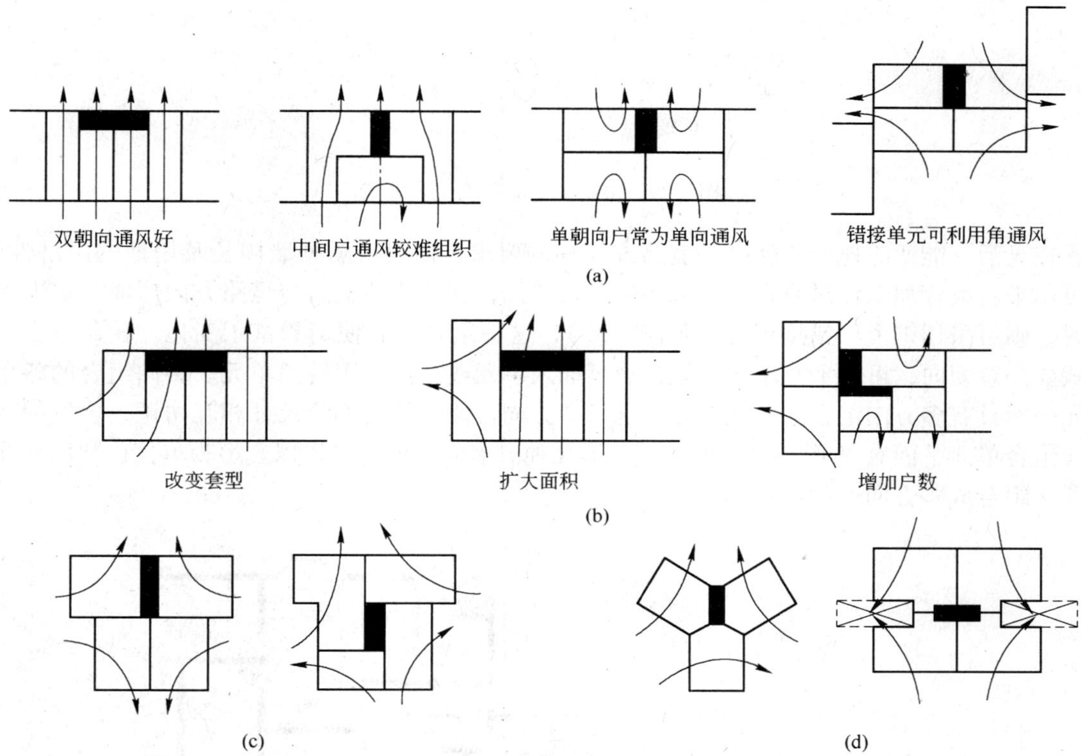

图3-28　住宅的通风与采光

（a）中间单元；（b）尽端单元；（c）独立单元分户灵活；（d）内外形状变化有利于通风采光

3.2.1.4　多层住宅平面组合方式

多层住宅最常用的设计方法为单元设计法。将住宅设计若干种可相互组合的标准段，即“单元”，然后通过不同单元的组合或同一单元的不同组合形式形成各种面积指标和不同的套型比以及不同体型的住宅建筑。这种方法可以简化设计，满足住宅建筑的大规模建设的工业化和多样化要求，统一结构、构造，方便施工。

多层住宅的平面组合方式即单元与单元的组合方式可分为平直组合、错接组合、转角组合、多向组合等（见图3-29）。平直组合形体简单、施工方便，但不宜过长。错接组合

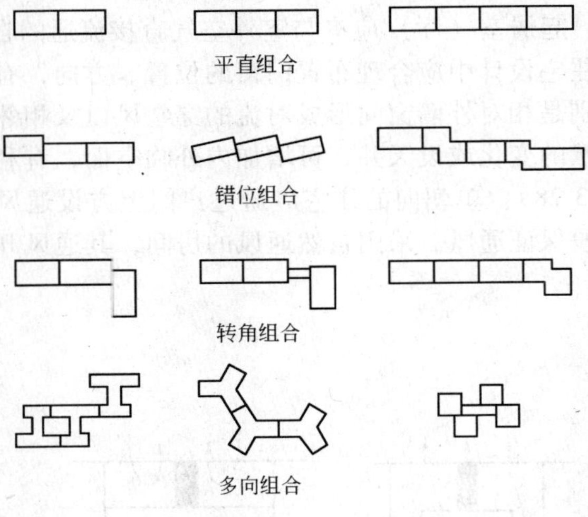

图 3-29　多层住宅的平面组合方式

比较灵活，能适应地形、朝向、道路或规划的要求，但要注意外墙周长及用地的经济性，可用平直组合加以错拼或直接加错接的插入单元，在住宅的朝向与道路方向形成一定夹角时，则可采用锯齿形错接单元（见图 3-30），这种组合往往使街景富于变化。转角组合方式要注意朝向，可用平直单元拼接，也可插入单元或直接采用转角单元。多向组合的各单元一般具有多方向组合的可能性，要求每个方向可能拼接的部位尺寸相互协调，常见的多向组合单元平面有 Y 形、风车形、工字形几种。多向组合也可以以套型为单位，利用交通联系组合成多方向性的组合体。

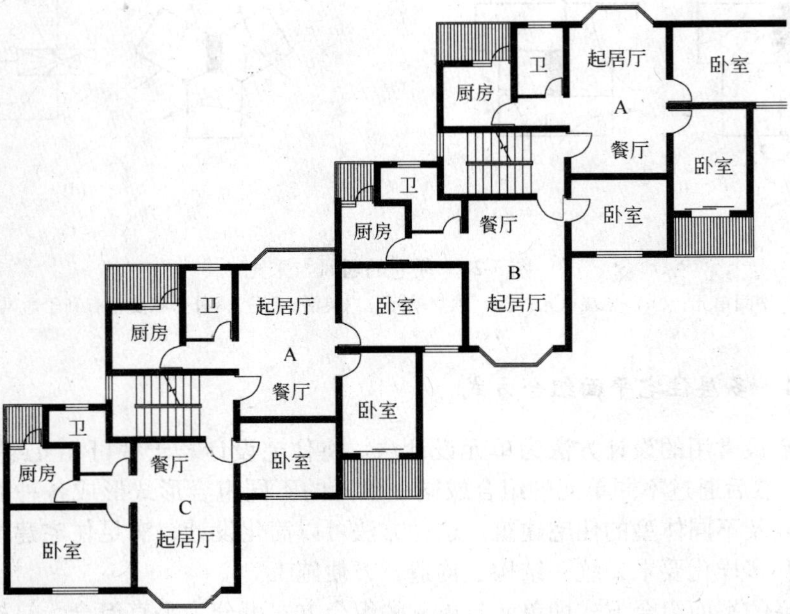

图 3-30　锯齿形错接与道路结合

3.2.1.5 多层住宅剖面组合方式

为提高空间使用率、丰富建筑形式，多层住宅常根据建筑空间剖面形式的变化形成垂直方向的剖面组合。常见的剖面组合方式有平层式组合、错层式组合和跃层式组合几种。

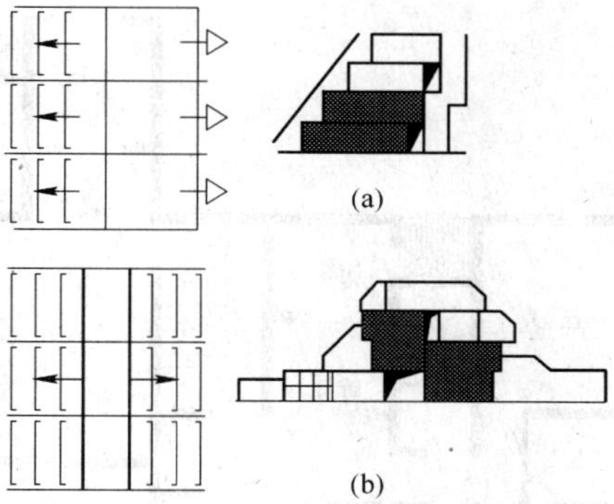

图 3-31 台阶式住宅的基本形式

（a）单向退台；（b）双向退台

平层式组合住宅又可分为普通式和台阶式（退台式）两种。普通平层住宅是最常用的构造形式，结构施工简便、交通方便、布局灵活，面积可大可小。多层住宅的进深一般控制在 11～13m，进深太小不够经济，进深太大土地利用率虽提高，但户内中间部分的采光通风不理想。台阶式住宅（见图 3-31）在住宅单元叠加时在不同楼层依次作退台处理，使之在形体上出现台阶状。下层减少的建筑面积可成为上层的平台，可做花园使用，为住户提供一个良好的户外活动场所。台阶式住宅由于体形富于变化，扩大了多层住户的室外活动空间，成为近年来国内外较多兴建的一种住宅类型。

错层式组合住宅又分为小错层式和错半层式两种。小错层住宅（见图 3-32）是一套住宅根据功能用房分成不同高度的平面，通常采用 30～60cm 的高差将公共区和私密区分开。这种类型的住宅设计一般使室内动、静分区更为明确，室内空间更加丰富，也符合一些用户追求新奇的心理，在前几年较多出现，但结构设计上对抗震不利，建筑设计上也不够科学，不便于活动。错半层式住宅（见图 3-33）则一般是根据地形变化，利用楼梯的休息平

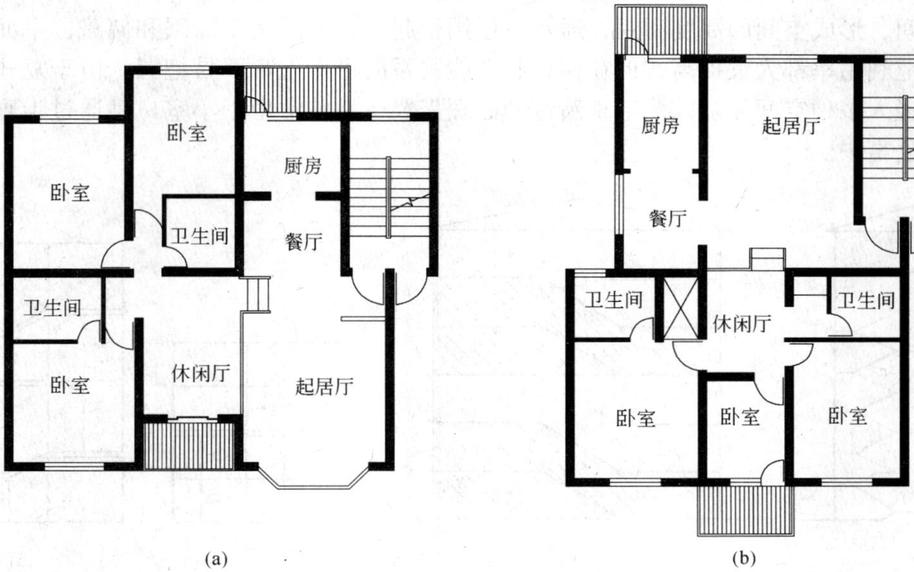

图 3-32 多层小错层住宅

（a）东西向错层；（b）南北向错层

台将一梯二户用半层高差分开。这种类型使每户住宅都相对私密，减少门对门的干扰，形成一梯一户的感觉，建筑造型台阶状富于变化，但应注意结构和抗震处理（见图 3-34）。

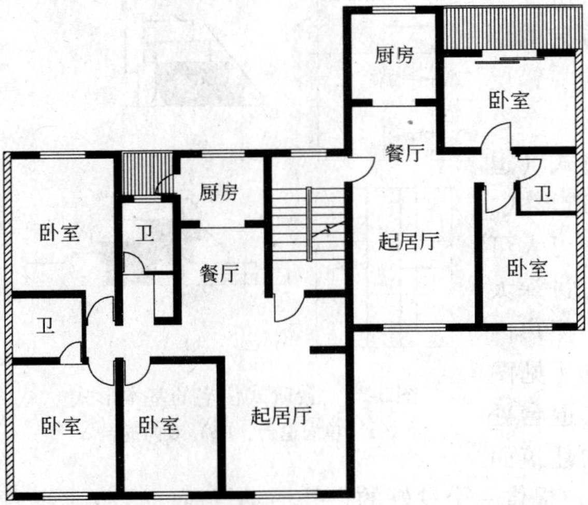

图 3-33 多层错半层住宅

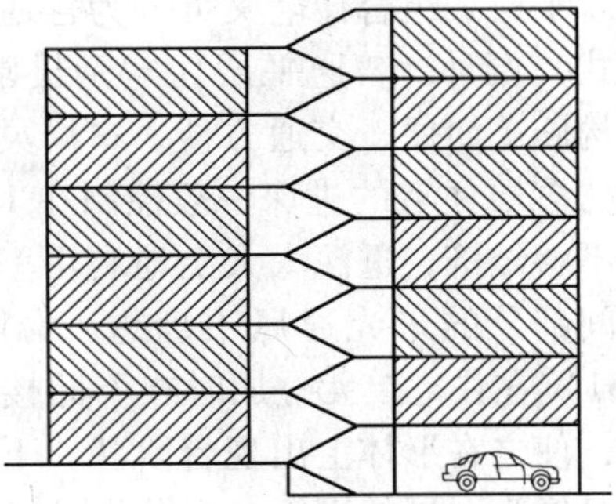

图 3-34 错半层式住宅的剖面示意图

跃层式组合住宅又可分为跃层式住宅和复式住宅两种，都是将多平面层套型加以叠加，不同之处在于层高，设计的出发点和居住对象也完全不同。跃层式住宅（见图 3-35）是住宅占有上下两个（或以上）楼层，用户内楼梯连接使竖向空间扩展，实现上下层动静分区，户内空间更具领域感，因此一般适用于大户型的多室户，并常采用底层或顶层的跃层形式，即底层直接庭院入户的“花园住宅”或顶层设置露台的“空中别墅”，满足多种居住舒适性的要求。复式住宅则是每户在一个较高的楼层中（通常为 3.6～4.2m）增设一个夹层空间，形成空间的高度利用，通常下层用于起居，上层用于睡眠和储藏，平面利用系数和土地利用率都大大提高，但在面积和功能关系的平衡上都不易把握。由于复式住宅能满足年轻人多种空间需求以及追求新奇的心理需要，目前常用于小室户型通过走廊式组合的青年公寓中。

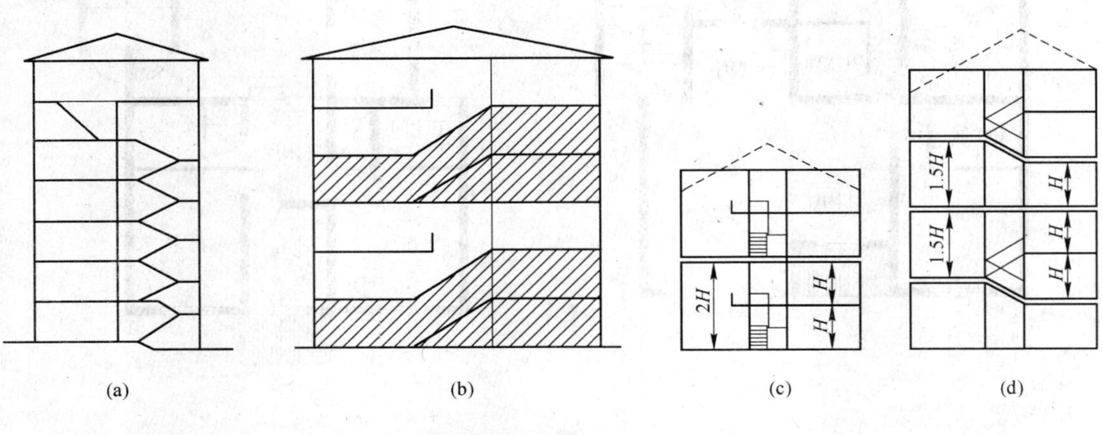

(a) (b) (c) (d)

图 3-35 跃层式住宅的几种剖面形式

（a）顶层跃层式；（b）错叠跃层式；（c）客厅通高式；（d）错层跃层式

3.2.1.6 多层住宅类型划分

多层住宅是由若干套型通过水平和垂直交通的联系加以组合叠加，因此在设计时通过灵活地利用楼梯和走廊组织不同的入户方式，就可以形成多种多样的住宅平面类型。常见的平面基本类型有梯间式、点式、走廊式和花园台阶式等。

3.2.2 梯间式多层住宅设计

梯间式住宅是以楼梯为中心布置住户，由楼梯平台直接进入分户门的单元式住宅。这种住宅一般可以服务一至四户。其特点是平面布置紧凑，公共交通面积少，户间干扰少，也能适应多种气候条件，因此是一种较普遍的多层住宅平面类型。但由于同一楼层中公共交往空间的减少，往往缺乏邻里交往，而且多户时难以保证每户均有良好的朝向和通风，因此服务户数有限。根据气候条件、居室面积等的不同要求，目前常用的梯间式住宅有一梯两户、一梯三户、一梯四户等形式。

3.2.2.1 一梯一户

一梯服务一户，平面布置灵活，可以保证良好的朝向和采光、通风条件，户间干扰少。但公共交通面积比例加大，而且建筑体量与其他类型较难协调，一般较少采用，适用于面积较大的多室套型（见图3-36）。

3.2.2.2 一梯两户

一梯两户是多层住宅中最常采用的类型（见图3-37），在满足住宅的功能要求方面具有明显的优点：由于一梯仅服务两户，户间干扰少；每户都有两个相对的朝向，便于组织

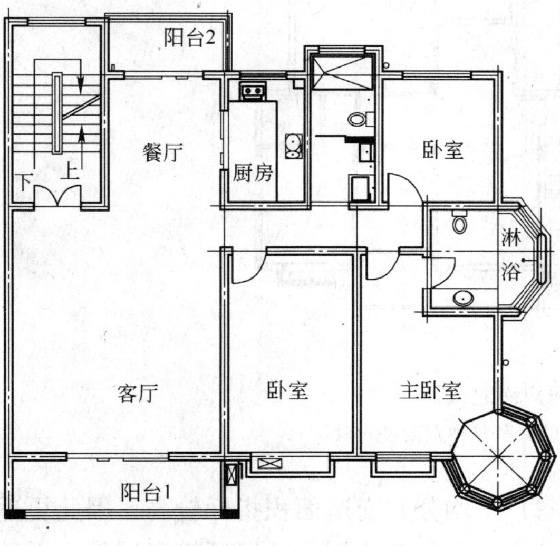

图3-36 一梯一户住宅

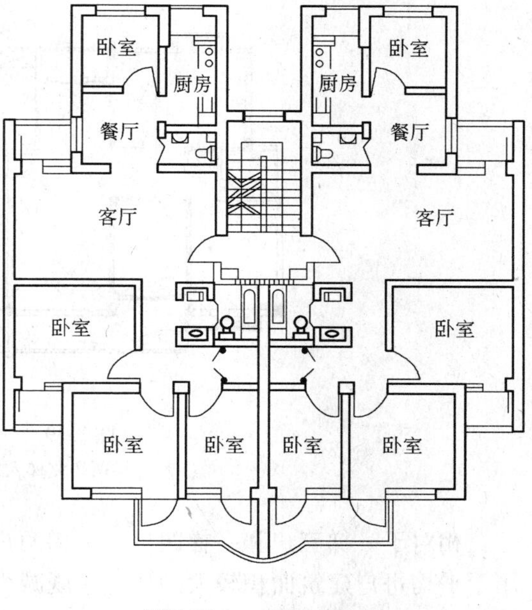

图3-37 一梯两户住宅

通风；占建筑全进深，户门一般在中部，便于组织户内交通；单元较短，拼接灵活。

一梯两户住宅的楼梯间布置，可以朝北，也可以朝南（见图 3-38、图 3-39），由入口位置及住宅群体组织而定。楼梯间可沿单元轴线布置在中间，也可以偏于一侧在房屋外缘（见图 3-38），入户在中间时，户内交通线路较短，因而采用更多。

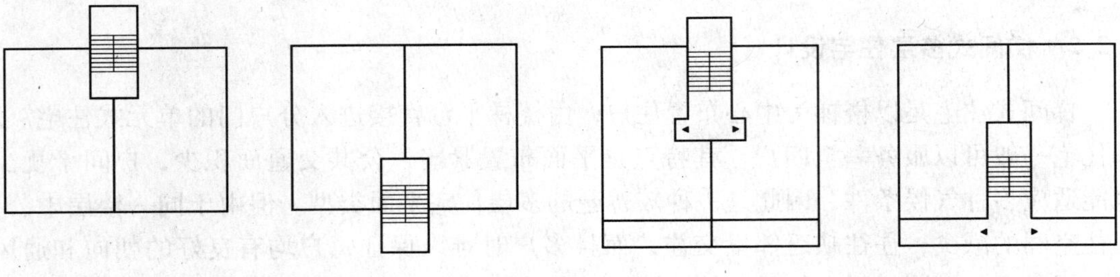

(a)　(b)　(c)　(d)

图 3-38　一梯两户的楼梯间布置

（a）北梯入口；（b）南梯入口；（c）楼梯中间布置；（d）楼梯外缘布置

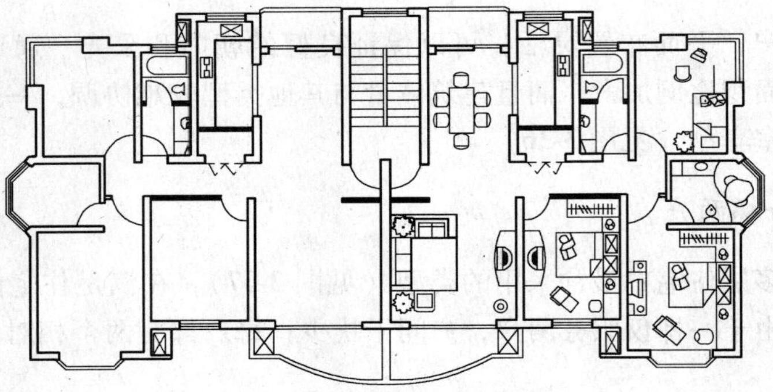

(a)

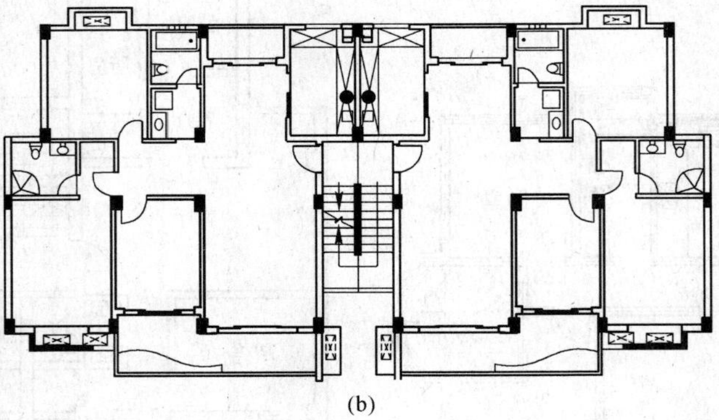

(b)

图 3-39　一梯两户南北入口

（a）一梯两户北梯入口；（b）一梯两户南梯入口

相对于一梯三户和一梯四户，一梯两户的每户平均公共交通面积指标较高，因此更适用于平均每户建筑面积较大的住宅，既减少公共交通面积的比例，又保证较高居住水平的优势。

3.2.2.3 一梯三户

一梯每层服务三户的住宅，楼梯使用率较高，每户都能有良好的朝向。但中间的一户常常只能是小户型，而且是单朝向，较难组织通风（在尽端单元可通过转角风适当改善）（见图 3-40）。在南方为改善中间一户的采光通风效果，常将其适当外凸形成 T 字形平面，或用在转角单元设计成异形平面（见图 3-41）。

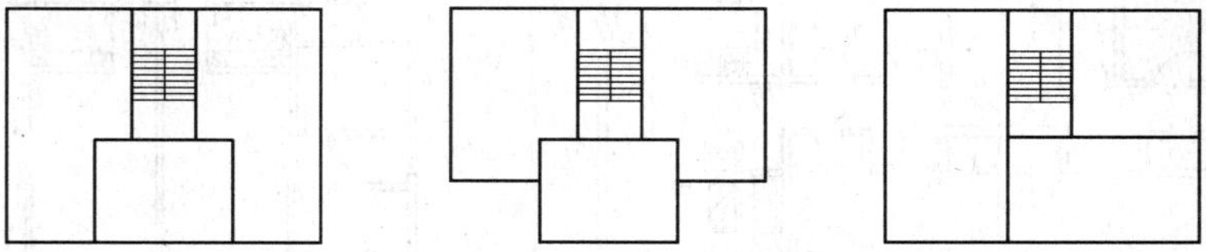

图 3-40 一梯三户布置示意图

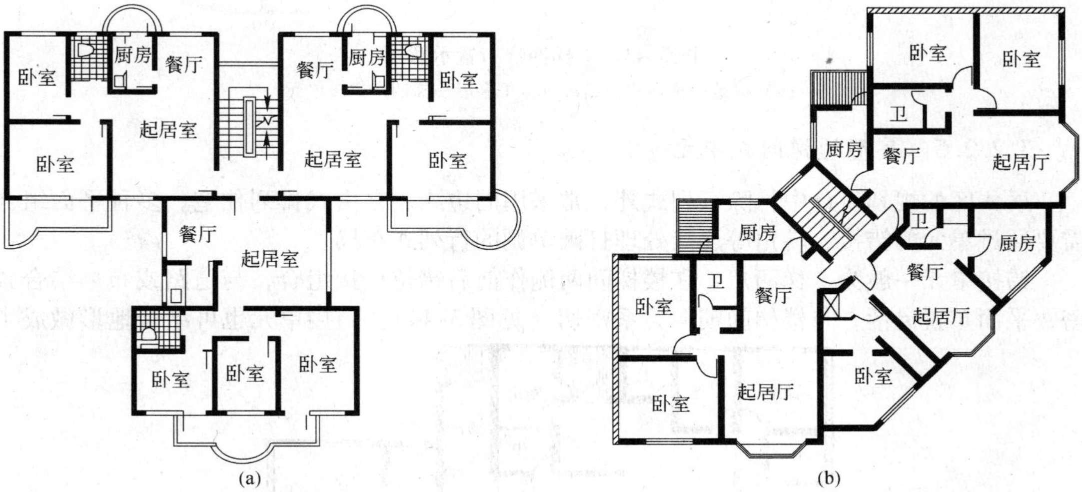

图 3-41 一梯三户住宅

（a）一梯三户 T 字形平面住宅；（b）一梯三户转角异形平面

3.2.2.4 一梯四户

一梯每层服务四户的住宅，楼梯使用率高，每户平均公共交通面积少，而且每户都尽可能争取好朝向。一般将少室户布置在中间而形成单朝向户（见图 3-42），通风较难组织，可利用开口、错位布置或设天井等适当改善通风条件（见图 3-43）。多在居住要求不高的地区采用，近年由于布局上的先天不足而居住要求普遍提高，一般较少采用。

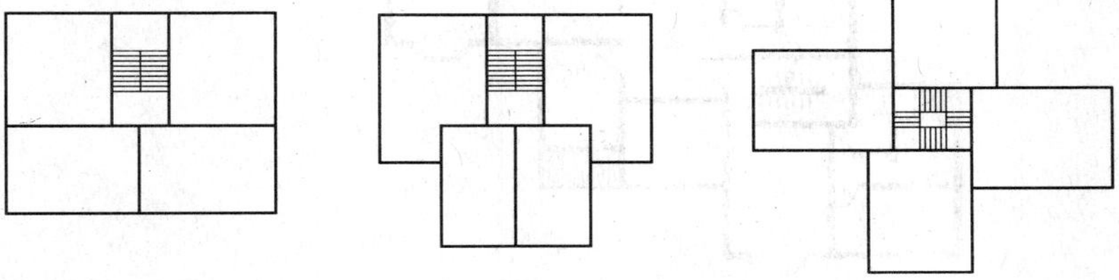

图 3-42 一梯四户布置示意图

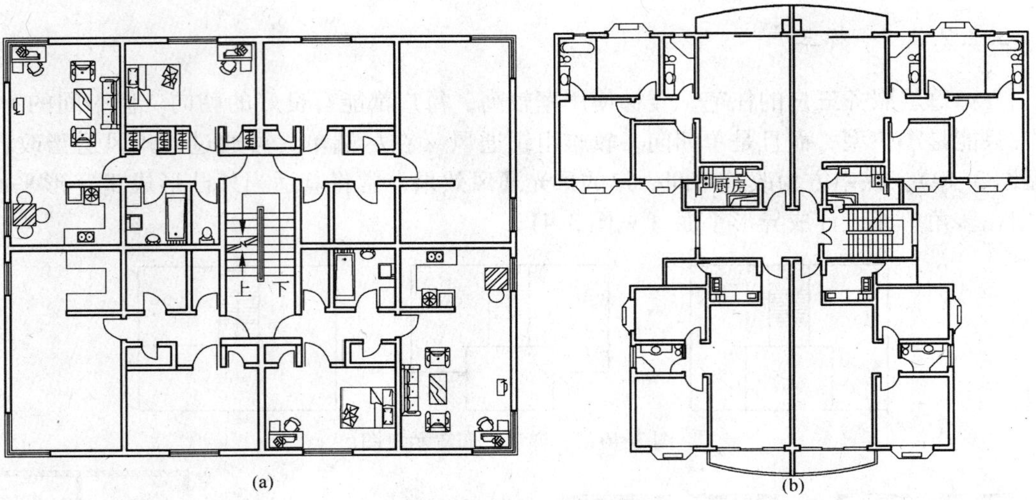

图 3-43　一梯四户布置示意图

（a）挪威一梯四户公寓；（b）T字形一梯四户拼接单元

3.2.2.5　异形的梯间式单元

居住区的规划设计中，除行列式外，常采用周边式、自由式排列住宅，多种平面组合需要通过单元的错接、转角等连接处理打破单调的行列式布局。

错接单元一般为一梯两户，在楼梯间两侧作前后错位拼接组合，与道路或布局结合紧密，平面布置灵活，与楼梯间朝向关系密切（见图 3-44）。错接单元也可结合地形做成半

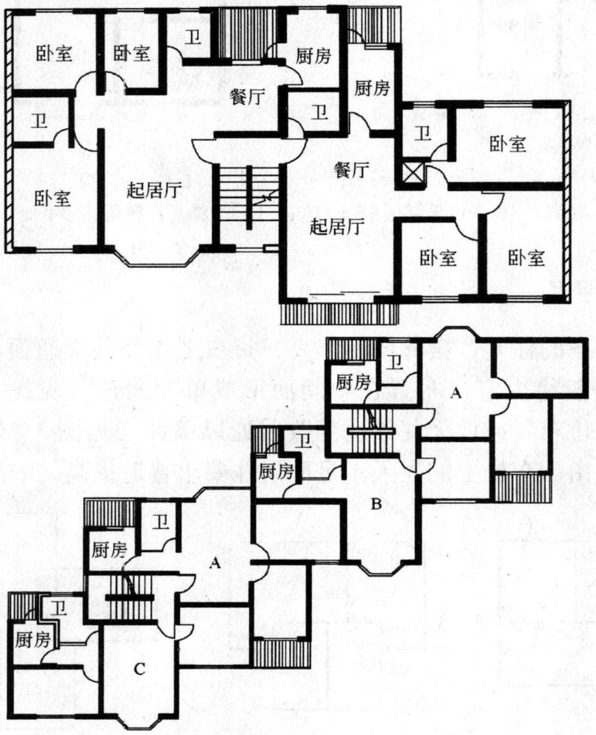

图 3-44　错接单元住宅 I

错层的形式（见图3-45）。

转角单元一般为一梯两户或一梯三户布置，通常用在住宅单向组合的尽端作转角组合，也常用于错接组合的错接部分，因此除常见的直角转角外，还可根据需要形成多种角度（如135°、120°）的转角（见图3-46），丰富住宅的群体组合，便于形成建筑群体空间。

(a)　(b)

图3-45　错接单元住宅Ⅱ

（a）斜向楼梯间；（b）错半层错接

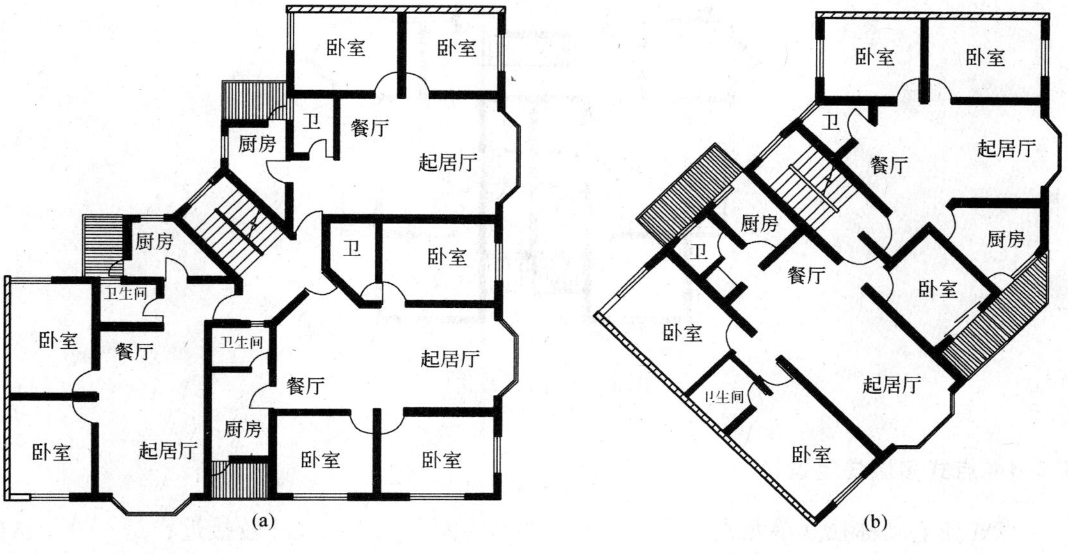

(a)　(b)

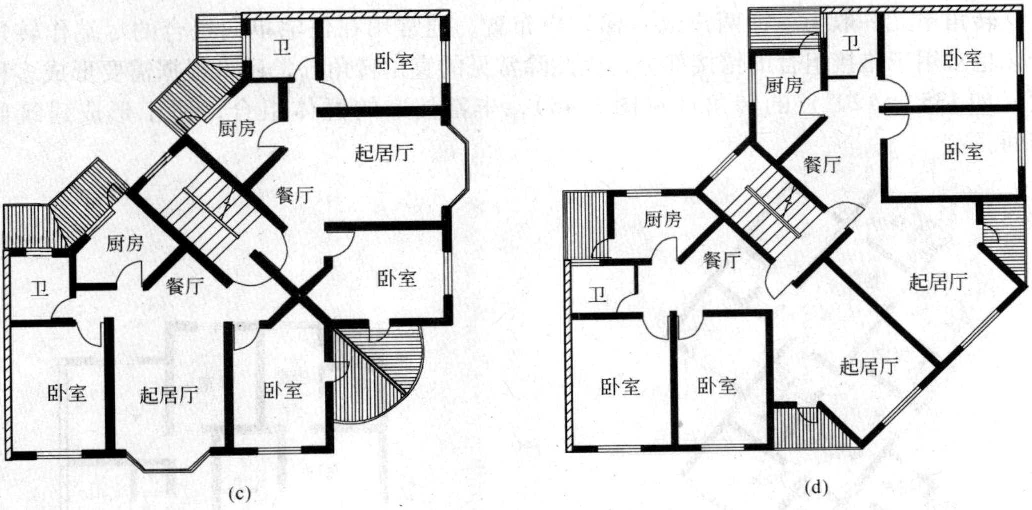

图 3-46 转角单元住宅

(a) 直角转角；(b) 135°转角；(c) 异形转角 Ⅰ；(d) 异形转角 Ⅱ

内天井式单元也是一种特殊的梯间式单元，从节约用地角度出发，增加住宅进深，通过开天井解决采光和通风问题也是常用的方法（见图 3-47），近年来随着居住需求的提高一般较少采用。

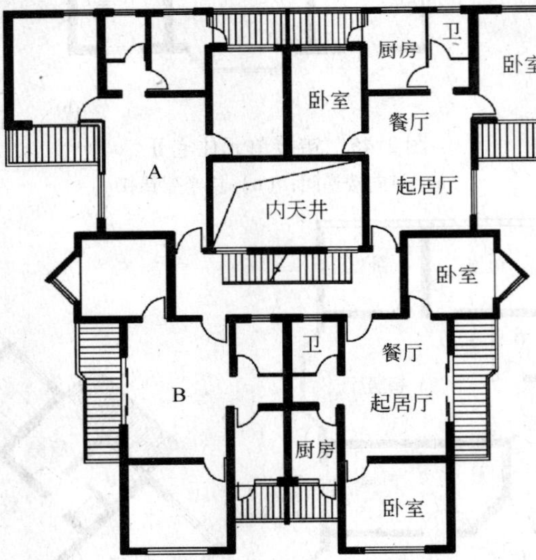

图 3-47 内天井式住宅

3.2.3 点式多层住宅设计

点式住宅又称独立单元式住宅，其平面外形的面宽和进深尺寸较接近，是一种特殊的多层住宅形式。

点式住宅在建筑群体布置中有较大的优势，建筑外形尺寸小，便于因地制宜见缝插针地兴建，而且常结合环境布置，作为活跃要素丰富群体组合，并有利于增强群体的空透感和空间的渗透，有利于形成富于变化的天际线（见图3-48）。在坡地环境中还可沿等高线灵活布置，节省土石方工程量。

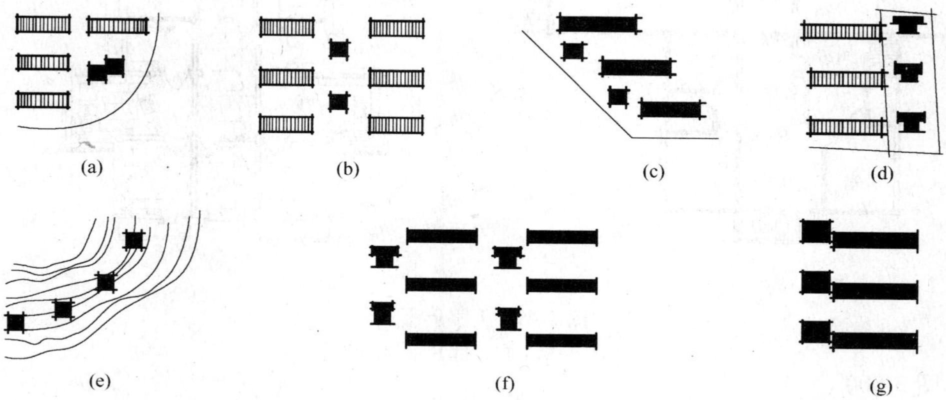

图3-48　点式住宅结合环境布置

（a）在零星空地插建；（b）在过宽的间距中插建；（c）利用斜路三角地；（d）狭长用地中布置；（e）坡地沿等高线布置；（f）“点条结合”的住宅组群；（g）代替一般尽端单元

在单体设计上，点式住宅外墙四面临空，容易使每户都具有良好的日照、采光、通风条件，也具有比其他类型更好的视野条件。但点式住宅外墙较多，不利于节能。对于一梯多户或面积较大的住宅较难布置，易出现朝向差的房间，因此在平面设计中应注意，在满足平面使用要求的基础上，力求使建筑体型简洁，结构整齐合理。

点式住宅形式丰富，可以是方形、圆形、三角形、T字形、Y字形、风车形等多种形式。当采用一梯三户或四户布置时，为争取户户朝南，常采用的平面形式有T字形、Y字形、工字形、风车形或蝶形等平面形式。

3.2.3.1　T字形平面

T字形平面是一梯三户点式住宅最典型的平面形式，平面布局紧凑，能争取每户良好的朝向，厨房、卫生间通常都能直接采光通风（见图3-49）。这种类型的平面开窗应注意相邻两户间的视线干扰，保证私密性。

T字形平面也可设计成一梯四户，一般前后各布置两户，在建筑后部伸出两肢，以争取良好朝向，通常前面两户布置成小室户型。

3.2.3.2　工字形平面

工字形平面是一梯四户点式住宅的常用形式，通常运用其左右对称的特点来紧凑组织平面，可做点式，也可横向拼联，具有一定的灵活性。相对其他形式面宽较小，用地节约。为使后面两户南向减少遮挡，常将后面两肢伸出加宽，形成倒工字形，以满足日照要

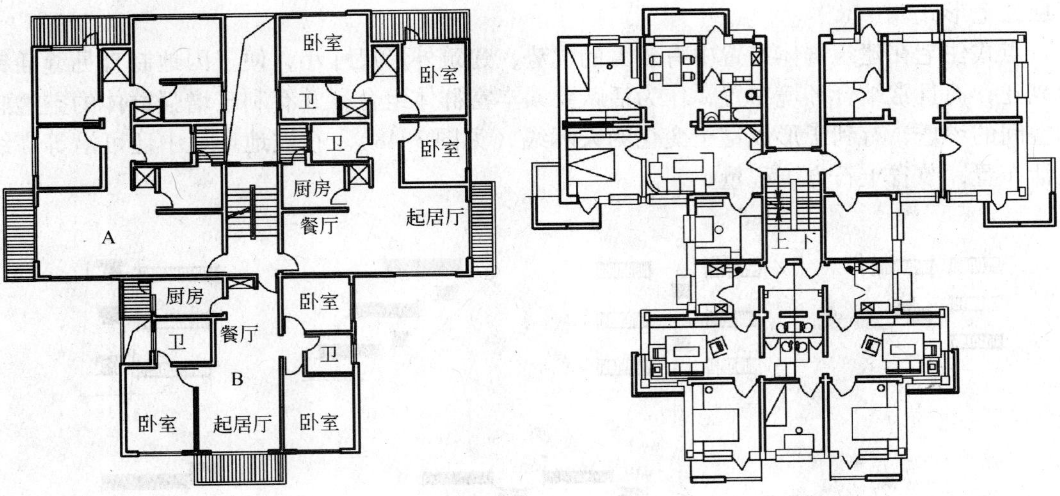

(a) (b)

图 3-49 T 字形平面

(a) 一梯三户；(b) 一梯四户

求（见图 3-50）。

3.2.3.3 Y 字形平面

Y 字形平面是 T 字形的变体，改变相邻两户的夹角，也是常见的点式住宅形式（见图 3-51）。Y 字形平面在体型变化上更为丰富，可与行列式的条形住宅形成强烈对比，翼间夹角加大有利于扩大视野。由于夹角非直角，Y 字形平面在设计中应注意不规则房间的利用，尽量布置成大空间或辅助性房间，并力求结构的规整简单。

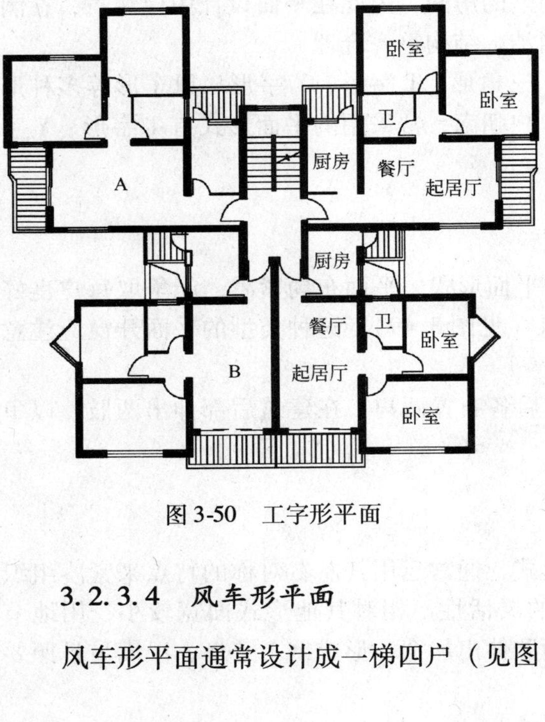

图 3-50 工字形平面

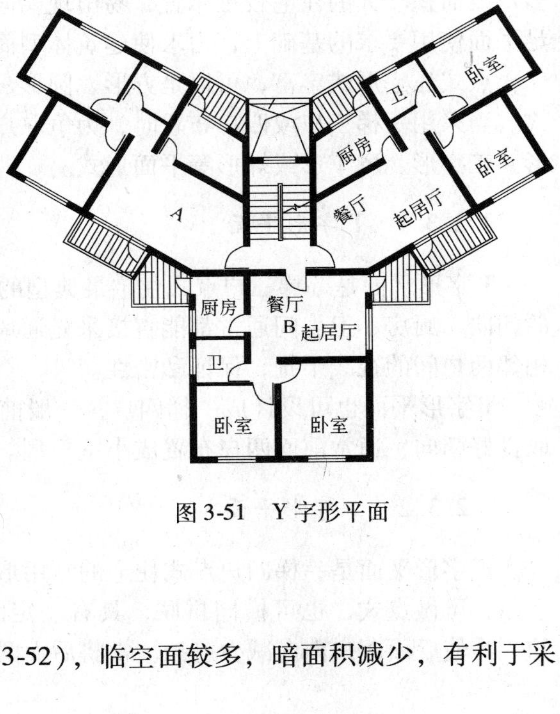

图 3-51 Y 字形平面

3.2.3.4 风车形平面

风车形平面通常设计成一梯四户（见图 3-52），临空面较多，暗面积减少，有利于采

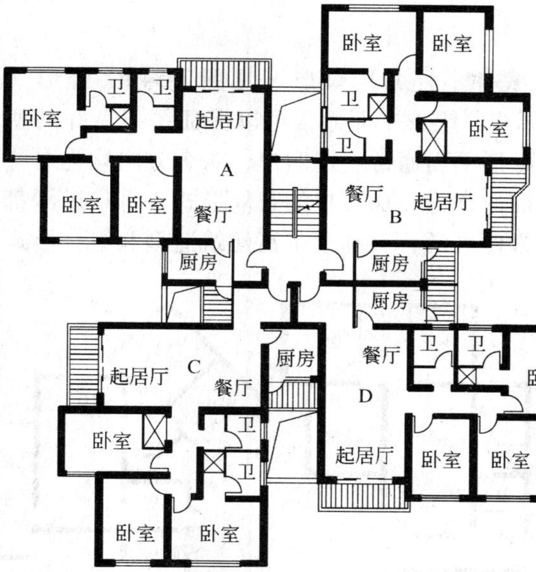

图 3-52 风车形平面

光通风设计。凹口间距较小，常将厨房或卫生间等次要房间布置于此。风车形平面常有一户不能获得较好朝向，一般采用三户朝南一户朝东的户形。设计中应注意开窗位置，避免户与户间的视线干扰。

3.2.3.5 方形平面

方形平面布局方正，墙体结构整齐，外墙面积减少，有利于节能。一般布置成一梯两户，保证每户拥有良好的居住条件。方形平面户数增加则可能出现朝向不利的户型（见图3-53），设计时应注意。

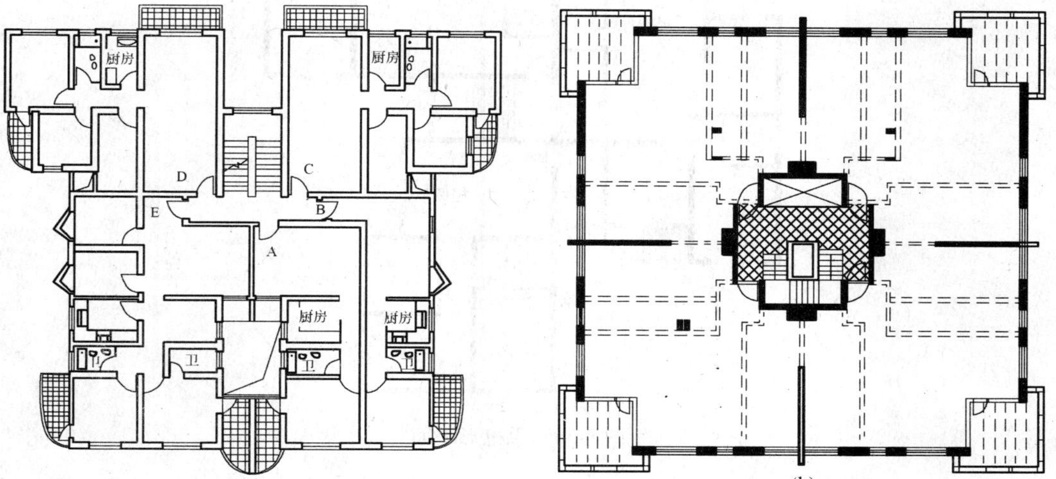

(a)
(b)

图 3-53 方形平面

（a）方形单元平面；（b）芬兰方形单元公寓

3.2.3.6 其他平面

为丰富住宅造型，点式住宅还常用蝶形（见图3-54）、蛙形（见图3-55）、手枪形（见图3-56）等多种平面形式。蝶形平面通常可以保证每户良好的朝向，但设计时应注意不规则夹角空间的布置。蛙形平面通常一梯四户，两个方向均为对称布局，通常两户不能保证良好朝向。手枪形平面通常为一梯三户的布局形式，每户进深都较适宜，而且能保证户内采光通风，户型拼接方便灵活，有利于丰富建筑造型和组合形式。

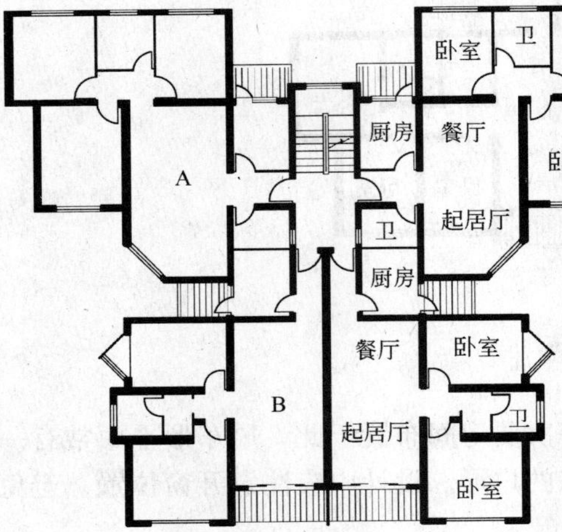

图3-54 蝶形平面

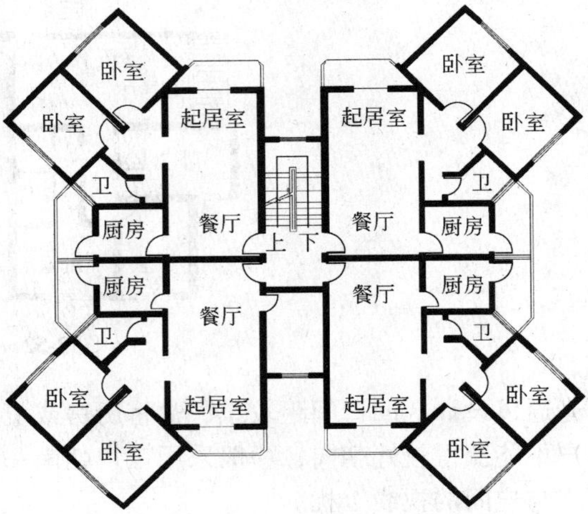

图3-55 蛙形平面

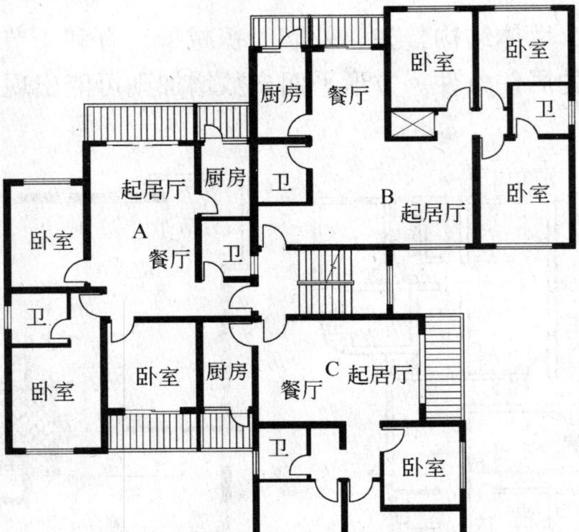

图3-56 手枪形平面

3.2.4 走廊式多层住宅设计

走廊式多层住宅除利用楼梯解决垂直交通外，还通过走廊解决同层住户的水平交通。

每层户数较多，楼梯利用率高，户间联系方便，但存在不同程度的干扰。根据走廊长短和户数多少通常分为长廊式和短廊式两种。

3.2.4.1 长廊式

长廊式是一种整体组合设计的平面形式，又称为通廊式住宅。一梯服务多户，每户均需通过公共走廊进入，因此每户均有声音和视线干扰。因水平长度长，长廊式住宅设计应符合防火和安全疏散要求，建筑安全出口的数目不应少于两个，并且安全出口或疏散出口应分散布置且应满足规范关于疏散间距的要求（见图3-57）。

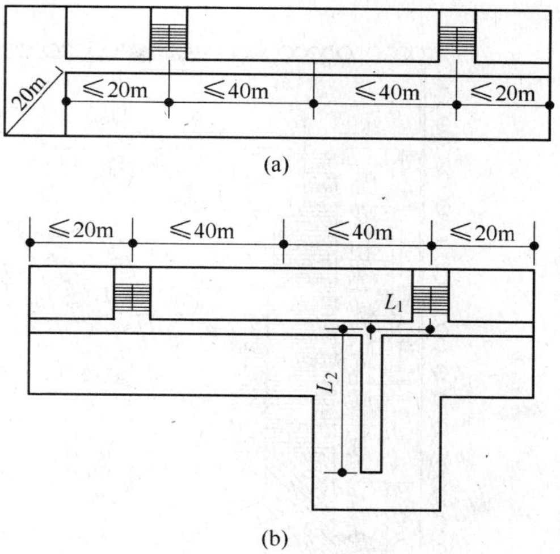

图 3-57　疏散间距

（a）一般情况；（b）位于两个安全疏散口的袋形走道（宜满足：$L_1+2L_2\leqslant 40$m）

按照走廊在建筑中的位置，长廊式住宅可分为：外廊式、内廊式和跃廊式。

A　外廊式

外廊式住宅走廊靠一侧外墙布置，另一侧集中布置住宅套型。外廊式平面使每户均有良好的采光和通风，外廊光线明亮，功能上可加以利用，有利于邻里交往和安全防卫，宽度适当扩展还可为住户间提供空中的交流平台。除尽端住户私密性较好外，大部分住户都有来自公共空间的视线和声音干扰，设计中应注意尽量通过室内外高差设置、设计缓冲区、增加护窗板等方式提高每户的私密性。外廊式住宅在寒冷地区不利于防寒保温，因而在南方地区使用较多，多用作小室户套型或单室户套型等（见图3-58）。

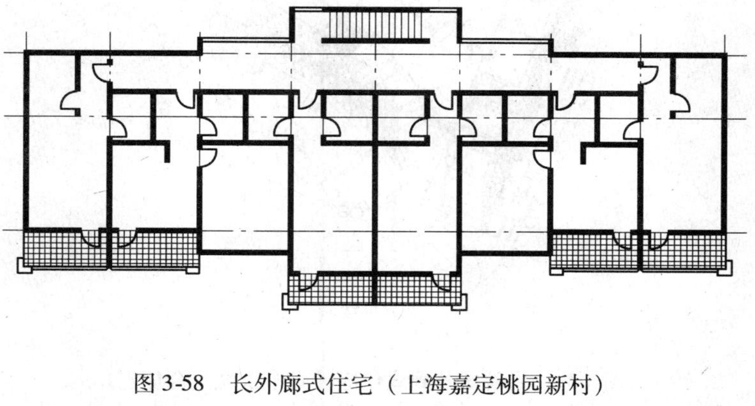

图 3-58　长外廊式住宅（上海嘉定桃园新村）

外廊式住宅可根据规划设计采用各种方向的平面布局，并可设计成直线形、转角形、折线形甚至围合形（内院式）等（见图3-59）。

外廊式住宅的楼梯设计具有很大的灵活性，形式及位置选择都很多样，并可以作为丰

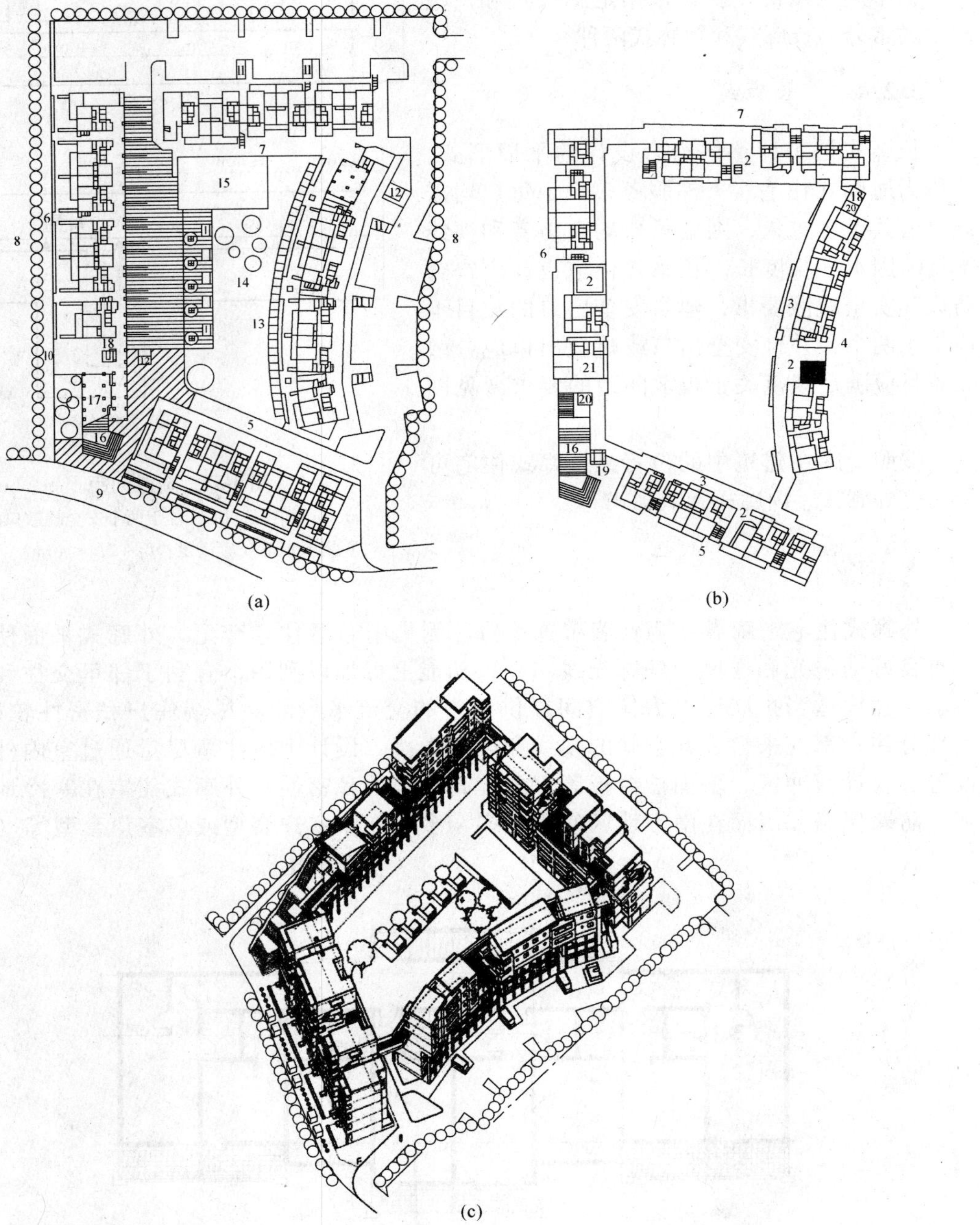

(a) (b) (c)

图 3-59 内院式外廊式住宅（日本茨城集合住宅）

(a) 总平面和一层平面图；(b) 四层平面图；(c) 轴测图

富建筑造型的要素，可采用直跑梯、双跑梯或转角楼梯等多种形式，位置可以设在整体的端部或中部、内置或外置（见图 3-60）。

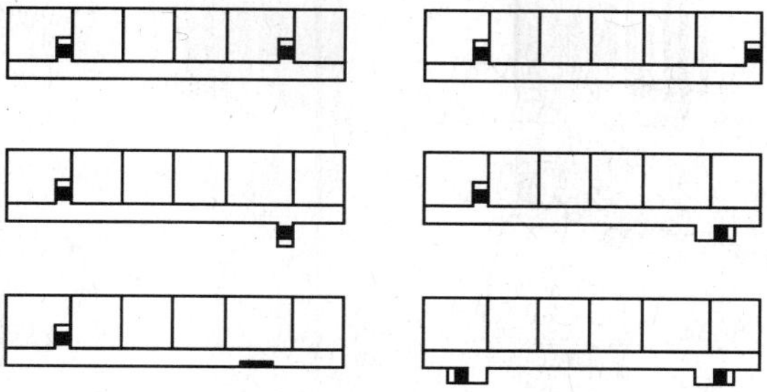

图 3-60 外廊式住宅的楼梯布置方式

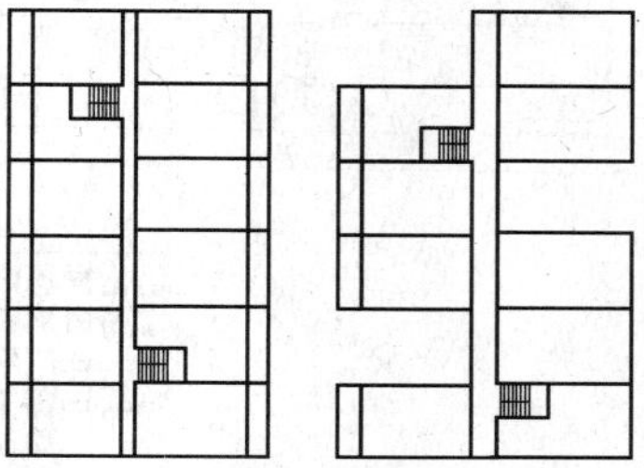

图 3-61 长内廊式住宅的楼梯布置方式

B 内廊式

内廊式住宅（见图 3-61）将走廊沿建筑中部布置，套型布置在两侧。楼梯服务户数多，使用效率高，建筑进深大，用地经济。但内廊式住宅的住户均为单朝向布置，通风效果差，走廊光线不好，户间干扰也比较大，因此设计标准和居住舒适性都比较低，目前已较少采用或仅用作单身公寓等特殊套型。设计时应将重点放在改善内廊布局，以减少幽暗、狭长、乏味的内廊空间（见图 3-62、图 3-63）。

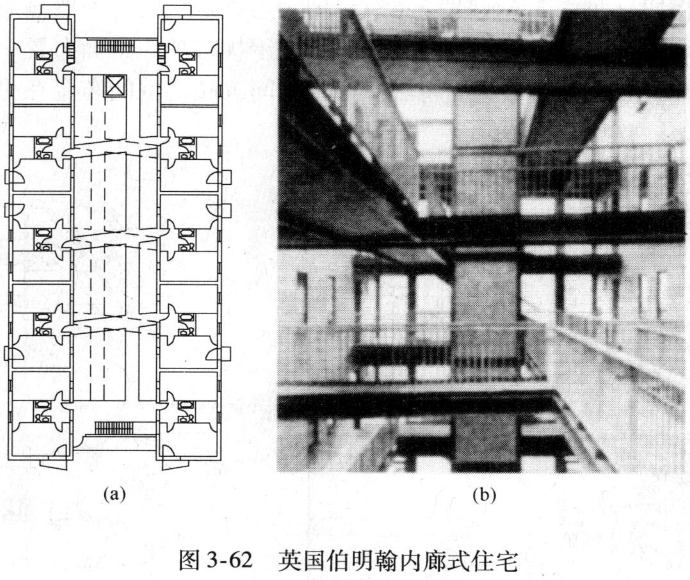

(a) (b)

图 3-62 英国伯明翰内廊式住宅

（a）平面；（b）上下层错位布置

C 跃廊式

跃廊式住宅是由通廊进入各户后，再由户内的小楼梯进入其他层，住宅套内空间跨越

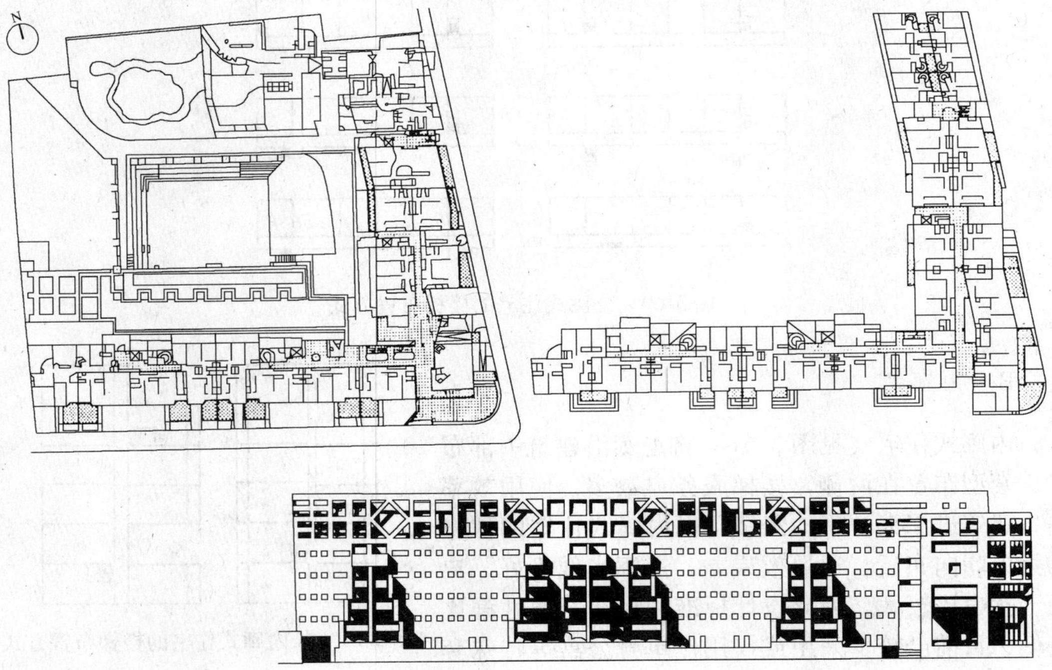

图 3-63 法国圣丹尼住宅

两个或两个以上楼层（见图 3-64、图 3-65），即为通廊跃层式。一般隔层设置通廊，因而节省交通面积，增加服务户数，公共空间对户内的干扰减少。平面布置中多将厨房、起居室等开放空间设在通廊所在楼层，而将卧室、卫生间等私密空间布置在另一层。跃廊式适

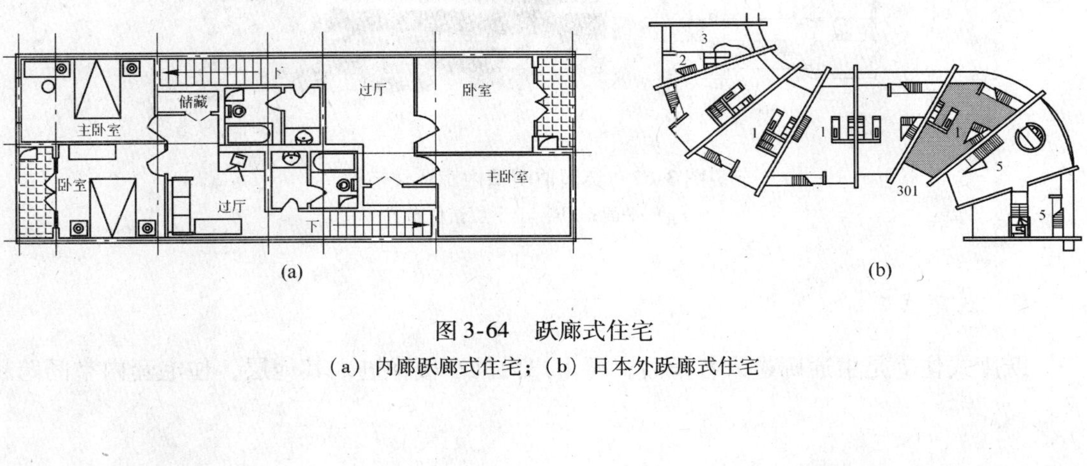

(a) (b)

图 3-64 跃廊式住宅

（a）内廊跃廊式住宅；（b）日本外跃廊式住宅

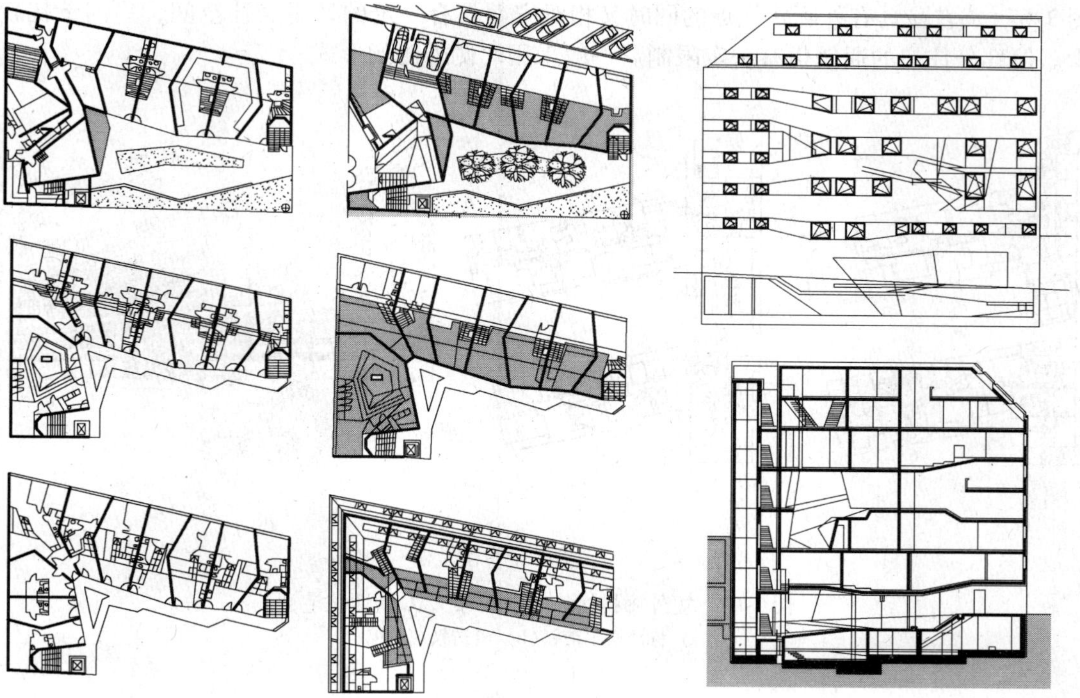

图 3-65 奥地利密斯·沙伐布瑞克住宅

用于面积较大、居室较多的住宅，否则交通面积占户内比例偏大而不经济。

3.2.4.2 短廊式

短廊式住宅其实是一种单元组合的平面形式，相对拼接户数较少，走廊较短，通过短廊和楼梯间组合形成交通核心。短廊式又分为短外廊式和短内廊式两种。

A 短外廊式

短外廊式住宅又称外廊单元式住宅，一般每层服务三至五户，以四户居多（见图 3-66、

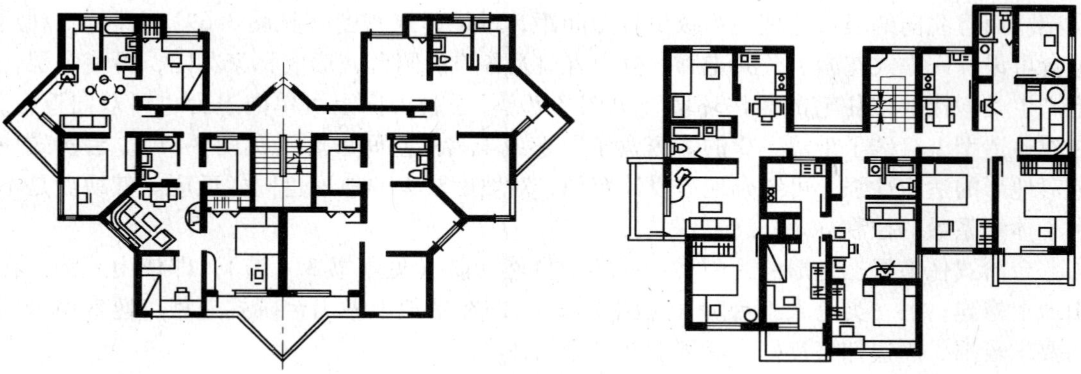

(a) (b)

图 3-66 短外廊住宅

（a）上海蝶式外廊住宅（一梯四户）；（b）北京短外廊住宅（一梯三户）

图3-67)。它在具有外廊式优点的同时又相对安静，有一定的邻里交往空间，户间干扰较少。但部分住户的通风仍有一定限制。一般采用北侧外廊的形式。

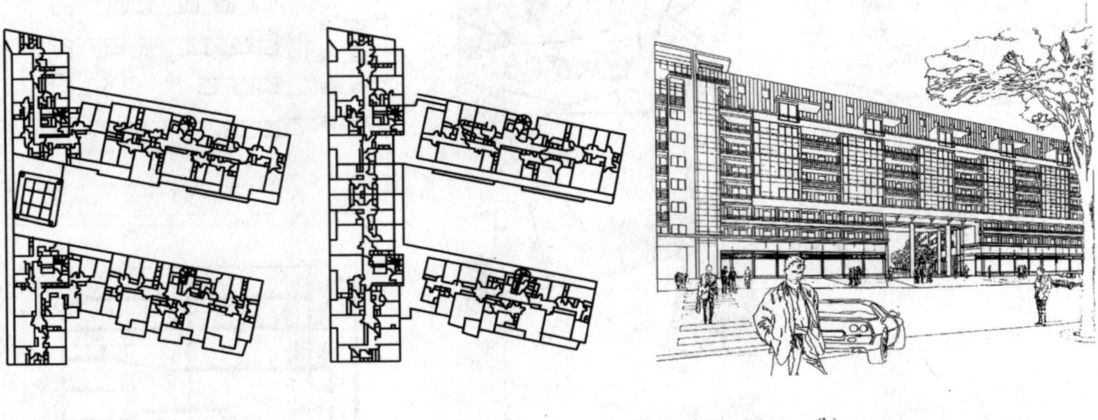
(a) (b)

图3-67 短外廊拼接住宅（巴黎ZAC博西住宅）
（a）标准层平面；（b）沿街景观透视

B 短内廊式

短内廊式住宅也称内廊单元式住宅，一般每层服务三至四户（见图3-68)。内廊短，居室相对安静。由于中间户型通风效果差，南方应用不多，北方应用较广。

3.2.5 台阶式花园住宅

台阶式住宅是一种在剖面设计上变化的平层式组合住宅。住宅单元平层叠加时做逐层退台处理，使每户都能有较大面积的平台，平台可做花园使用，层层叠退形成立体花园，产生类似于接地住宅的居住环境，因此常被称作台阶式花园住宅。

台阶式住宅的优点是在保证居住密度的同时，扩大了住户的户外活动空间，创造了庭院感。而且北向的退台处理还可减少日照间距，增加建筑密度（见图3-69)。此外，利用退台可设计入户式花园、公共走廊、分户入口及各户的阳台，形成私家花园，可使多层住宅产生类似接地型住宅的居住环境（见图3-70)。退台方向上可单向退台也可双向退台，在建筑造型上打破了千篇一律的“方盒子”形成丰富的空间形态（见图3-71)。台阶式住宅对地形的适应性强，可结合地势设计布局，对坡度较大的地形也同样适应。其缺点是不利于体型系数的控制。

台阶式住宅根据地形分为两类：一类是自然台阶（见本书3.4节)，即依山就势，在山地上修建；另一类是人工台阶（见图3-72)，即在平地上做出台阶式造型，通常用于居住要求较高、周边拥有良好自然环境和风景的住宅。

台阶式住宅在设计中注意如下问题：

（1）在各层平面退台时，不仅要考虑外部形态，还要考虑各套型空间的协调。

（2）层层收退增加结构设计的难度，应注意结构的合理性。

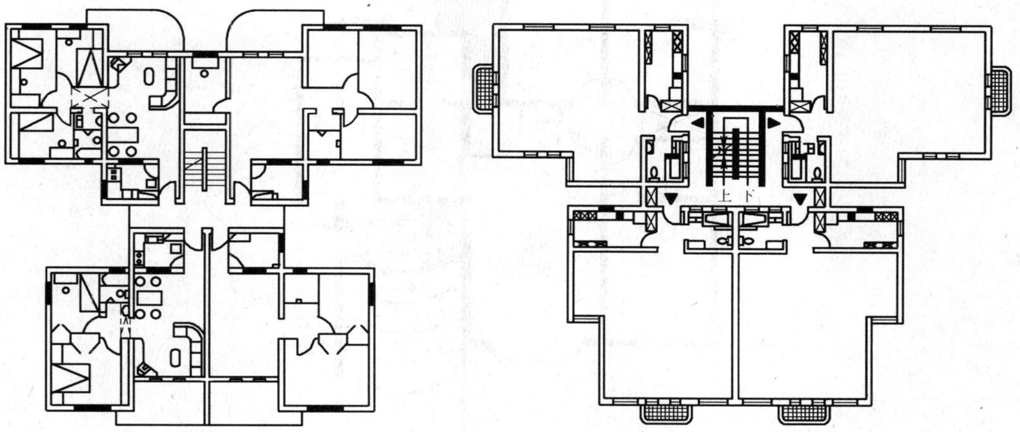

(a)

(b)

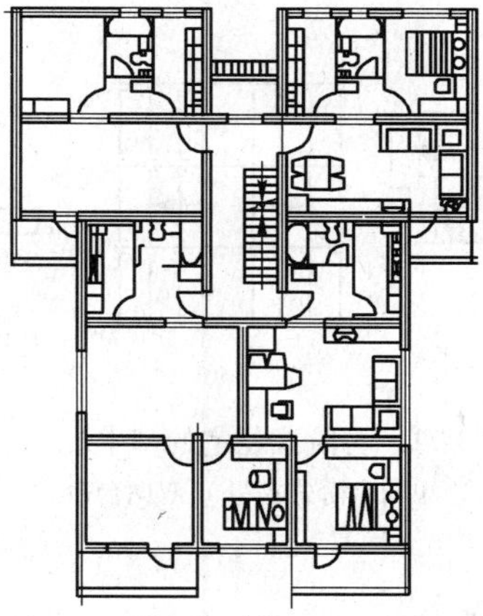

(c)

图 3-68　短内廊住宅

（a）南京一梯四户短内廊住宅；（b）山东 U 字形短内廊住宅；（c）北京短内廊住宅

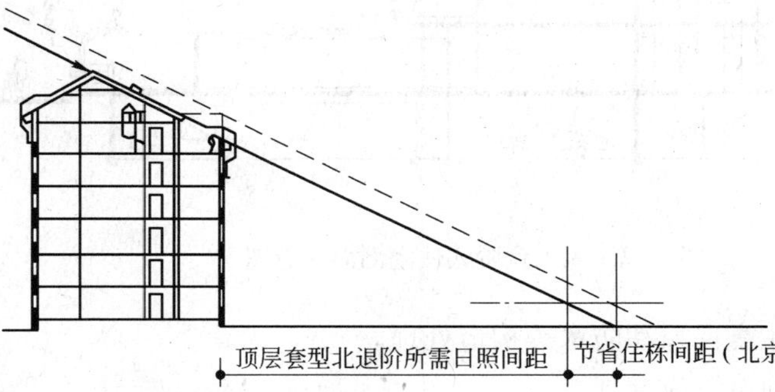

图 3-69　北向退台有助于减小住宅日照间距

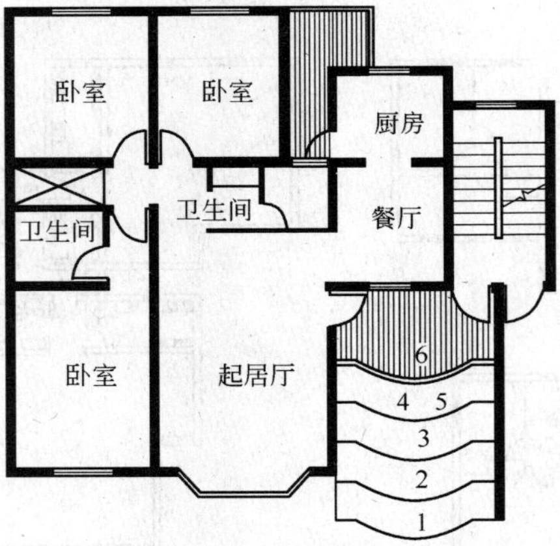

图 3-70 利用退台形成入户式花园

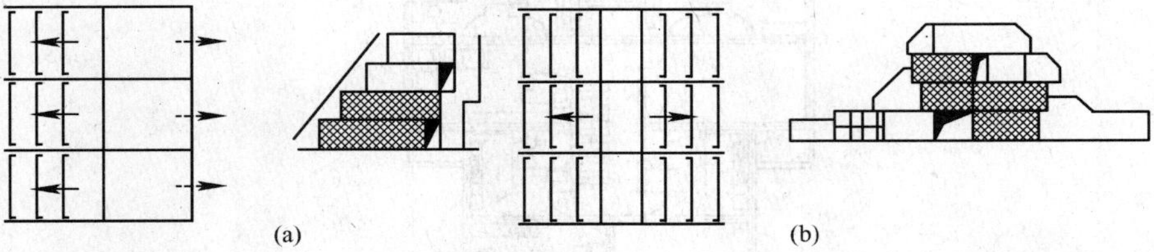

图 3-71 台阶式住宅的基本形式
（a）单向台阶式；（b）双向台阶式

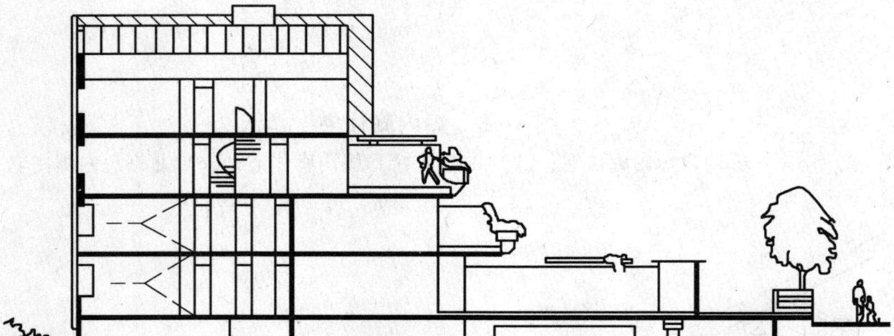

图 3-72 人工台阶式住宅剖面示意图

（3）屋顶平台多，注意保温和防水等构造处理。

（4）垂直交通位置的设置应合理。

（5）设计中注意露台形成的户外空间与居室内部空间的组合，以防尘、遮阳，减少视线干扰，增加住宅的舒适性和合理性。

3.3 高层和中高层住宅设计

3.3.1 高层和中高层住宅设计概述

我国《住宅设计规范》（GB 50096—1999）规定，中高层、高层是指层数在7层及以上的住宅类型的总称，是相对于低层和多层住宅而言的住宅类型。其中7～9层的住宅建筑称为中高层住宅，10层及10层以上的称为高层住宅。

在城市住宅开发市场上，还有一种约定俗成的住宅类型称为“小高层”，是指入户层数在7～11层的住宅。在国标《住宅设计规范》中并无此定义。

高层住宅开始出现于发达国家和地区，是为解决城市发展带来用地紧张的一种手段。近年来，随着我国国民经济的持续高速发展，城市在土地、交通、人口等方面的压力日益加剧，高层住宅已经成为我国大、中城市乃至人口密集、经济发达的小城市普遍采用的一种主要居住形式。并且伴随着新材料和新技术的发展与应用，以及国家政策法规的建立与完善，中高层、高层住宅在规划、设计、施工、营销等方面不断创新完善，已经成为激活城市的一个亮点。

3.3.1.1 高层和中高层住宅特点

与多层和低层住宅相比，高层和中高层住宅有如下特点：

(1) 土地利用率高。高层（中高层）住宅不仅在占地较低的情况下能达到较高的容积率，容纳更多的住户，而且由于建筑密度的下降，可以获得更多的宝贵的城市室外活动空间及绿化，从而为提供舒适的居住环境创造了有利条件。

(2) 居住的舒适性提高。高层（中高层）住宅上层住户视野开阔，空气质量也较好，在拥挤的城市生活中显得弥足珍贵，带来居住舒适性的提高。而且电梯作为垂直交通工具，可以为居住提供更迅捷便利的交通。此外，高层（中高层）住宅有利于组织规模化的管理服务，提供集中、安全的住宅环境。

(3) 居住成本增加。主要是指高层（中高层）住宅的公摊面积大，得房率低，获得相同使用面积需要支付更多的购房成本。而且由于高层住宅各种复杂的设备及结构系统，造价相对多层住宅高很多。此外电梯等设备的日常运行维护成本也较高。

3.3.1.2 高层和中高层住宅设计要求

高层（中高层）住宅绝非多层住宅的简单叠加，由于建筑高度和层数的增加，高层（中高层）住宅比多层住宅更多地受到各种技术因素的限制，带来一系列的结构、设备、消防等方面的设计难度的增加，也给高层（中高层）住宅的平面布局和空间组合带来了影响，在设计方面有许多问题需要尤为注意。

(1) 垂直交通问题。高层（中高层）住宅中，电梯取代楼梯成为日常主要的垂直交通工具，不仅带来公共交通面积的增加，而且有更复杂的防火及安全疏散要求。电梯与楼梯组合成为建筑空间的交通核心，其组合形式在一定程度上影响着住宅的平面布局和空间组合。

(2) 结构选型问题。高层（中高层）住宅随着层数的增加，建筑荷载大大增加，风荷载和地震产生的水平荷载也越大，因此结构体系的安全至关重要，结构方案的选择对建筑的平面布局带来制约。

(3) 防火及安全疏散问题。建筑高度增加，对建筑的消防和安全疏散、设备设施等各方面的要求都更加严格，高层（中高层）住宅在消防与疏散方面与多层住宅有很大的差别。

(4) 设计的经济性问题。公摊面积增加对住户带来成本的增加，在满足规范要求的前提下尽可能精细设计。此外，高层（中高层）住宅单方造价和维护管理的费用都较高，对其应用产生一定的影响。

(5) 生活方式及社会心理问题。高层住宅的居住人数大大超过多层住宅，带来居住高密度的状况，同时由于远离地面，带来各种生活方式及生理心理的影响，需要设计时引起重视。

3.3.1.3 垂直交通

A 电梯的设置

电梯作为中高层和高层住宅的主要垂直交通工具，其设置必须安全可靠、使用方便、经济合理。

安全可靠需要电梯能保证居民的日常使用。《住宅设计规范》规定，12 层及以上的高层住宅，每栋楼设置电梯不应少于两台，其中宜配置一台可容纳担架的电梯。即使一台电梯发生故障或进行维修时，也有另外的电梯可供居民使用。

使用是否方便是以电梯的数量、运行速度等参数来衡量的。高层住宅的交通部分在投资中约占 15%，而其中电梯的投资和维护费用要占 85%，多设电梯使用必然方便，但造价也必然增加，因此电梯数量与经济相互矛盾，设计时须根据服务户数和居住标准客观地确定电梯的使用数量、容量和等候电梯的极限时间。欧美国家按照居住标准将候梯时间控制在 50 ~ 120s 之间，我国一般也是以 120s 为极限。电梯数量可以根据经验数字或公式计算确定。目前国内研究资料表明：每台电梯的服务户数一般为：板式住宅 66 ~ 120 户，塔式住宅 56 ~ 84 户。通常认为每台电梯适宜的服务户数是 60 ~ 90 户。

为满足消防及居民使用要求，7 ~ 11 层的单元式住宅须设一部电梯（走廊式住宅则按服务户数的多少分段设置），12 ~ 18 层的高层住宅每栋设置电梯一般采用两台，18 层以上或每层超过 8 户的高层住宅，一般应设置三台及以上电梯。

规范同时规定，“高层住宅电梯宜每层设站，当住宅电梯非每层设站时，不设站的层数不应超过两层。塔式和通廊式高层住宅电梯宜成组集中布置。单元式高层住宅每单元只设一台电梯时应采用联系廊连通。”高层住宅电梯宜每层设站是为了居民使用方便，但为节约投资，可非每层设站，设站间层不超过两层。两台或以上的电梯成组集中布置，或只有一台电梯的单元式高层住宅各单元电梯用联系廊相连，可保证在故障或检修时交替使用，便于管理，而不致影响居民使用。

为防止电梯运行过程中的噪声对住户的干扰，电梯不应与卧室、起居室（厅）紧邻布置。通常可以用卫生间、厨房以及壁橱等辅助空间相隔。凡受条件限制需要紧邻布置时，必须采取隔声、减振措施。

B 楼梯的设置

高层住宅中的楼梯虽作为辅助交通工具，但却必不可少。对中高层住宅而言，下面几层以楼梯为主，上面几层则以电梯为主。楼梯在高层建筑中还可作为居民短距离的层间交通工具和非常情况下的垂直疏散通道。因此，楼梯的设计应考虑交通方便和消防疏散两方面的要求（高层住宅楼梯的疏散要求将在3.3.3节中详述）。

《高层民用建筑设计防火规范》（GB 50045—2005）规定："高层住宅每层疏散楼梯总宽度应按其通过人数每100人不小于1.00m计算，各层人数不相等时，其总宽度可分段计算，下层疏散楼梯总宽度应按其上层人数最多的一层计算。"《住宅设计规范》（GB 50096—1999）同时规定："楼梯梯段净宽不应小于1.10m。楼梯踏步宽度不应小于0.26m，踏步高度不应大于0.175m。扶手高度不宜小于0.90m。楼梯水平段栏杆长度大于0.50m时，其扶手高度不应小于1.05m。楼梯栏杆垂直杆件间净空不应大于0.11m。楼梯井宽度大于0.11m时，必须采取防止儿童攀滑的措施。"

在实际工程应用中，住宅层高多为2.8～3.0m。按以上规范要求，根据疏散要求、搬运要求以及结构厚度和设备管井占用空间的计算，高层住宅楼梯的开间轴线尺寸常选用2.5～2.7m，进深则根据层高和踏步的尺寸设计为4.8m以上。

C　楼梯及电梯的组合布置

在单元式及塔式中高层、高层住宅的平面设计中，常将电梯、楼梯以及水、暖、强电、弱电、通风等各种设备管井集中布置，形成上下贯通的交通核心枢纽，既便于不同楼层间及同层各户间的交通联系，也有利于安全疏散，而且结构相对简单、完整，便于结构设计的优化。

楼梯与电梯组合布置时，要注意楼梯位置的选择及与电梯的关系，应使楼梯与电梯有机地结合成一组，以利相互补充（见图3-73）。

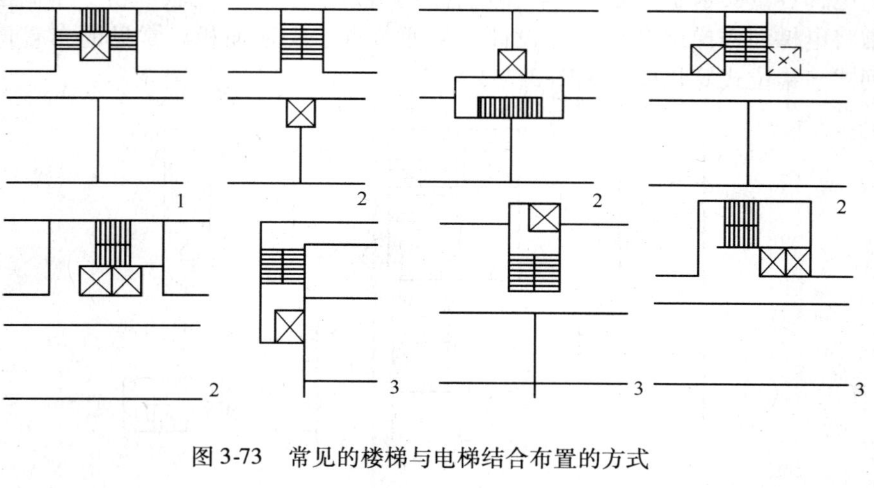

图3-73　常见的楼梯与电梯结合布置的方式

交通核心在平面布局中的位置最常见的有中心和偏心两种（见图3-74）。核心体位于标准层中心时，平面各个方向均衡对称，因而结构稳定性好，但部分住户可能处于不利朝向。核心体偏于标准层一侧时，左右均衡对称而上下非对称，住户围绕核心体三面布置，因此各户都可能获得良好的景观和朝向，而且核心体靠外墙布置，有利于自然采光、通风和排烟。

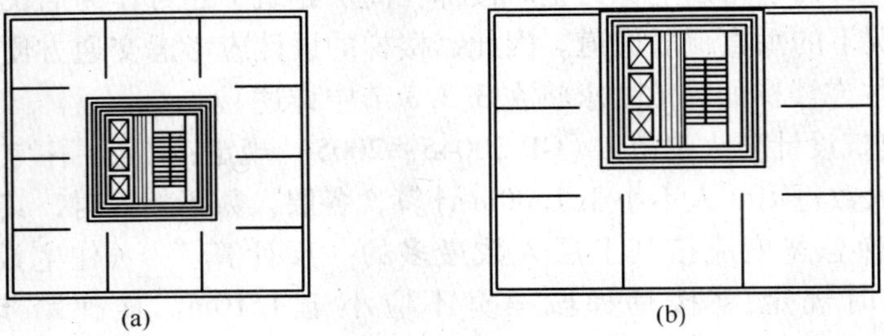

图 3-74 交通核心在平面布局中的位置
（a）中心核；（b）偏心核

3.3.2 中高层住宅

中高层住宅的层数在 7 ~ 9 层之间，是介于多层与高层之间的一种住宅类型，也是为提高土地利用率在城市住宅市场发展初期出现的一种居住形式。它与多层住宅相比增加了电梯（通常是一台），提高了居住舒适性，但交通面积少量增加，造价相对多层住宅高。

中高层住宅在特点上也介于多层和高层之间，既比多层住宅土地利用率高、占地面积小，又比高层住宅尺度宜人、压迫感小，能在高容积率和宜居环境间取得较好的平衡，造价、技术要求和住宅使用系数也位于二者之间，因而市场相对容易接受。而且由于设置了电梯，更容易适应老龄化社会的居住需求。

中高层住宅虽设有电梯，但防火要求不如高层建筑高，因而电梯和楼梯的设置要求相对较低，电梯容量要求小，通常为轻型电梯（如液压电梯），比较经济。中高层住宅平面布局中常将电梯和楼梯组合在一起设计，从而节省了交通面积，常见的布置形式有相对式、并列式、错位式等几种（见图 3-75）。

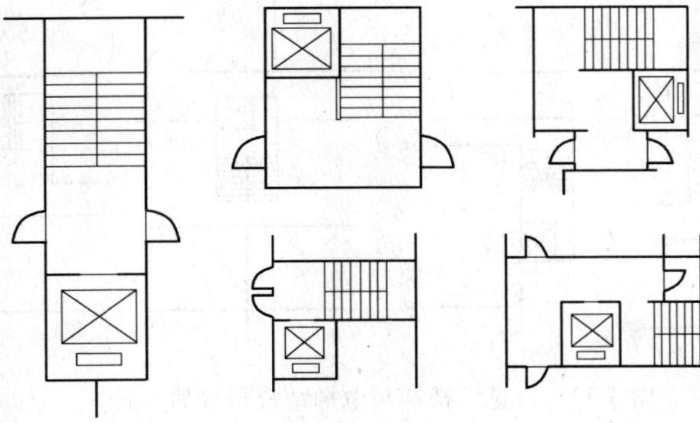

图 3-75 中高层住宅楼电梯平面布置形式

在实际的住宅市场上，中高层住宅往往是以“小高层”的称呼出现的，即入户层数在 7 ~ 11 层之间的通常设有一台电梯的住宅（见图 3-76）。更有很多在顶层采用跃层形式出现，住宅的实际层数达到 12 层，既满足了规范要求又提高了容积率。尤其是在以多层住

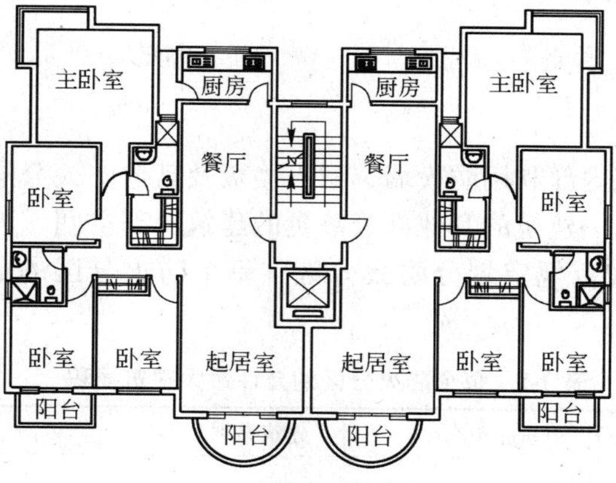

(a)

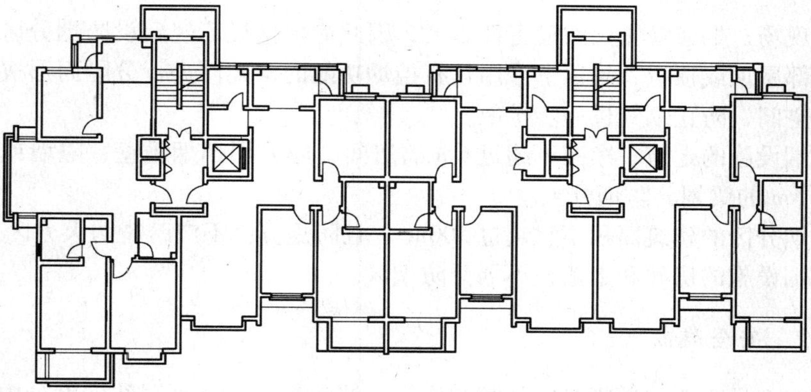

(b)

图 3-76　中高层住宅
（a）楼电梯相对式布置；（b）楼电梯错位式布置

宅为主的居住小区中点缀以独立单元式的小高层，既能保证居住的舒适性，又丰富了建筑群体空间和天际线，颇受开发商和购房者欢迎。

3.3.3　高层住宅防火疏散

高层住宅由于管井、起火点、建筑层数、居住人口都很多，相对疏散速度慢，消防扑救难度大，因此在消防和疏散问题上较多层、低层住宅更为复杂，应予以高度重视。

3.3.3.1　建筑分类和防火分区

A　建筑分类和耐火等级

在《高层民用建筑设计防火规范》（GB 50045—2005）中将高层住宅按层数进行分类：19 层及 19 层以上的住宅为一类建筑，其耐火等级应为一级；10 ~ 18 层住宅为二类建筑，其耐火等级不应低于二级。不同耐火等级对材料、构件、结构、消防设施等有不同要求。

B 防火分区和防烟分区

防火分区是指在建筑内部利用防火墙、耐火楼板及其他防火分隔设施分隔形成的、在一定时间内防止火灾向同一建筑的其他部分蔓延的建筑局部空间。为保证高层住宅住户的安全疏散，应严格根据规范规定划分防火分区。每个防火分区的最大面积应符合表3-1规定。

表3-1 每个防火分区的允许最大建筑面积

建筑类别	每个防火分区建筑面积/m^2	建筑类别	每个防火分区建筑面积/m^2
一类建筑	1000	地下室	500
二类建筑	1500		

在火灾现场，烟通常比火的危害性更大，因此应根据规范规定设防烟分区。防烟分区是在建筑内部屋顶或顶板、吊顶下采用具有挡烟功能的构配件进行分隔而形成的具有一定蓄烟功能的空间，防止烟气进一步扩散。

设置排烟设施的走道、净高不超过6m的房间，应采用挡烟垂壁、隔墙或从顶棚下突出不小于0.5m的梁划分防烟分区。

每个防烟分区的建筑面积不宜超过500m^2，且防烟分区不应跨越防火分区。

不设排烟设施的房间和走道，不划分防烟区。

3.3.3.2 安全疏散

高层住宅人员安全疏散困难，扑救难度大，消防和疏散是高层住宅设计中需要着重考虑的重要因素。规范对于高层住宅的疏散问题作出了详细规定，包括建筑安全入口的数量与布置、不同情况下安全疏散的距离、安全疏散门及走道的宽度、疏散楼梯的宽度及形式等各方面。高层住宅楼层人员疏散必须经过楼梯，因此对疏散楼梯和楼梯间的要求更为详细。

A 安全出口设置

安全出口是指供人员安全疏散用的各种出口，包括房间的门、楼梯间或室外楼梯的出入口或直通室外地面的出口。

高层建筑每个防火分区的安全出口不应少于两个，以使起火层人员尽快逃离火灾现场。安全出口应分散布置，两个安全出口之间的距离不应小于5m。但符合下列条件之一的，可设一个安全出口：

（1）18层及18层以下，每层不超过8户、建筑面积不超过650m^2，且设有一座防烟楼梯间和消防电梯的塔式住宅。

（2）18层及18层以下每个单元设有一座通向屋顶的疏散楼梯，单元之间的楼梯通过屋顶连通，单元与单元之间设有防火墙，户门为甲级防火门，窗间墙宽度、窗槛墙高度大于1.2m且为不燃烧体墙的单元式住宅。

超过18层，每个单元设有一座通向屋顶的疏散楼梯，18层以上部分每层相邻单元楼梯通过阳台或凹廊连通（屋顶可以不连通），18层及18层以下部分单元与单元之间设有防火墙，且户门为甲级防火门，窗间墙宽度、窗槛墙高度大于1.2m且为不燃烧体墙的单元式住宅。

B 疏散通道

高层住宅的疏散路线由水平段和垂直段两部分组成，水平方向的疏散通道必须满足如下规定：

高层住宅内走道的净宽，应按通过人数每100人不小于1m计算，但最小净宽不应小于0.9m；单面布置房间的住宅，其走道出垛处的最小净宽不应小于0.9m。

高层建筑首层疏散外门的总宽度，应按人数最多的一层每100人不小于1m计算。首层疏散外门净宽不小于1.1m，单面布房走道净宽不小于1.2m，双面布房走道净宽不小于1.3m。

高层住宅的安全疏散门均应朝疏散方向开启。

C 安全疏散距离

规范对住宅户门距离最近的外部出口或楼梯间等安全出口的最大距离，即安全疏散距离作了规定，即：住宅位于两个安全出口之间疏散距离不超过40m，住宅位于袋形走道两侧或尽端的最大距离应少于20m。

3.3.3.3 疏散楼梯和消防电梯

高层住宅的垂直交通由楼梯、电梯和消防电梯组成。在日常情况下垂直交通主要靠电梯，还应设消防电梯专供消防人员携带消防器械迅速从地面到达着火层，而楼梯既是上层住户的疏散通道又是下层住户的主要垂直交通工具。

A 疏散楼梯

高层住宅楼梯的设置应兼顾安全和方便两方面。楼梯的数量与高层住宅的户数、层数及平面形式有关。根据规范规定，高层住宅每个防火分区的疏散楼梯不应少于两部，特殊情况可设一部。一般十八层以下的单元式高层住宅可设一部楼梯，但塔式住宅必须设两部。十八层以上的单元式住宅若仅设一部楼梯则相邻单元间楼梯应设置阳台或凹廊相连通。

楼梯间的平面布置应满足以下要求：

（1）楼梯间的布置，应满足安全疏散距离的要求，并尽量避免形成袋形走道。

（2）楼梯间应尽量靠近防火分区的两端布置，以便于双向疏散。

（3）楼梯间靠外墙设置，便于自然采光、通风和消防人员救援行动的开展。

（4）除通向避难层错位的楼梯外，疏散楼梯间在各层的位置不应改变上下直通，首层应有直通室外的出口。

（5）疏散楼梯间和走道上的阶梯应符合安全疏散要求，不应采用螺旋楼梯或扇形踏步。但踏步上下两级所形成的平面角不超过10°，且每级离扶手0.25m处踏步宽度超过

0.22m 时，可不受此限。

（6）商住楼中住宅的疏散楼梯应独立设置。

高层住宅楼梯间的设置形式分为敞开楼梯间、封闭楼梯间和防烟楼梯间三种。

设置何种形式的疏散楼梯间应符合下列规定：

（1）11 层及 11 层以下的单元式住宅可不设封闭楼梯间，但开向楼梯间的户门应为乙级防火门，且楼梯间应靠外墙，并应直接天然采光和自然通风。

（2）12 层至 18 层的单元式住宅应设封闭楼梯间。

（3）19 层及 19 层以上的单元式住宅应设防烟楼梯间。

（4）11 层及 11 层以下的通廊式住宅应设封闭楼梯间；超过 11 层的通廊式住宅应设防烟楼梯间。

塔式住宅至少应有两部疏散楼梯，两部疏散楼梯宜独立设置，当确有困难时，可设置剪刀楼梯，并应符合下列规定：

（1）剪刀楼梯间应为防烟楼梯间。

（2）剪刀楼梯的梯段之间，应设置耐火极限不低于 1h 的不燃烧体墙分隔。

（3）剪刀楼梯应分别设置前室。塔式住宅确有困难时可设置一个前室，但两座楼梯应分别设置加压送风系统。

高层住宅封闭楼梯间的设置要求如下：楼梯间应靠外墙，并能直接天然采光和自然通风；当不能直接天然采光和直接通风时，应按防烟楼梯间规定设置。楼梯间应为乙级防火门，并应向疏散方向开启。楼梯间的首层紧接主要出口时，可将走道和门厅等包括在楼梯间内，形成扩大的封闭楼梯间，但应采用乙级防火门等防火措施与其他走道和房间隔开。

高层住宅防烟楼梯间的设置要求如下：楼梯间入口处应设前室、阳台或凹廊；前室的面积不应小于 $4.5m^2$；前室和楼梯间的门均应为乙级防火门，并应向疏散方向开启。

B 消防电梯

塔式住宅、12 层及 12 层以上的单元式住宅或通廊式住宅应设消防电梯。客梯或工作电梯兼用的消防电梯应符合消防电梯的要求。消防电梯的设置要求见表 3-2。

表 3-2 消防电梯的设置要求

应设消防电梯的高层住宅	消防电梯的设置数量
19 层及 19 层以上的高层住宅	每层建筑面积不大于 $1500m^2$，应设 1 台
塔式住宅	当大于 $1500m^2$ 但不大于 $4500m^2$ 时，应设 2 台
12 层及 12 层以上的单元式和通廊式住宅	当大于 $4500m^2$ 时，应设 3 台

高层住宅消防电梯的设置应符合下列规定：

（1）消防电梯宜分别设在不同的防火分区内。

（2）消防电梯间应设前室，其面积：居住建筑不应小于 $4.5m^2$；公共建筑不应小于 $6m^2$。当与防烟楼梯间合用前室时，其面积：居住建筑不应小于 $6m^2$；公共建筑不应小于 $10m^2$。

（3）消防电梯间前室宜靠外墙设置，在首层应设直通室外的出口或经过长度不超过30m的通道通向室外。

（4）消防电梯间前室的门，应采用乙级防火门或具有停滞功能的防火卷帘。

3.3.4　高层住宅平面类型及实例

高层住宅一般习惯于从外形上分为板式高层住宅和塔式高层住宅，板式高层住宅按平面交通组织形式又可以分为单元式高层住宅和通廊式高层住宅。

3.3.4.1　单元式高层住宅

单元式高层住宅由多个住宅单元组合而成，每个单元都设有独立的楼梯和电梯。

这种类型的高层住宅楼梯和电梯相邻或相近布置，组成交通核心，平面通常比较紧凑，采光通风良好，公共交通面积相对（通廊式住宅）较小，户间干扰小。设计时进深不宜过大，否则户间易产生采光和视线干扰问题。

利用单元式进行组合拼接，可形成多种平面形式，如板式、T形、Y形、Z形、十字形、弧形、折线形等（见图3-77）。

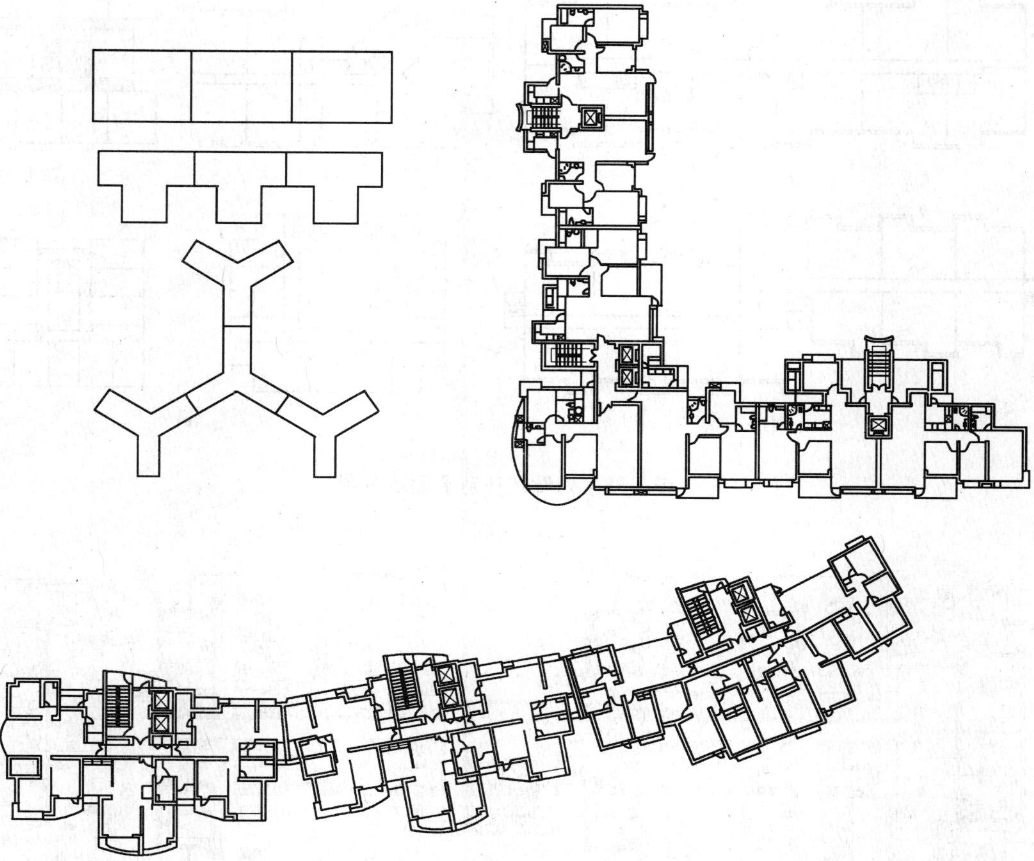

图3-77　单元式高层住宅的拼接

3.3.4.2 通廊式高层住宅

通廊式高层住宅是以共用楼梯、电梯通过内、外廊进入各套住房的高层住宅。通廊式可以提高每个楼层的服务户数，但户间干扰相对较大。与多层通廊式住宅相似，根据走廊的位置一般分为内廊式、外廊式和跃廊式三种。

A 内廊式

内廊式高层住宅的住户布置在走廊两侧，空间利用率高，进深大，有利于节约用地，但各户通常只有一个朝向，采光和通风条件都较差，各户干扰也比外廊式大，走廊黑暗，因此通常只出现在低标准住宅中并逐渐被淘汰，多用于青年公寓等小户室套型。设计时可通过多种形式的组织布局增加采光面，改善走廊的空间环境（见图3-78、图3-79）。

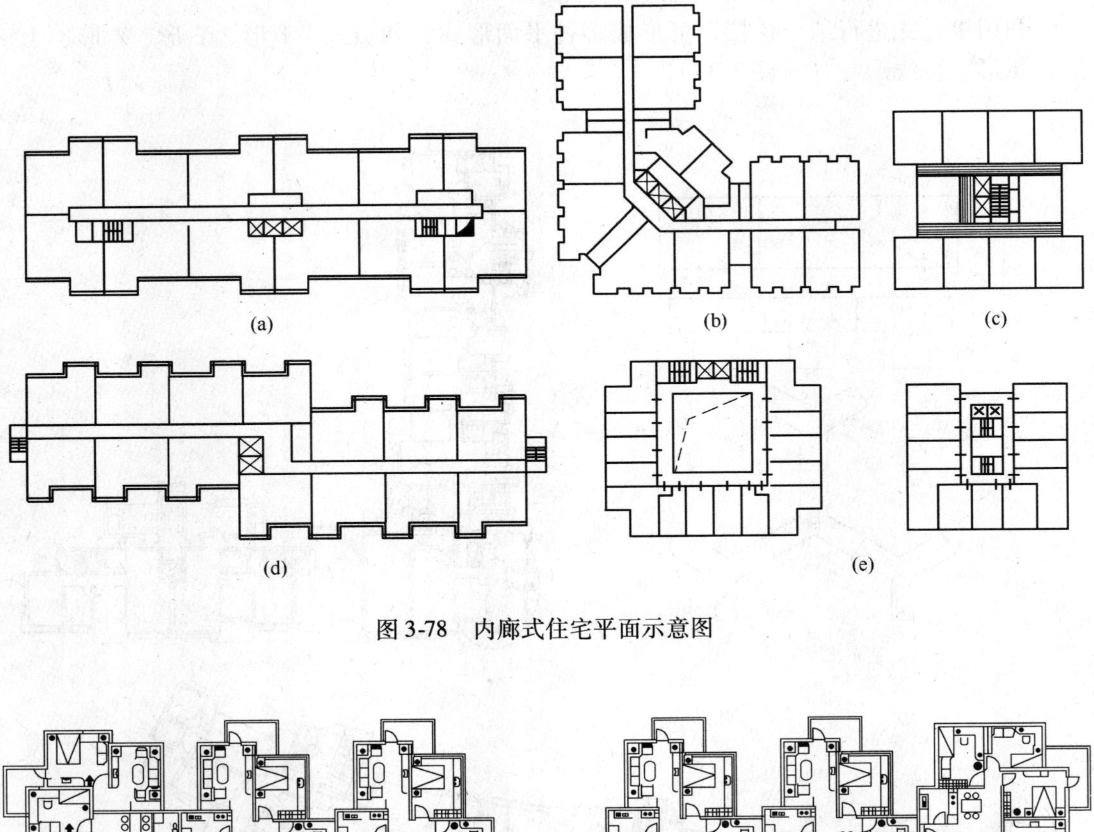

(a) (b) (c)

(d) (e)

图3-78 内廊式住宅平面示意图

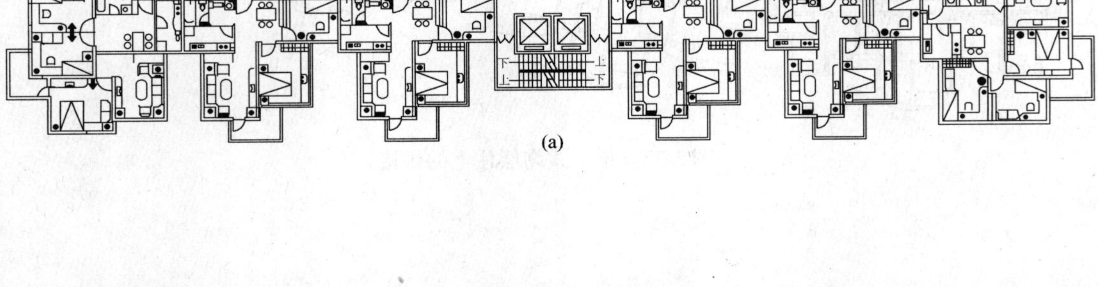

(a)

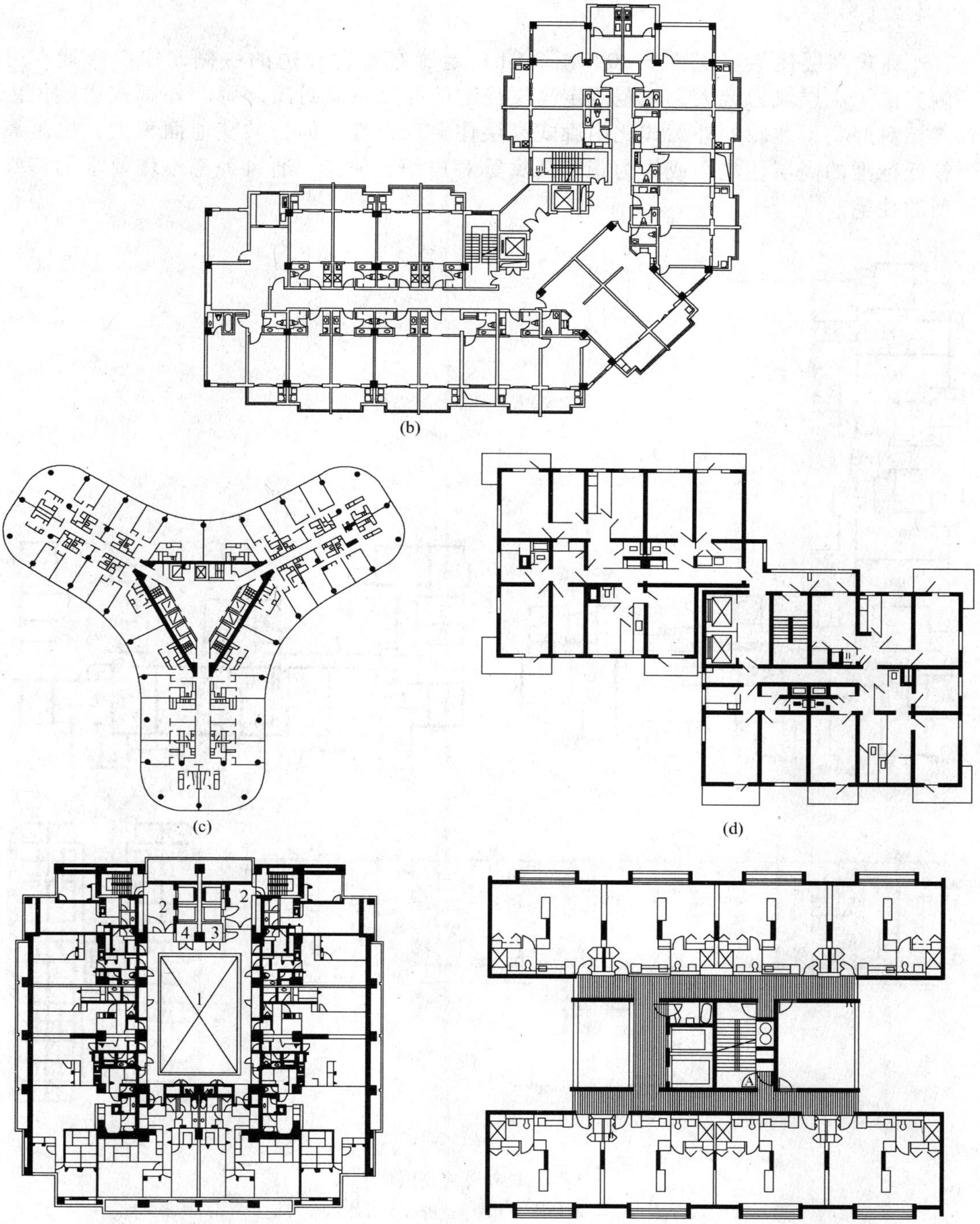

图 3-79　内廊式高层住宅

(a) 一字形内廊（北京）；(b) L 形内廊；(c) Y 形内廊（美国）；(d) Z 形内廊（北京）；
(e) 口字形内廊（上海）；(f) 工字形内廊（美国）

B 外廊式

外廊式高层住宅（见图3-80、图3-81）走廊布置在长边的一侧，住户布置在另一侧，由于高层风力较大，规范规定高层住宅的外廊宜做封闭外廊。外廊式通风比内廊式相对好些，北廊的外廊式比内廊式高层住宅采光好，但公共交通面积大，也是属于较低标准的高层住宅，或作为青年公寓等对户型、采光、通风等都不作要求的特殊类型的住宅。

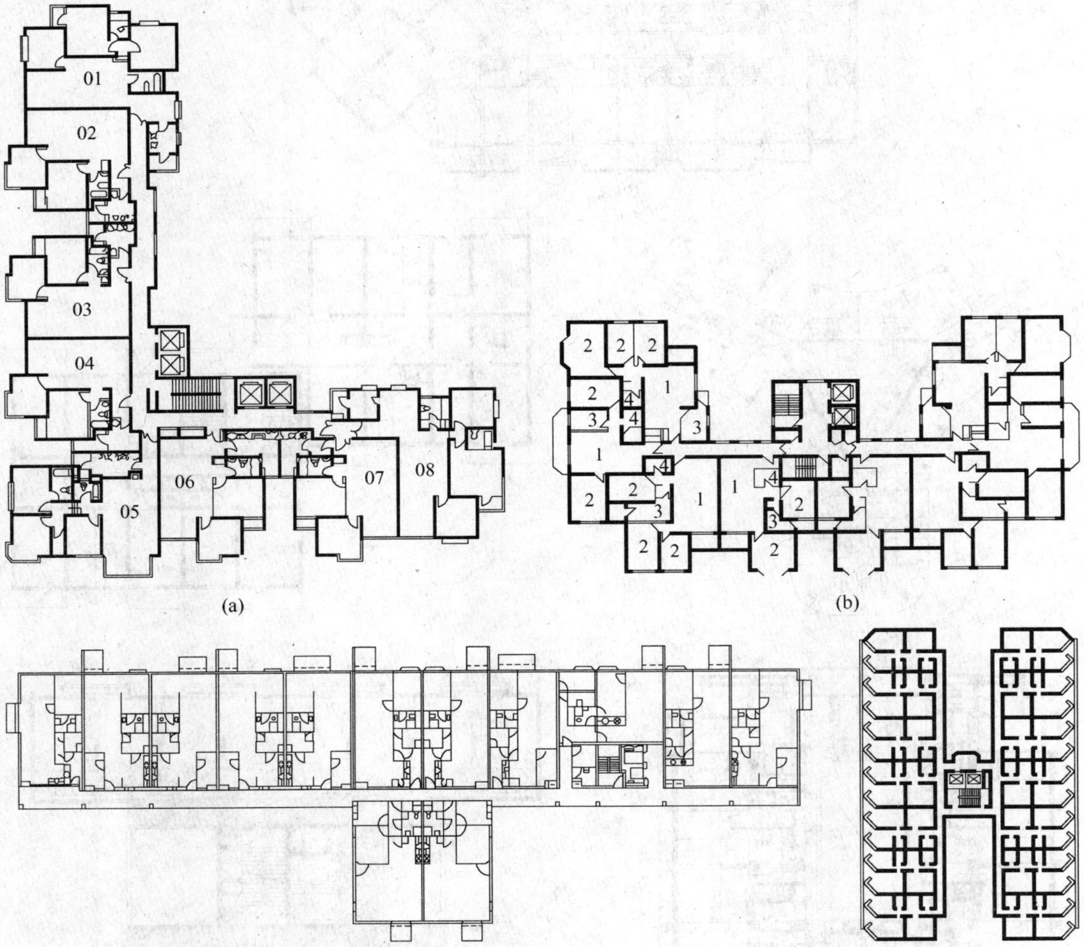

图3-80 长外廊式高层住宅

（a）L形外廊（上海）；（b）U形外廊（北京）；（c）T形外廊（荷兰）；（d）H形外廊

C 跃廊式

跃廊式高层住宅可以节省交通面积，并隔层设站提高电梯的运行速度和效率。住宅套型采用跃层式，通过户内小楼梯联系上下层的室内空间（见图3-82）。还有在单元式基础

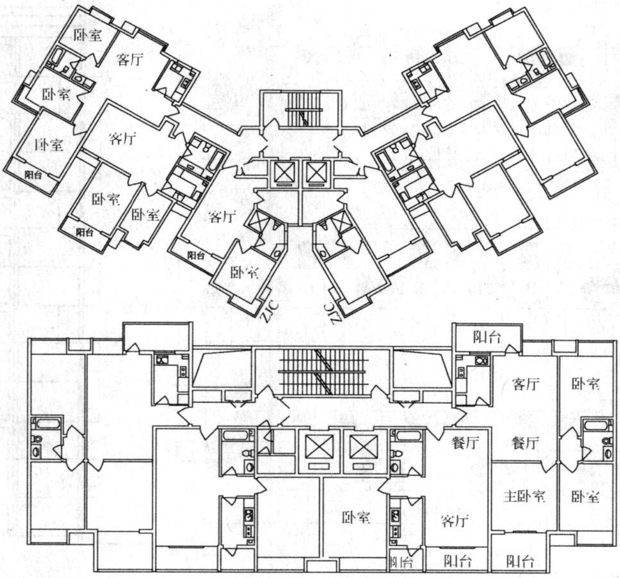

图 3-81　短外廊式高层住宅

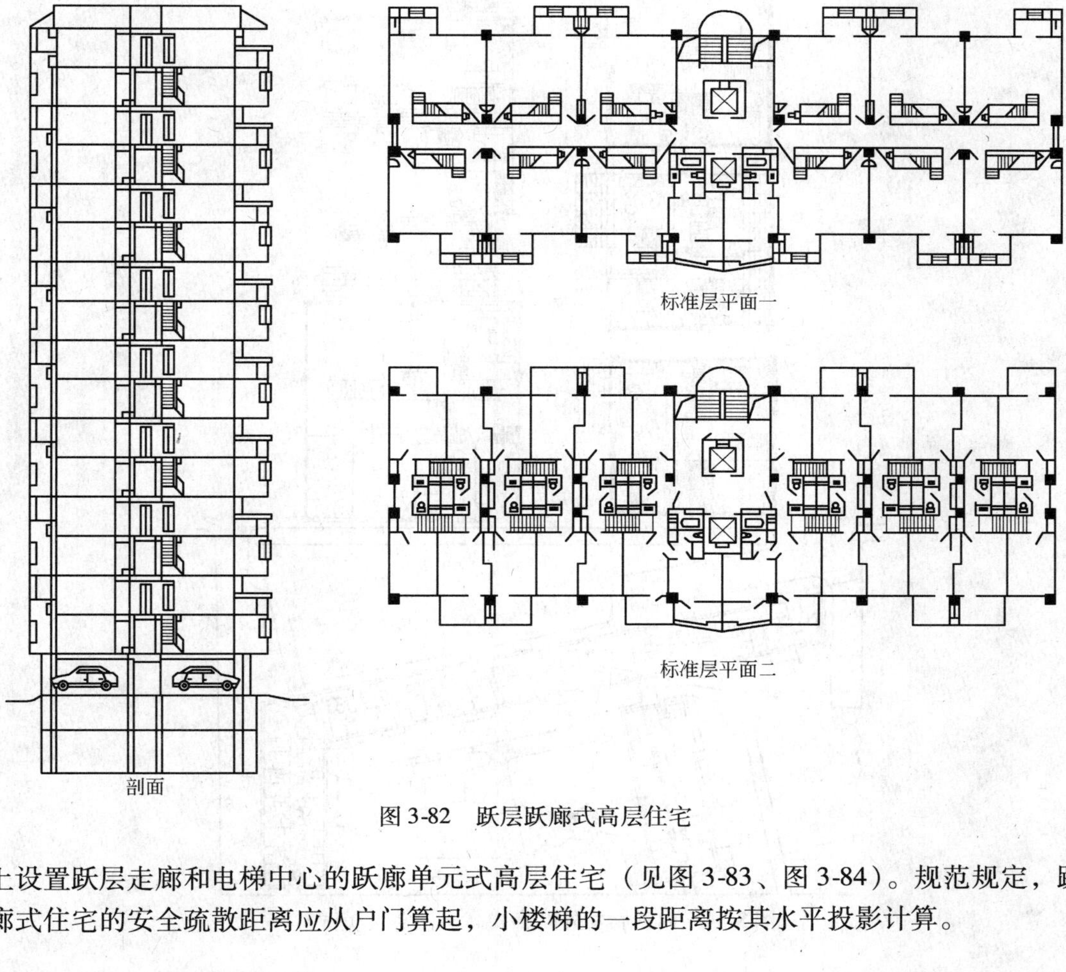

图 3-82　跃层跃廊式高层住宅

上设置跃层走廊和电梯中心的跃廊单元式高层住宅（见图 3-83、图 3-84）。规范规定，跃廊式住宅的安全疏散距离应从户门算起，小楼梯的一段距离按其水平投影计算。

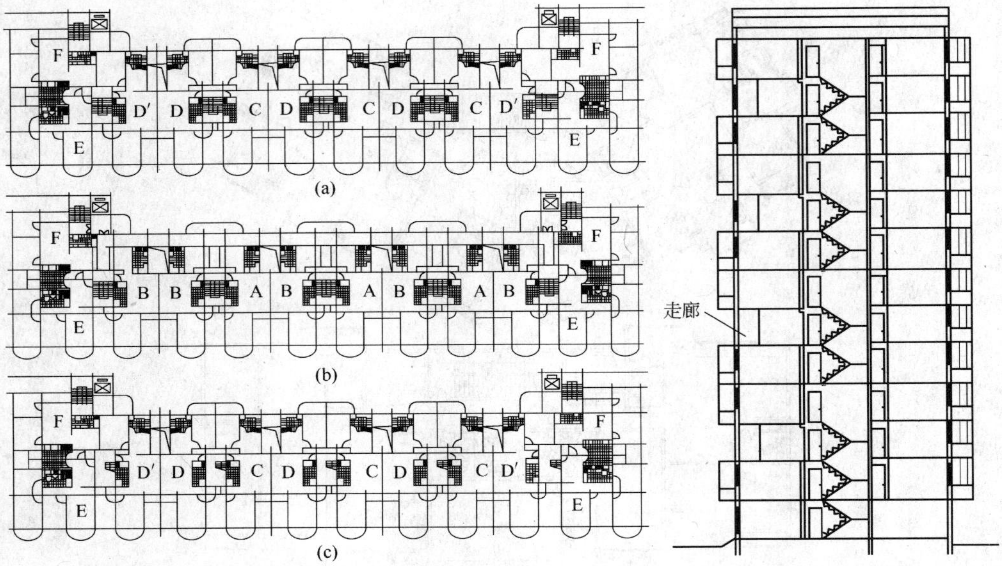

图 3-83　隔层设走廊外廊式高层住宅

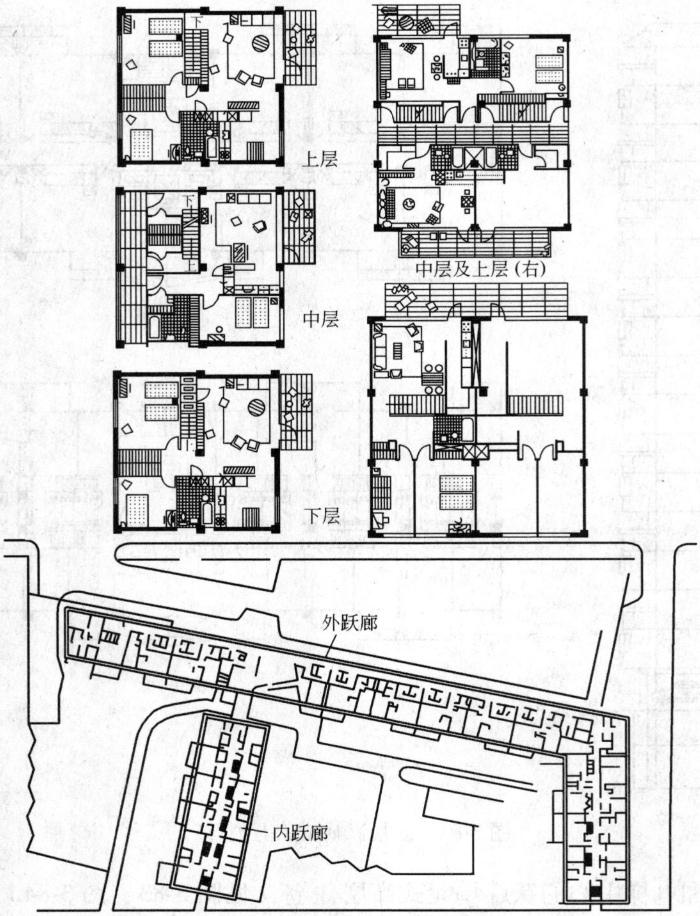

图 3-84　内跃廊加外跃廊式高层住宅（美国）

3.3.4.3 塔式高层住宅

塔式高层住宅是以共用楼梯、电梯为核心布置多套住房的高层住宅。通常在开间和进深两个方向的尺寸比较接近，而住宅高度又远大于这两个方向。

塔式高层住宅以楼梯间和电梯等组成垂直交通核心，套型围绕此核心布局，没有拼接单元。四面临空，可开窗的外墙较多，有利于组织采光和通风。与板式高层住宅相比，用地节省且平面布置灵活，易于周边环境协调形成视觉空间丰富的建筑群体。

随着居住标准的提高，塔式高层住宅的户数逐渐减少，标准层面积一般在 $1000m^2$ 以下，因此常按楼层进行防火分区。疏散楼梯采用两部双跑楼梯或一部剪刀楼梯形成两个安全出口。

塔式高层住宅因外形自由度大，其形式几乎囊括了所有的几何形状。北方地区需要较好的日照，因此常用 T 形、Y 形、H 形、蝶形（见图 3-85）等，南方地区则对通风要求较

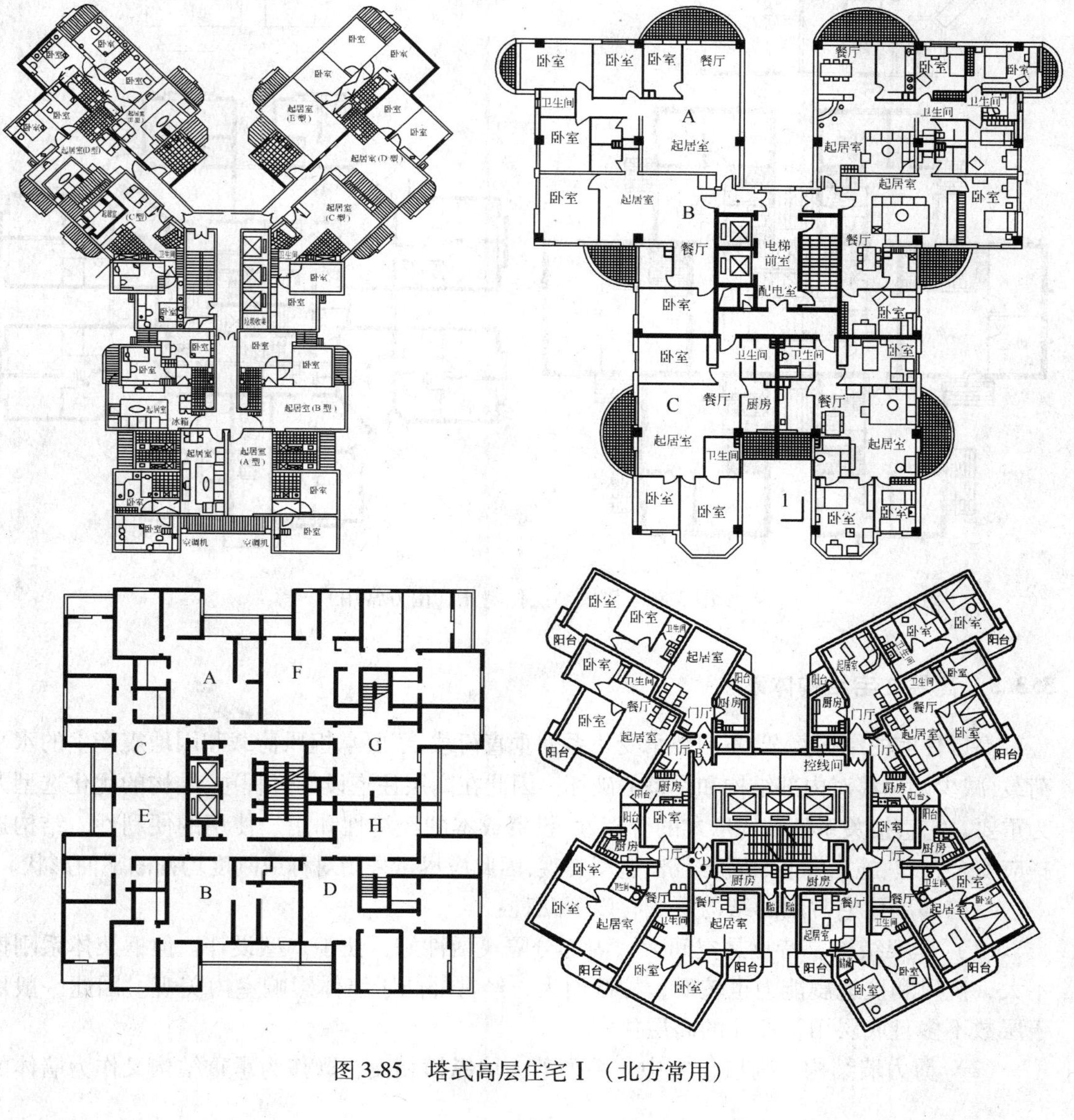

图 3-85 塔式高层住宅 I（北方常用）

高，多采用双十字形、井字形等（见图3-86）。

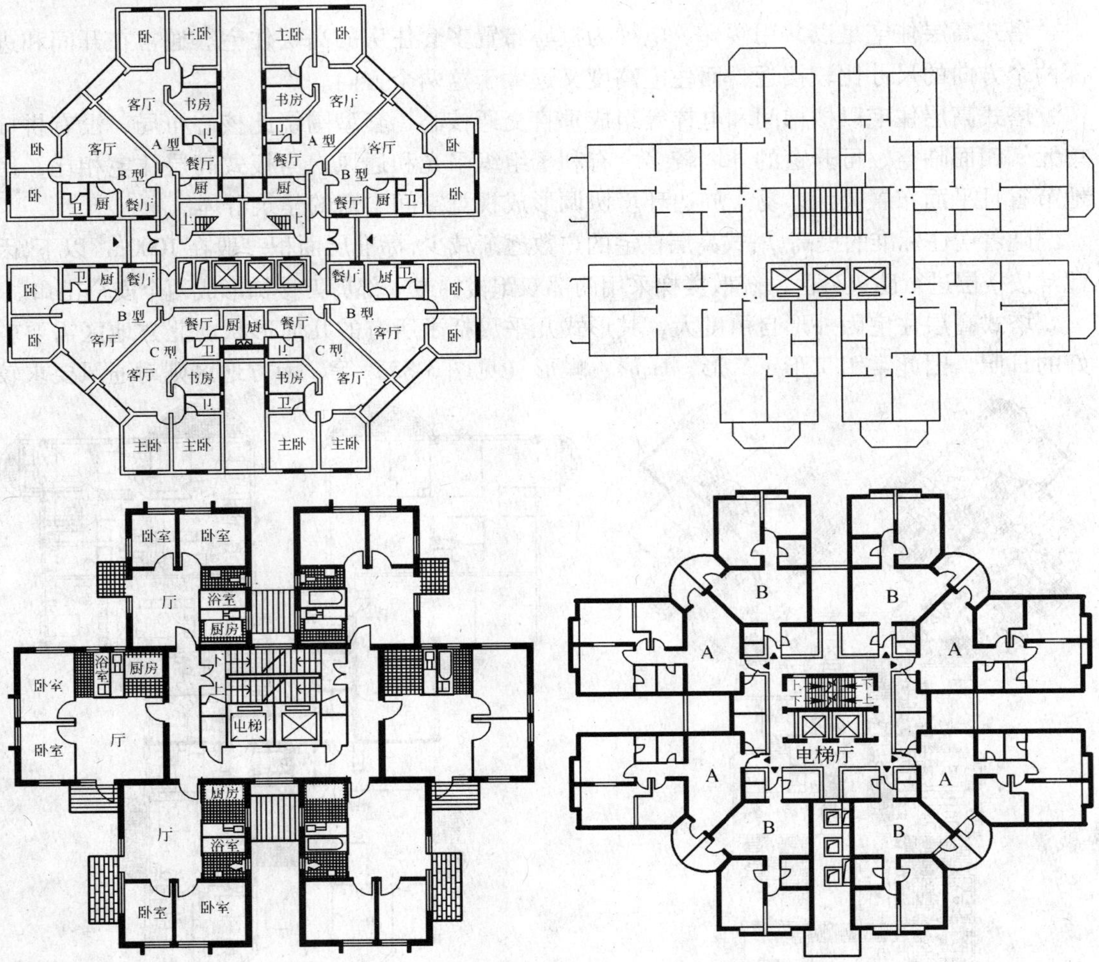

图3-86　塔式高层住宅Ⅱ（南方常用）

3.3.5　高层住宅结构体系

高层住宅的结构复杂，不但要承受一系列垂直荷载，还要承担风荷载和因地震产生的水平荷载，减少侧位移对内部结构和设备的破坏。因此在高层住宅设计过程中，结构的优化选型尤为重要。它直接关系到结构形式的合理性、投资成本的经济性和用户使用的便利性。结构选择应安全合理、施工方便、造价经济、造型美观，因此应尽量采用对称或刚度均衡的平面形状。

目前高层住宅常用的结构形式有以下几种：

（1）框架结构。特点是空间大，内部分隔灵活性好，便于户型设计。但框架体系刚性不大，抗风和抗地震能力也较低，柱截面大，经常外凸于墙体影响室内美观。因此一般用于层数不多且底层用于商业的高层住宅。

（2）剪力墙结构。高层住宅中一系列剪力墙纵横相交，既作为承重结构又作为墙体的一部分，室内无外露梁柱。扩大剪力墙开间尺寸（即大开间剪力墙结构，可达 4.5 ~ 7.5m）可使户内隔墙布置更为灵活，随着家庭变化还可重新布局，为住宅的可适应性提供灵活的结构保证。

（3）框架-剪力墙结构。为弥补框架结构的不足，在框架结构中布置一定数量的剪力墙，这是目前我国高层住宅中应用较广泛的一种结构形式。它既有框架结构的平面灵活、适应性强的特点，又有剪力墙结构的合理性，可使框架和剪力墙两种结构很好地协同发挥作用。

（4）异形柱结构。目前在高层住宅中使用也比较多。柱的形状改变为L形、T形、十字形等异形截面柱后，比矩形柱的抗风、抗震性能都有所提高，变形能力降低。柱的形状、布局可以与建筑布局统一起来，提高建筑、结构设计的整体性。

高层住宅因基础埋深较大，通常与结构设计结合将空间利用设计成地下室加以利用，常用作自行车和汽车停车库、设备层、人防工程等。

3.3.6　高层住宅的公共交往空间

高层住宅中大多数住户远离地面，住户之间联系也较少，“鸽子笼”一般的居所更易产生封闭的居住心态，因此，应充分重视公共交往空间在高层住宅中的作用，关注居住者的行为方式和心理健康，构建和谐、安全的居住空间。

高层住宅本身公共交通面积较大，且有明确的防火疏散要求，如为同层住户提供单纯的交往空间必然使公摊面积更大，因此需在设计中更为精细化和人性化，通常单体设计可在以下几方面做设计改进：

（1）底层全部或局部架空。架空空间结合室外景观环境设计，并辅以小品、人行道等，使室内外过渡更自然、更富人性化。

（2）单元入口。高层住宅每个单元的户数较多，可在单元入口适当放大并注重舒适性，提供同单元住户间交往空间，分摊到每户的面积增加并不大（见图 3-87）。

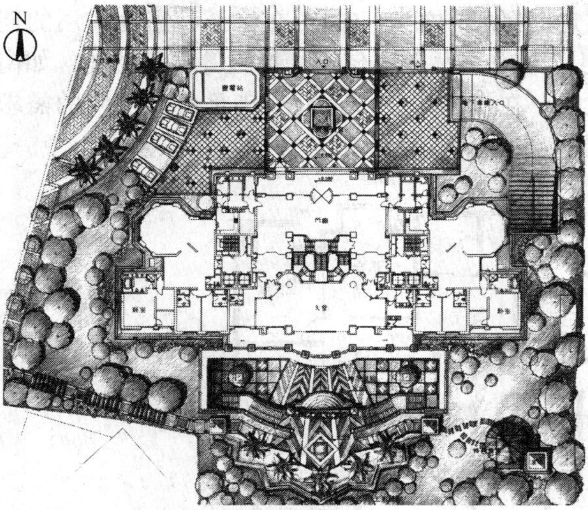

(a)

(b)

图 3-87　楼栋公共空间精心设计

（a）上海阑馨公寓底层和单元入口空间；（b）香港太古城平台处屋顶花园

（3）走廊、过道。走廊承担着高层住宅的水平交通和疏散功能，可通过气氛营造和适当增加设施提供同层住户间的交往空间。例如外廊式住宅在走廊栏杆摆放植物、花草，营造舒适的气氛，内廊式住宅可通过增加天井、中庭空间或抽掉个别套型等改善内廊空间布局，单元式和塔式高层住宅可以在不影响交通和疏散的情况下适当增加长凳等设施（见图3-88）。

(a)　　　　(b)

图3-88　走廊增加设施提供交往空间

（a）日本千叶县集合住宅；（b）美国801华盛顿大姐北厂房改造

（4）入户空间。入户空间是从半公共走向私密的过渡空间，在保证私密性作用的同时，可以通过更加人性化的设计在此空间引入美化、休闲、储存、换鞋等多种功能，如南方地区在一些高层住宅设计中引进入户花园，在提高居住舒适性、满足心理过渡的需求外，也提供了户内和户间的交往空间（见图3-89）。

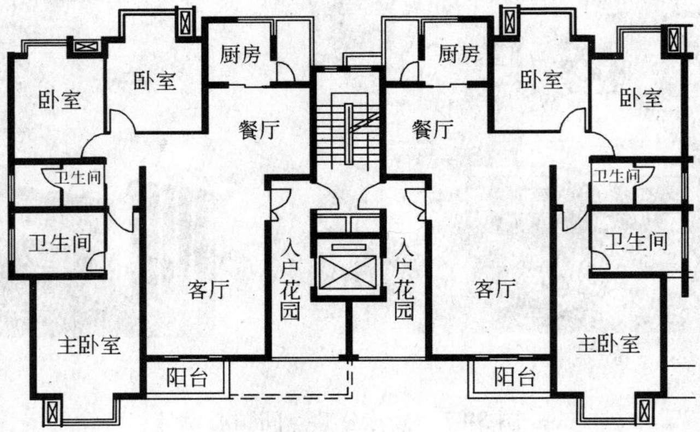

(a)

(b)

图 3-89 入户空间设计人性化
(a) 入户花园和可交流的阳台设计（西安国际紫薇）；
(b) 入户处布置桌椅

(5) 阳台、露台。阳台、露台作为入户后与室外交流的主要空间，在设计时适当考虑位置、尺寸等因素，就可以为户间交流提供对话场所。

(6) 空中花园。一些国外和国内的高层住宅通过创新形式设计，在空中每隔若干层抽掉若干住户设置空中花园，可为高层住户提供别样的交往空间（见图 3-90）。在设计中需注意朝向、采光、风力等因素对它的影响。

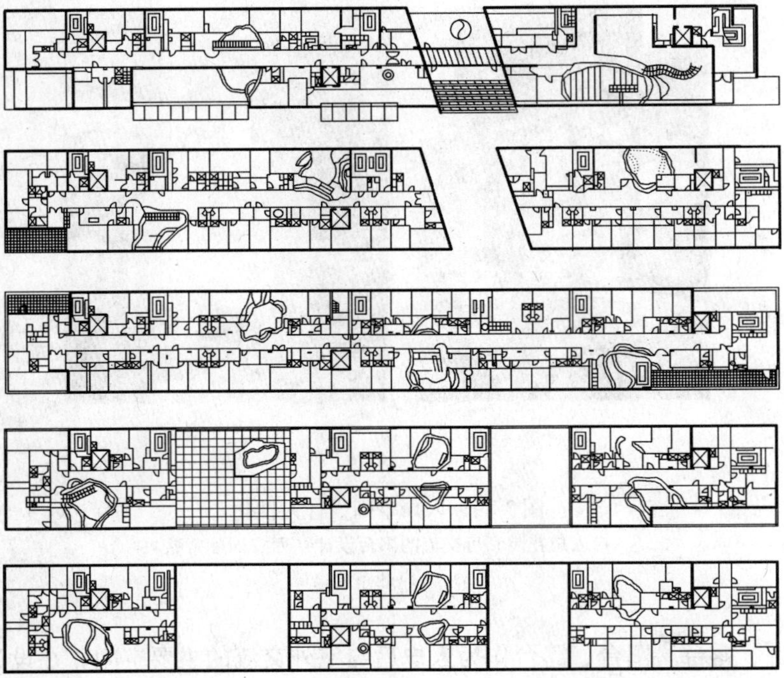

图 3-90 入口、观景廊、空中户外空间等多样化的交往空间
（美国西蒙斯学生公寓，斯蒂文·霍尔设计）

3.4 坡地住宅设计

3.4.1 坡地住宅设计概述

坡地住宅设计与其他类型建筑设计一样，除了要满足必须的适用、经济、美观的原则外，还要与不同地域环境特点相适应。

住宅设计适应地域环境，最典型的就是要适应基地的地形特征。广义地理解，我们把一切结合地形、地物所建的住宅建筑都称为坡地住宅。山地的开发利用近年来越来越引起重视，一方面，我国山地面积约占国土面积的2/3，不断膨胀的人口数量和对耕地保护意识的加强使人类住区建设活动开始关注土地资源的优化利用；另一方面，随着生活水平的提高，城市居民对于人居环境的要求也在逐步提高，千篇一律的住区环境已经很难满足住户对居住环境的心理需求，坡地住宅应与环境和谐一致，住宅设计更易在环境条件的激发下有所突破给人惊喜，著名的流水别墅（见图 3-91）和日本神户六甲住宅（见图 3-92）就是典型实例。坡地住宅强调人工环境与自然环境交融，建筑形态也更丰富活跃，满足了多样化的需要，因此在住宅市场广受欢迎。

建筑环境与自然环境和谐、协调，重视保护山地生态系统，促进住区环境可持续发展，是坡地住宅设计的基本原则。在充分了解地质状况（包括崖层走向、崖层厚度，有无滑坡、有无地下水及溶洞等）的基础上分析地貌特征，确定可资利用的地形、地物，综合

图 3-91 美国流水别墅

图 3-92 日本六甲集合住宅

以上环境条件，确定坡地住宅合理的建筑形式。在设计时可以掌握以下主要原则：

（1）减少接地。为保护地貌尽可能保留地表原有的地形和植被，建筑宜采取“减少接地”的形式。中国传统民居中常用“借天不借地”的干栏式、吊脚楼（见图 3-93）等形式处理，在现代建筑中也不乏注重维护地貌景观的优秀建筑实例（见图 3-94）。

(a)

(b)

图3-93 “借天不借地”的传统民居
（a）四川吊脚楼建筑；（b）云贵干栏式建筑

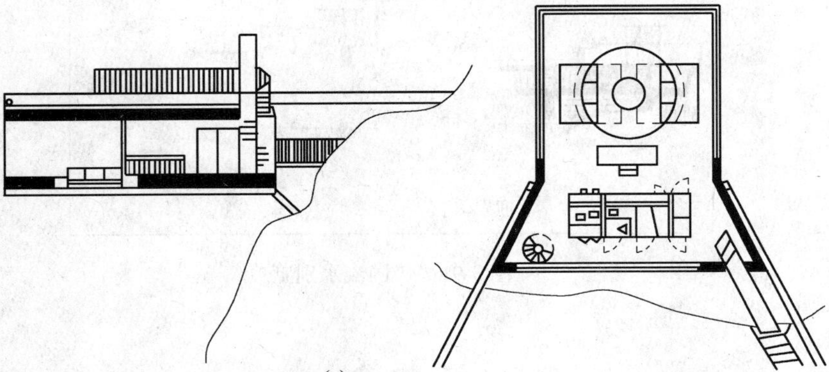

(a)

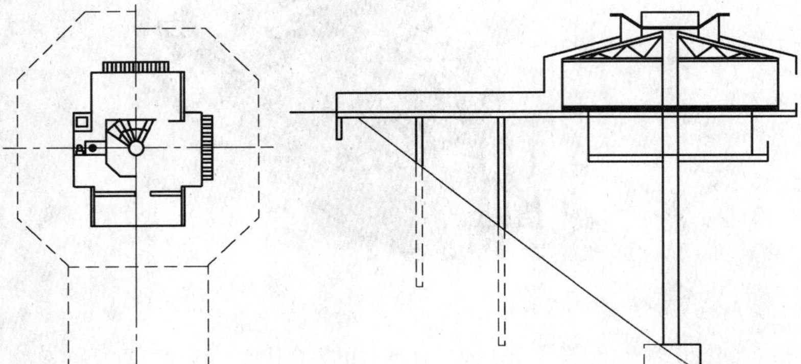

(b)

图3-94 维护自然地貌景观的现代建筑
（a）美国威斯康星州某度假别墅；（b）美国俄勒冈州某度假别墅

（2）不定基面。即建筑的入口层基面不确定，应合理利用地形高差和山位特点，灵活组织建筑入口交通，因地制宜地确定入口层的标高。不仅可以方便交通流线的组织，基面与建筑底面分离，也有利于坡地特色空间的形成，根据地形变化创造出多种基面与底面的组合关系（见图 3-95）。

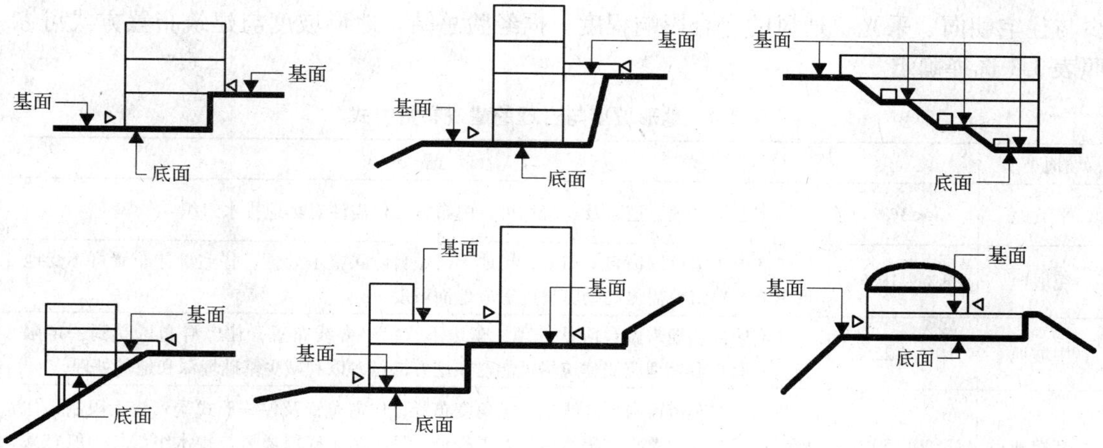

图 3-95 建筑的入口层基面与底面的多种关系

（3）山屋共融。住宅位于山地中，其形态与山地环境相协调是人们的追求。坡地住宅的建筑形体既要考虑与地段环境（如山脊、山腰、山谷等）的协调，也要注重与整体山势的和谐，形成山屋共融、相辅相成的景观特色。

3.4.2 坡地住宅群体布置

3.4.2.1 坡地住宅群体布置影响因素

决定坡地住宅群体布置的主要因素是地段的地形条件、日照和通风条件。

A 建筑与等高线的关系

设计结合地形的关键是处理建筑与等高线的关系。建筑与等高线的关系有三种布置方式：平行、垂直、斜交（见图 3-96）。

（1）建筑与等高线平行。这种方式住宅与地形的关系最简单，也是最常用的方式，适用于坡度不大（35°以下）的坡地。其优点是坡度易于处理，管线易于安排，工程量小。

（2）建筑与等高线垂直。即建筑的纵向轴线与等高线垂直，一般适用于坡度较大（25°以上）的均匀坡地。通常接地采用跌落或掉层等方式处理。其优点是与地形结合好，有利于减少土石方量，住宅排水、采光、通风等较好。但是施

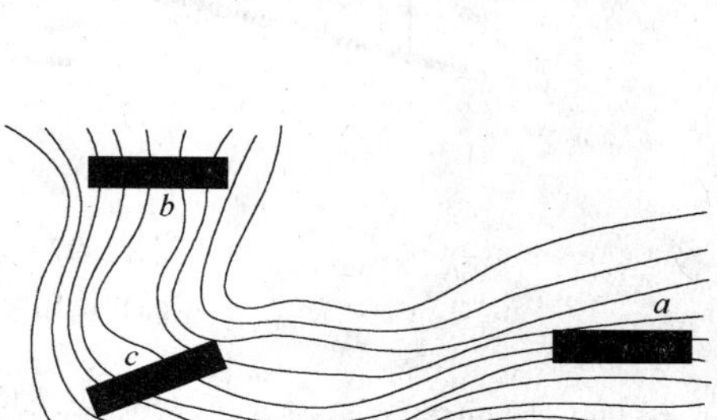

图 3-96 建筑与等高线的关系
a—平行；*b*—垂直；*c*—斜交

工较复杂，住宅入口与道路结合困难。

（3）建筑与等高线斜交。建筑纵轴与等高线成一定斜角，适应的坡度范围较广。其优点是夹角调整灵活，可根据日照、通风等要求调整使住宅获得理想朝向，建筑与道路容易布置，场地土石方量较小。其缺点是用地较浪费，设计施工较复杂。

在实际的工程设计中，采用何种方式，应取决于用地的坡度对道路布置、土石方量多少与住宅朝向、采光、通风的综合影响程度。据经验总结，地形坡度与建筑布置方式可参照表 3-3 选择确定。

表 3-3　地形坡度与合理的建筑布置方式

坡地类型	坡　度	布 置 方 式
平坡地	<3%	基本上同平地，道路及建筑均可自由布置，仅需注意场地排水组织
缓坡地	3% ~10%	住区内车道可纵横自由布置，场地无需做台阶状整平处理，住宅群体布置可不受地形影响。建筑只需提高勒脚高度适应地面坡度
中坡地	10% ~25%	住宅区内场地需做台阶状处理，车道不宜沿等高线布置，住宅群布置受到一定限制。地面筑台处理应使建筑尽可能建在挖方部位，以利减少基础埋深和地基处理
陡坡地	25% ~50%	住宅区内车道需与等高线呈一定角度布置，住宅布置及住栋形式受到较大限制，住栋平行等高线布置将大幅增加土方工程量，且不利于底层通风与排水组织。一般宜采用垂直等高线或与等高线斜交并错层的布置方式
急坡地	>50%	车道上坡困难，需曲折盘旋而上。人行路段需做梯道且需与等高线成斜角布置。住栋设计需做特殊处理，一般住栋宜与等高线垂直布置并做错层处理，以减少土方量，有利于建筑的采光、通风和排水

B　日照与通风

坡地住宅的日照条件受地形的影响很大（见图 3-97），不同山坡基地的日照时间和允许日照间距有很大差异。坡地向阳，可利用坡度减小日照间距或增加层数，以节约用地；坡地背阳，日照间距增大且有可能完全丧失日照，因此在背阳坡地布置住宅应尤其注意改善日照条件，如采取斜列式、交错式、点式等布局形式。

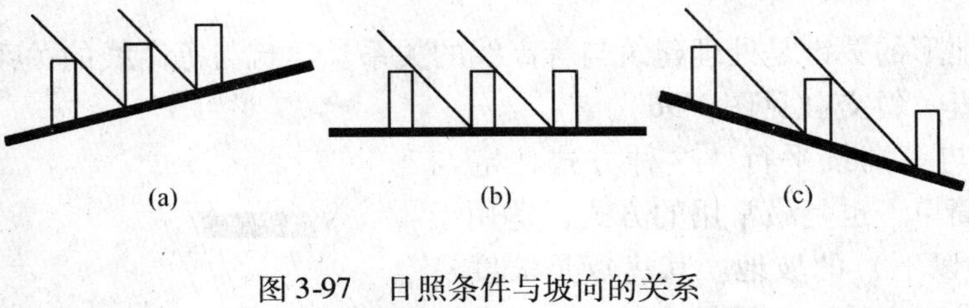

图 3-97　日照条件与坡向的关系
（a）向阳坡；（b）平地；（c）背阳坡

坡地与风向的关系受地形的影响也很大。风状况的变化对于坡地住宅单体及群体的选址、布局有直接的影响。通常在不同风向区，住宅群应采用不同的平面布置方式和高度组合方式，使之与风向相适应（见图 3-98）。也可以利用山地地形或温差与建筑群布置结合改善通风条件（见图 3-99）。

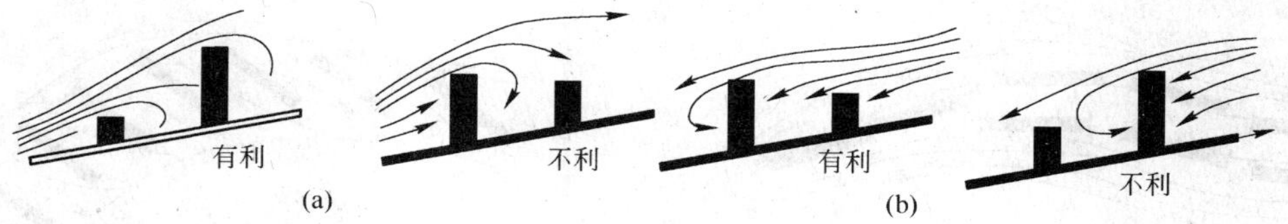

图 3-98 建筑高度与风向的关系
（a）在迎风坡上；（b）在背风坡上

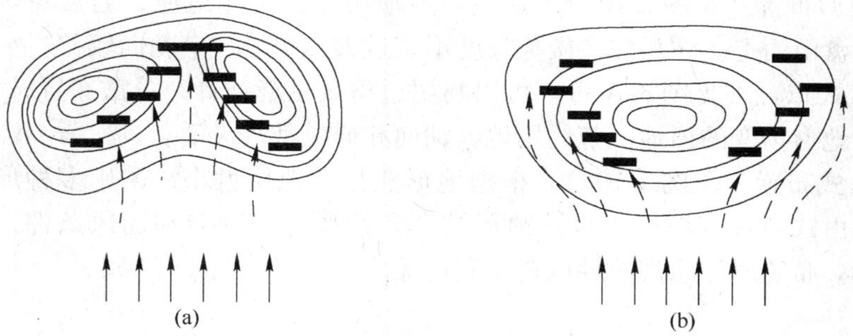

图 3-99 利用地形与建筑群布置结合改善住宅通风
（a）兜山风；（b）绕山风

3.4.2.2 住宅群体布置方式

根据地形、日照和通风等条件，住宅群体通常有以下几种布置方式：

（1）行列式布置（见图 3-100）。一般情况下都是建筑与等高线平行，用于单向均匀的坡地上。这种布局很难适应坡度坡形变化复杂的地形条件，也不适用于住宅规模较大的情况，易使群体面貌过于平淡。

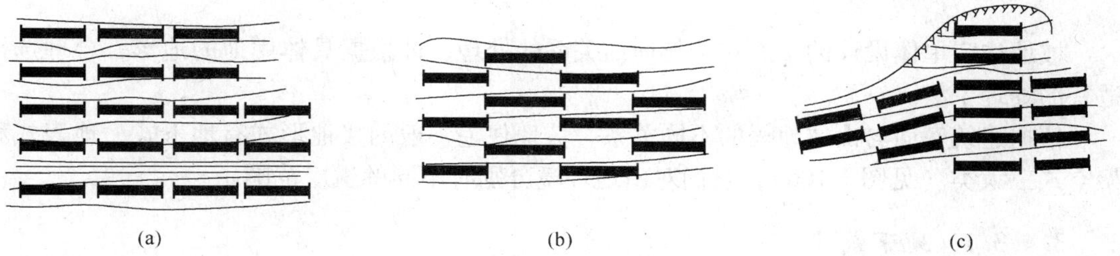

图 3-100 行列式布置
（a）平行行列式；（b）交错行列式；（c）曲折行列式

（2）带形布置（见图 3-101）。沿山地走向布置，一般用在山脊或山谷。群体规模受限，道路管线等市政耗费大，还易使日照和通风产生矛盾。

（3）斜列式布置（见图 3-102）。适用于单向均匀坡，与地形结合好，群体布置灵活、面貌丰富，但不适用于地形起伏变化复杂的地段。这种布置可以道路与等高线斜交而建筑与等高线平行，也可以建筑与等高线斜交而道路与等高线平行，以适应不同坡度的坡地。

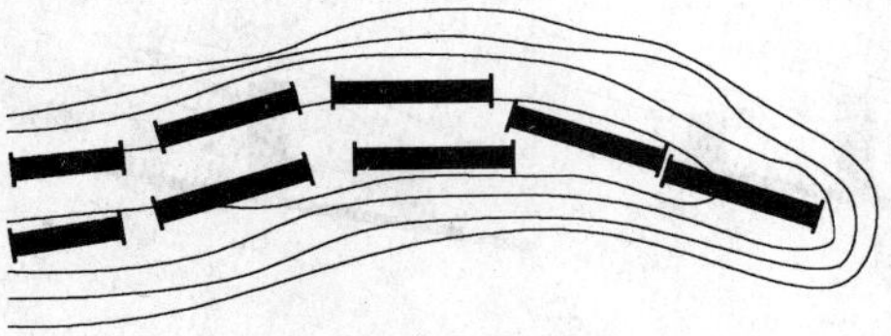

图 3-101 带形布置

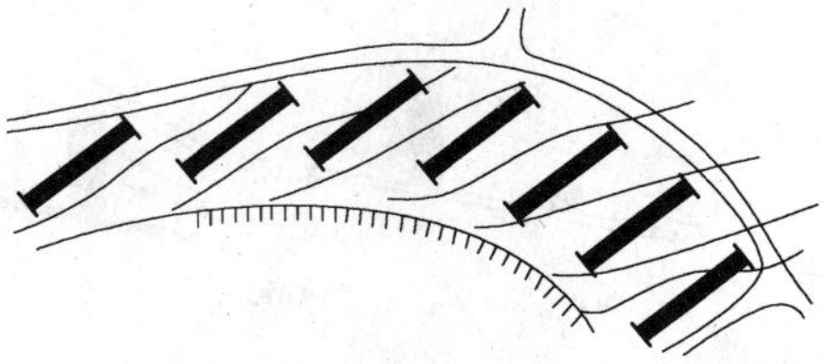

图 3-102 斜列式布置

(4) 环山形布置（见图 3-103）。建筑与弧形山坳走势相适应，通常与等高线平行布置，道路可以盘山而上。注意住宅楼栋长度不宜过大，部分住宅朝向较差。

(5) 散点式布置（见图 3-104）。可以利用边角或见缝插针，分散布置，住宅为点式。这种布置适应地形多变的山地，节约用地，朝向和通风都较灵活。

(6) 自由式布置（见图 3-105）。根据地形变化和地块大小，采用多种形式灵活自由布置住宅。自由式布置有利于与自然地形结合和选择合理朝向和通风条件，布局生动活泼、丰富多样。布置时注意规律性以避免杂乱无章。

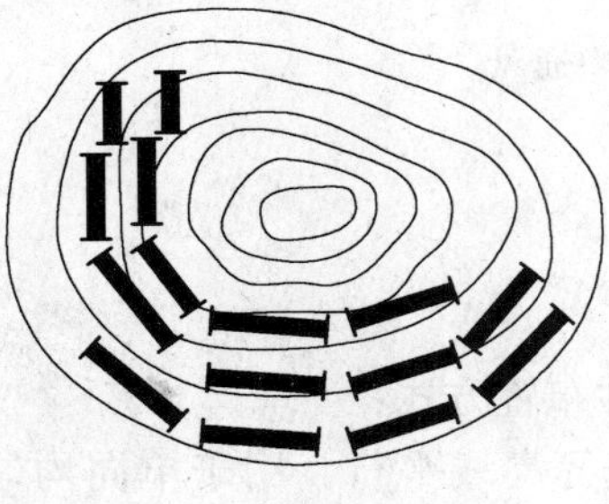

图 3-103 环山形布置

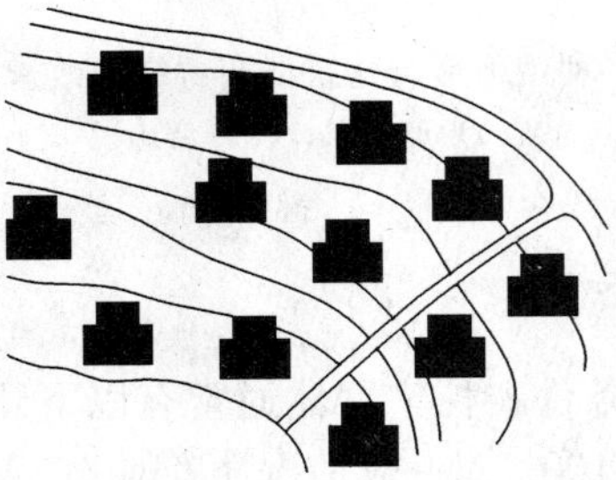

图 3-104 散点式布置

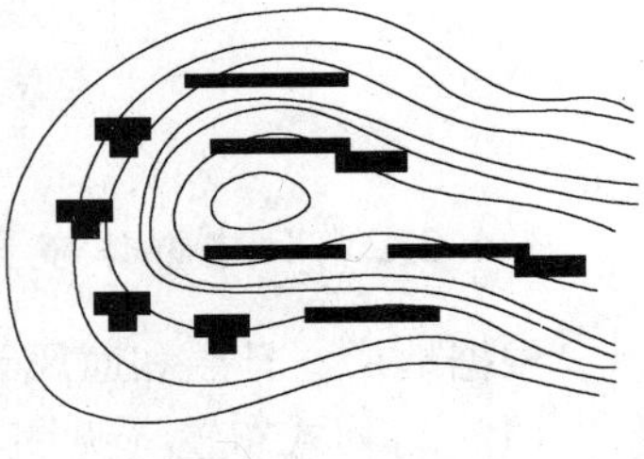

图 3-105 自由式布置

3.4.3 坡地住宅单体设计

坡地住宅单体设计的重点在于与地面关系的处理，即根据具体用地的地形，合理选择适宜的处理手法。

依据建筑底面与山体地表的不同关系，坡地住宅一般的接地形式有地下式、地表式和架空式三大类（见图 3-106），它们对山地环境分别有不同的适应范围。

3.4.3.1 地下式

整个体形位于地表以下，对山地地表的破坏相对减少，有利于保留开发地区的自然植被或自然地形，也有利于建筑的节能，建筑能获得冬暖夏凉的效果，建筑的一面能获得自然采光。窑洞即是我国传统的地下式山地建筑（见图 3-107）。在现代工程技术的支持下，地下式山地建筑不但可以采取自由的空间布局，还能获得良好的采光通风条件，通常用于特定用地环境中的山地建筑。

3.4.3.2 地表式

这是山地住宅中应用最广泛的接地形式。其主要特征在于建筑底面与山体表面直接发

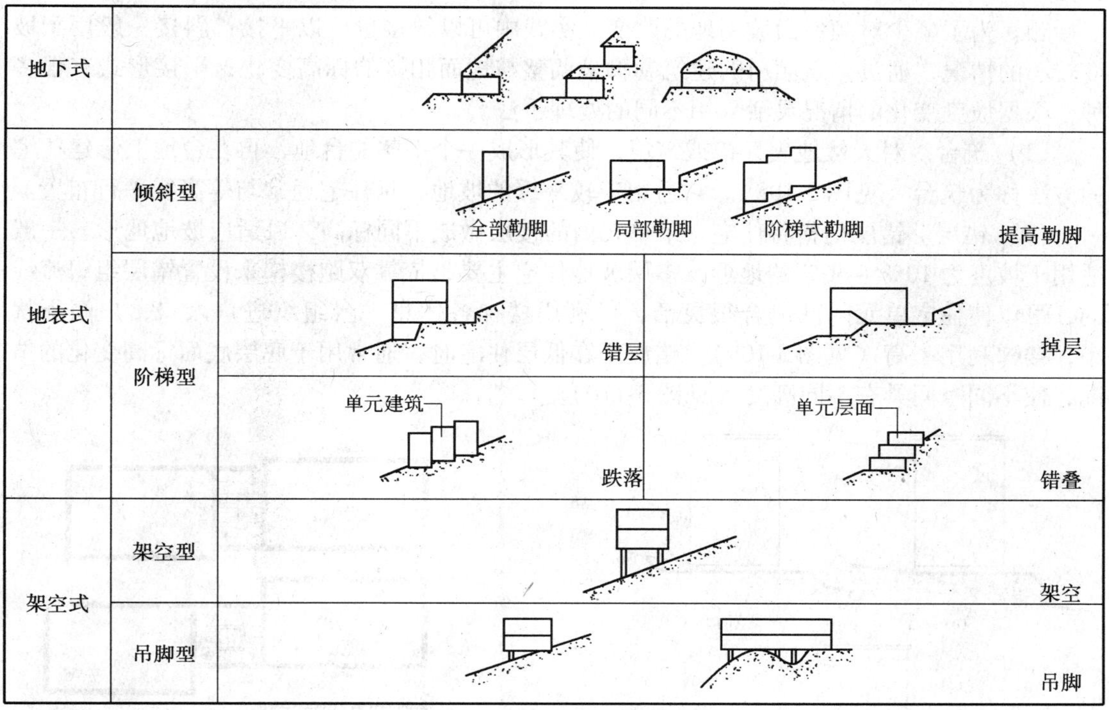

图 3-106 坡地建筑的接地形态

(a)

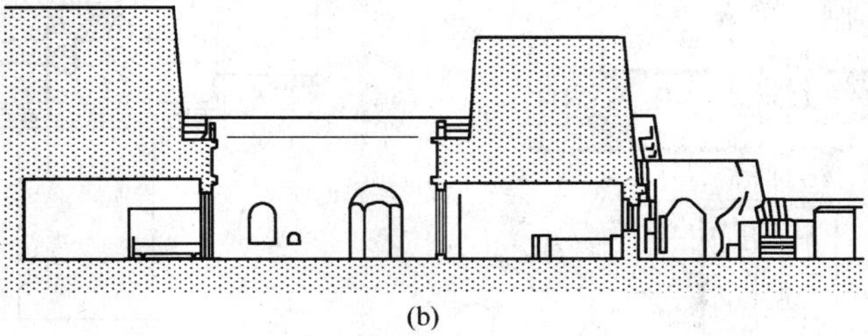

(b)

图 3-107 黄土高原的窑洞

（a）陇东地区的地下窑洞；（b）地下窑洞剖面

生接触。为了减少对倾斜山坡用地的改变，实践中可以斜接也可以平接：斜接一般用于坡度较小的情况，通过砌筑倾斜的建筑勒脚来调整与地面相接的标高变化；平接形式有很多种，根据坡度变化的情况灵活采用不同的处理手法。

（1）筑台。对天然地表开挖或筑填，使其形成一个平整的台地，再在台地上修建住宅的方法称为筑台（见图3-108）。它适用于较平缓的坡地，且住宅通常与等高线平行布置。

（2）错层。错层是指将住宅一个单元内的楼层做成不同标高，以适应坡地地形。一般适用于坡度为10%～30%的地形，多层坡地住宅主要是依靠双跑楼梯来设置错层组织流线的，可以使住宅单元内部组合很灵活，可利用楼梯各休息平台组织进户入口，户间干扰小，楼梯利用率高（见图3-109）。错层用在低层住宅时，通常用于底层底面标高变化的情况，使不同空间具有不同高度（见图3-110）。

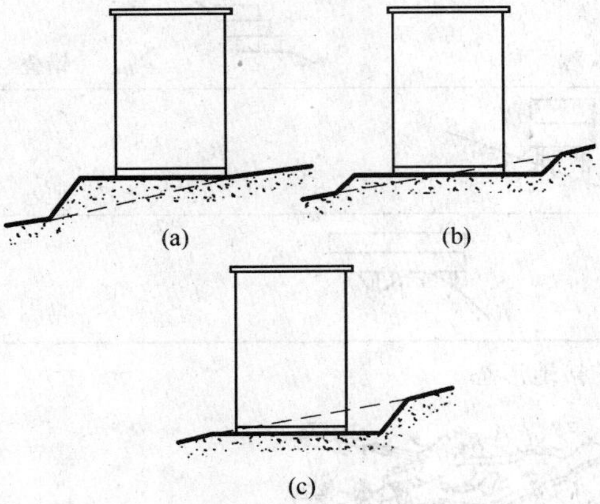

图3-108 筑台的几种情况

（a）全填；（b）半填半挖；（c）全挖

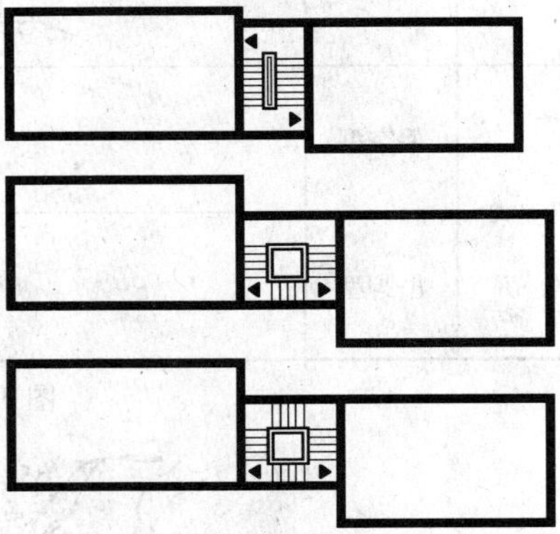

图3-109 利用楼梯间形成不同错层

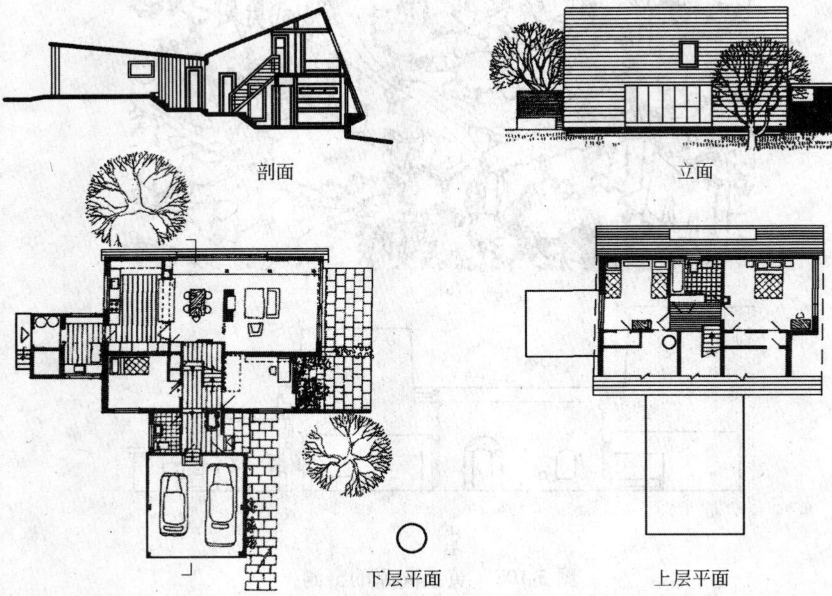

图3-110 低层错层住宅（英国勃克斯山地住宅）

（3）错叠（台阶式）。错叠是住宅单元在垂直方向进行组合的一种方式。建筑与等高线通常垂直或斜交，住宅的各层之间通常根据坡度逐层或隔层做水平方向的错动，形成踏步状的住宅外形，下层住宅的部分屋面可供上层住户做平台使用（见图3-111）。这种方式适应坡度较广，甚至对于坡度大于50°的急坡地形也可适应。但因上下错动，其平面及剖面关系比较复杂，设计时需注意上下层结构及设备管线的对应关系，厨房、厕所需要上下对位为宜。

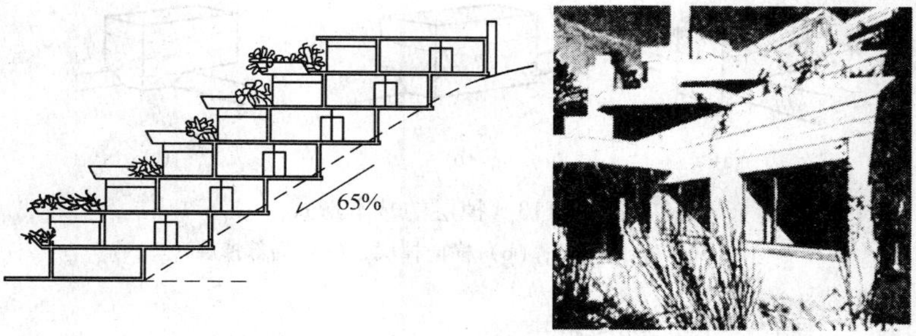

(a)

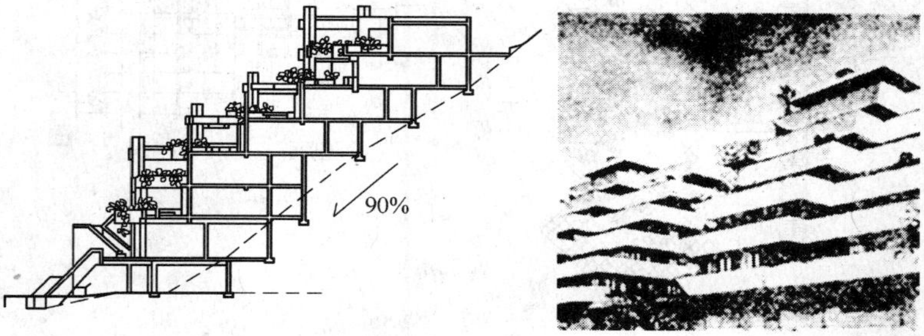

(b)

图3-111　错叠式住宅实例

（a）瑞士楚格的台阶式住宅；（b）瑞士利斯塔的台阶式住宅

（4）跌落。当住宅垂直或斜交于等高线时，各住宅单元在高度方向顺坡势错落成阶梯状，形成跌落（见图3-112）。由于以单元为单位进行跌落，单元内部不受影响，所以，可以根据地形需要决定和调整跌落的高度。一般宜选择总面宽比较小的单元更为灵活，还可减少土方量。各单元除高度外，仍可进行平面方向的错动，因此对地形适应能力较强，处理灵活方便，在坡地住宅中很常用。

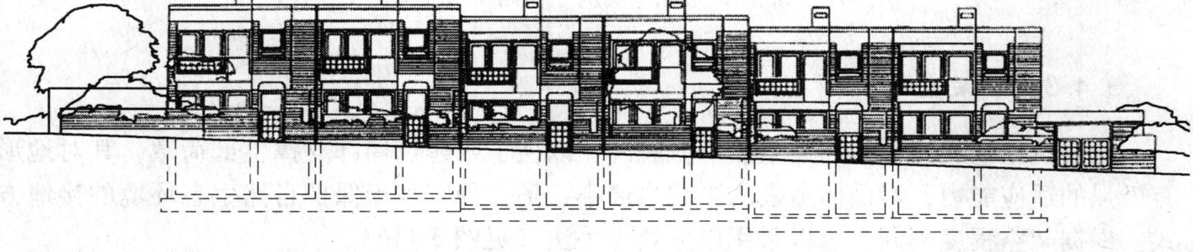

图3-112　跌落式住宅单元（德国某联排式住宅立面）

（5）掉层。根据地形的需要，将建筑基底做成阶梯状，在局部范围下设一层或数层，而上部各层的楼面处于同一标高（见图3-113）。这种方式一般适用于30%～60%的坡地。根据住宅布置方式，可以在横向和纵向两个方向掉层：横向掉层的住宅一般沿等高线布置，掉层部分只能一面开窗，室内采光、通风受到一定影响；纵向掉层建筑布置跨越等高线，其掉层部分可以是一个或数个单元，也可以是一个单元的部分住户做局部处理，布置方式类似于跌落。个别情况也可根据地形做局部跌落（见图3-114、图3-115）。

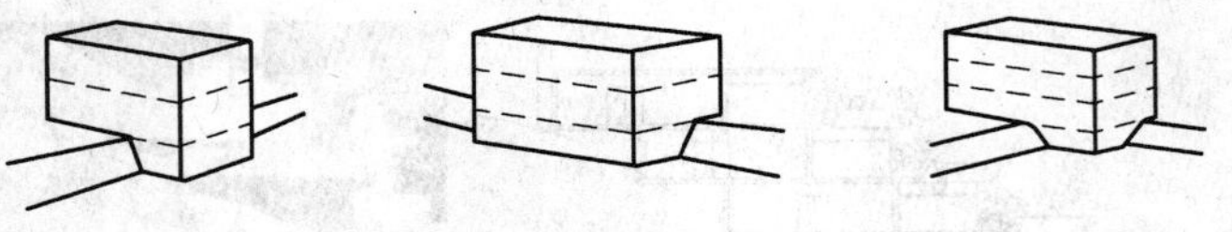

(a)　　　　(b)　　　　(c)

图3-113　掉层的基本形式

（a）纵向掉层；（b）横向掉层；（c）局部掉层

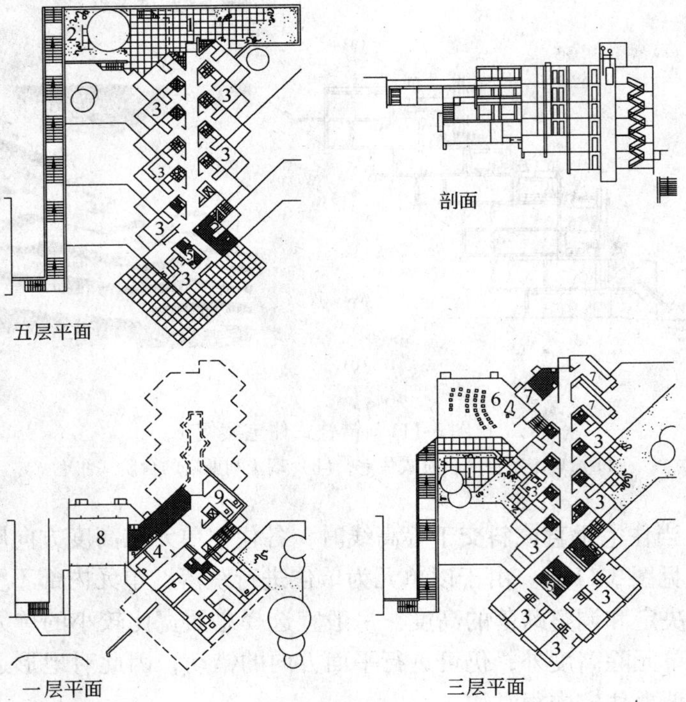

图3-114　纵向掉层住宅实例（德国斯图加特护士宿舍）

3.4.3.3　架空式

架空式住宅底层与地面完全或部分脱离，以柱子或建筑局部支撑上部荷载。其对地形有极强的适应能力，对山体地表的影响也最小，是一种有利于保护自然生态环境的接地方式。根据架空程度不同，可以采用以下处理手法（见图3-116）：

（1）架空。底层不直接接地，全部用柱子支撑，使建筑底部完全透空。我国传统的干

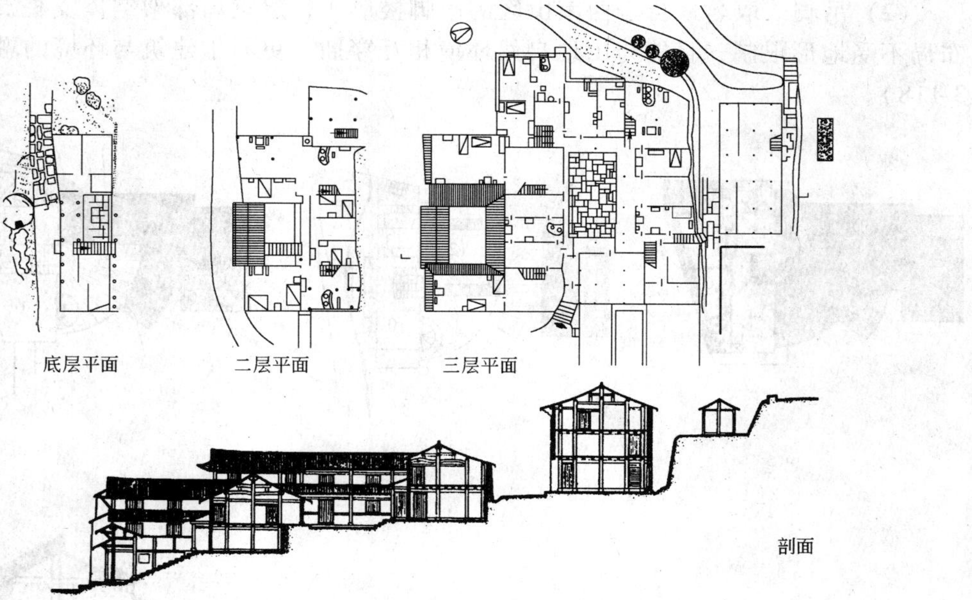

图 3-115 横向掉层住宅实例（浙江临海麻利岭陈宅）

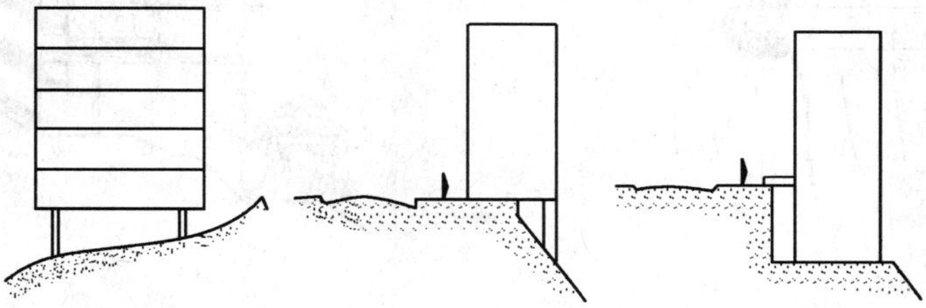

(a) (b) (c)

图 3-116 三种架空形式

（a）架空；（b）吊脚；（c）天桥

栏式民居就是这种典型形式，湿热地区可以防潮防蚊虫，在西南山区运用广泛。在现代建筑中常用于依山傍水的基地环境中（见图 3-117）。

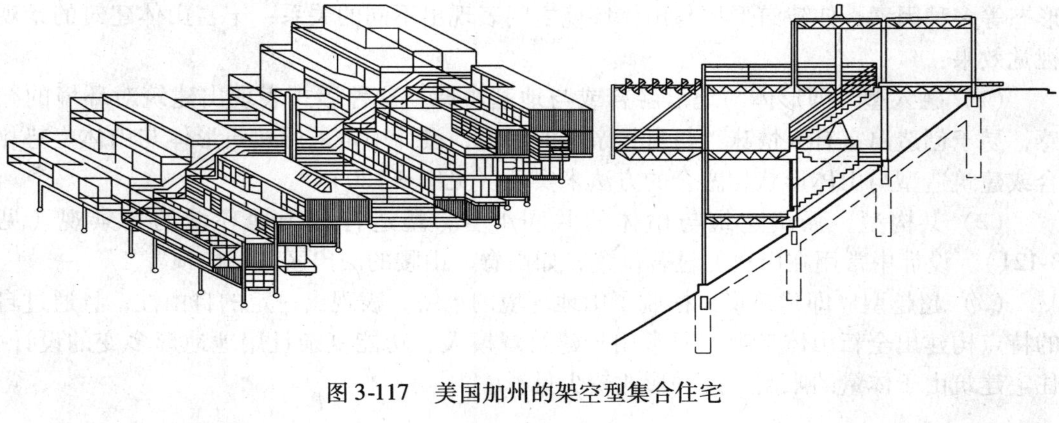

图 3-117 美国加州的架空型集合住宅

（2）吊脚。取名来自于西南山区的吊脚楼形式，建筑局部架空以支柱支撑。平面布局不受地形限制，且能与山地自然环境相互穿插，更易于建筑与环境的融合（见图3-118）。

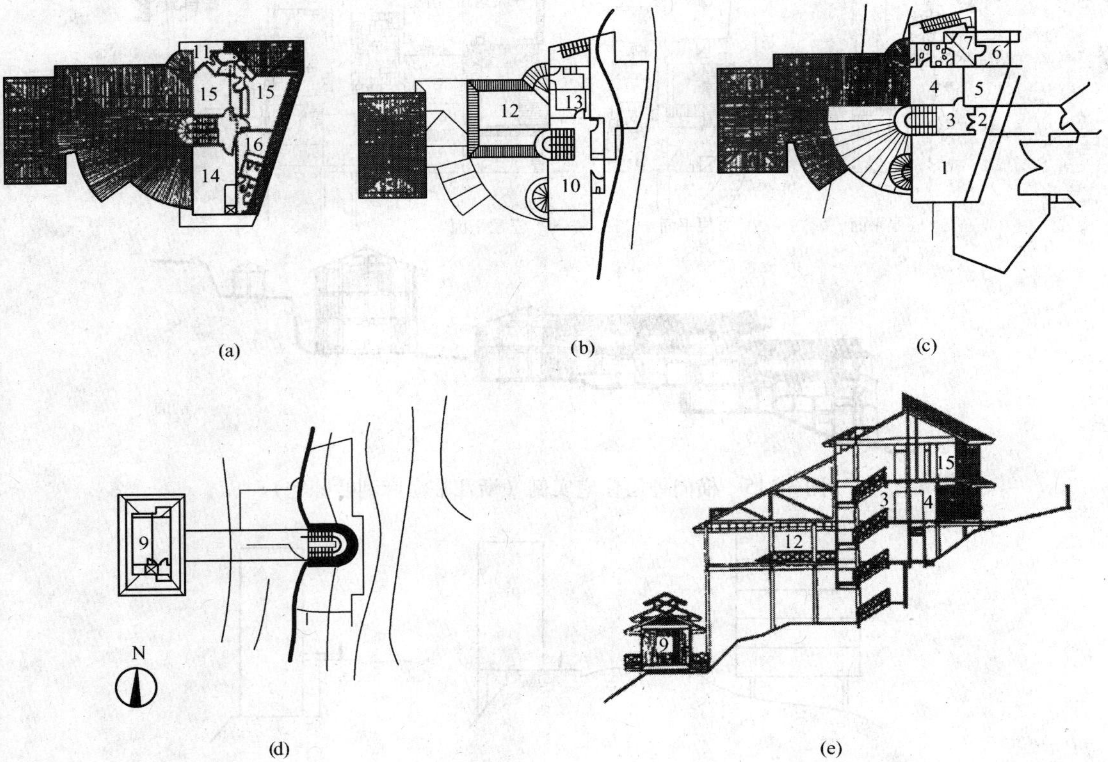

图3-118 吊脚型架空（吉隆坡“太平洋”住宅）

（3）天桥。它其实是处理建筑与道路关系的一种架空形式。建筑基地标高低于道路标高，从道路架天桥直接进入建筑的中间层（见图3-119）。由于住户分成上下两端，因而可以适当提高层数而不设电梯，有利于节约用地。

在实际运用中，坡地住宅单体设计应全面考虑地形地物、群体布置、建筑形体和空间形态等多种因素，使建筑形体与山体环境之间表现出不同的关系，丰富山体建筑的景观和视觉效果：

（1）融入型。即形体与地形融合或与地基协调。这种形式表现出建筑对环境的归属感，易于创造出富有人情味、与自然亲和的环境，设计中常采用建筑形体与山体走势相吻合或建筑造型与山体形状相融合的方法来实现（见图3-120）。

（2）共构型。强调建筑与山体的共同组合，塑造符合山地环境的新景观（见图3-121）。设计中常用在山地的显著位置，如山脊、山腰的凸出区域、山顶等。

（3）超越型。即建筑形体摆脱了山地环境的束缚，表现出一定的自由性，且通过自身的特点构建出全新山体景观。通常用于建筑规模大、功能复杂且用地地形多变的设计中，住宅建筑由于体量的限制，这种形式较少见。

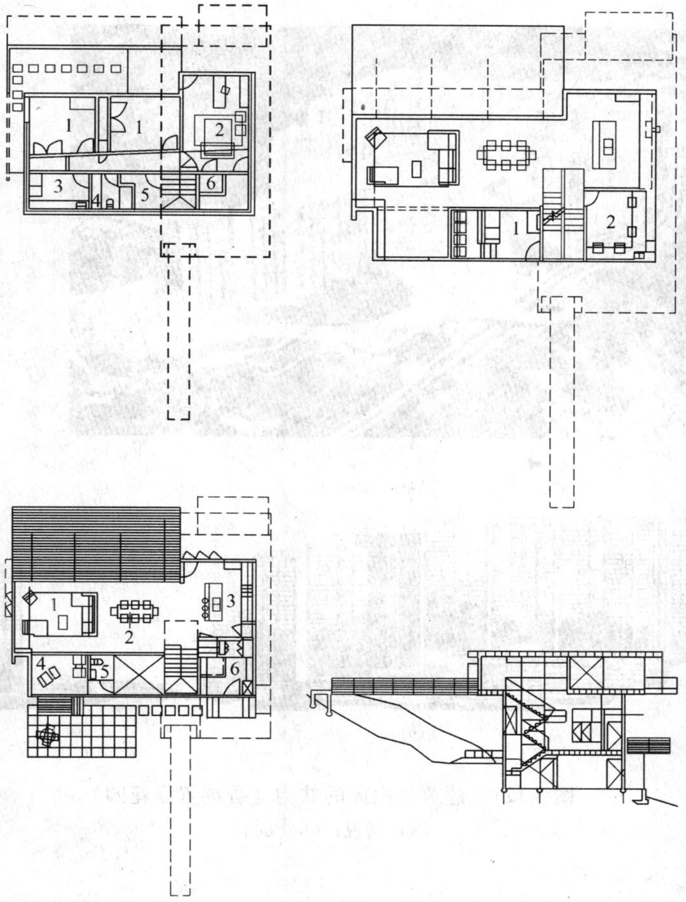

图 3-119　吊脚式（美国　迈尔·迫斯特 9 住宅）

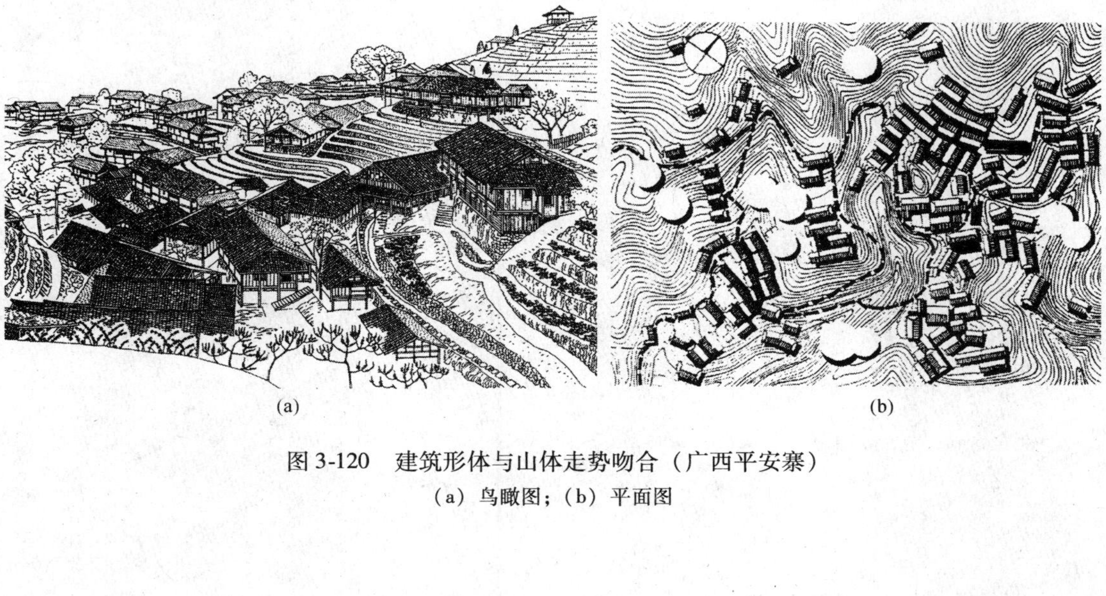

图 3-120　建筑形体与山体走势吻合（广西平安寨）
（a）鸟瞰图；（b）平面图

(a)

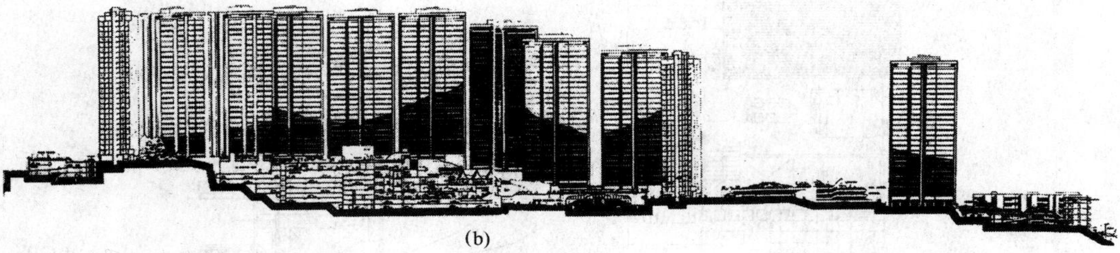

(b)

图 3-121 建筑与山体的共构（香港置富花园）
（a）透视；（b）剖面

4 适应社会不同需求的居住建筑设计

4.1 居住综合体设计

居住综合体建筑，顾名思义，是以居住建筑为主体并与其他城市多种功能有机结合的综合性建筑或建筑组群。其产生和发展的过程有着深厚的社会及历史背景。1933 年，《雅典宪章》提出以功能分区划分城市结构，将城市划分为居住、工作、交通和游憩四项基本功能，各分区之间以交通网联系，这种对城市功能分区的过分强调而带来的城市社会、环境问题，促使人们不断探索城市住区可持续发展的新途径。由于居住综合体功能形态的高度集中，符合了城市功能需要整合发展的新需求，并且有利于城市资源的高效集约化利用，可以较为明显地改善现代城市发展过程中由于片面强调功能分区而带来的种种弊端，在一定程度上解决了居住与现代生活紧密结合的问题。可以看到，居住综合体建筑是人们在回应建筑功能单一化所带来的负面效应下，重视人的社会性、重视城市生活的多元性、重视社会经济效益等多方面因素的思潮下产生的，体现了当代城市居住空间发展的新趋向，是现代城市发展的必然产物。

4.1.1 居住综合体的开发特点与功能构成

目前，在我国经济相对发达的主要城市，居住综合体建筑已形成了一定的发展规模。在一些经济新兴城市的中心地段，甚至出现了开发居住综合体的热潮，其功能构成也随着用地区位环境的不同而呈现多元化现象。

4.1.1.1 开发特点

居住综合体的开发特点如下：

（1）用地区位、规模要求高。项目用地区位大部分处于城市中心地段，区位交通便利，用地周边配套基础设施完善。但是，由于受城市中心区空间或原有路网结构的限制，用地规模一般较小、土地价格也普遍较高，导致对项目的建筑密度和容积率有较高的要求。

（2）功能多元性。居住综合体在内部功能组成上存在着复杂多元性，它往往兼容城市生活所必需的各项功能空间，集住宅、商业、旅馆、办公及餐饮娱乐等多种设施于一体，成为城市多功能综合的基本空间载体。

（3）交通流线组织较为复杂。由于居住综合体存在着功能多元性特征，其功能内部之间以及与周边场地环境之间的人流、物流、车流组织是较为复杂的。一般而言，住宅和商业、餐饮、办公的人流应该分开，要考虑不同的进出入口。同时，也必须考虑其他功能的物流人流频繁占用电梯、车位等公用设施，给居民生活带来的诸多不便。

（4）结构形式较为复杂。不同功能部分的空间形式、设备管线等有着不同要求，居住综合体的结构选型因而较为复杂。住宅的开间、进深一般较小，内部墙体较多，而商业、餐饮、办公等一般需要较大空间，内部分隔墙体较少。不同功能之间的空间尺寸存在一定的矛盾，为避免上层管道对下层空间的影响，经常需要设置设备转换（转换层）。这些都是结构选型时要考虑的问题。

4.1.1.2 功能构成

居住综合体的功能构成，与实施项目的用地区位环境密切相关，其主要功能一般包括：居住功能、服务功能和商业功能三大部分。

（1）居住功能。居住综合体的核心功能是居住，在众多功能中有着主导性的影响。同时，为适应城市社会不同群体的多元性居住需求，在设计开发时可采用不同类型的居住建筑。例如，对于城市永久定居者来说，需要的是各类适用的住宅建筑，其生活服务功能齐全；而城市客居者或短期留住者需要的是设施齐全、服务周到的高级公寓或酒店式服务公寓，其配套功能则会相对比较复杂。

（2）服务功能。居住综合体的服务功能主要包括餐饮、休闲娱乐、家政服务和教育培训设施等，目的是为既定的住户提供周到的生活服务项目。当然，服务项目的选择与地段的区位环境和住户的生活需求特性有关。服务功能具体有以下几种：

1）餐饮。餐饮服务一般以快餐店或各类小吃店的形式出现，若居住综合体规模较大时，可形成规模化的餐饮服务空间系统，如美食街、美食城等。

2）休闲娱乐。随着现代城市居民生活水平的提高和生活方式的改变，休闲娱乐已是一种比较普遍的现象，休闲的方式也呈现多样化，其内容主要有：KTV 歌舞、健身健美、美容美发、桑拿洗浴以及影视戏剧等。

3）家政服务。现代城市人的工作生活节奏加快，基本上已无时间顾及家庭的琐碎家务事，再加上社会分工的日益细化，因此，无论是城市定居者还是短期居住者，都需要为他们提供一些诸如洗衣、清洁卫生、家电维修、教育培训以及老人护理等基本生活服务。

4）教育培训。对于具有一定规模的居住区来说，要求配置相应规模的教育设施，如托儿所、幼儿园等。当居住综合体所处的位置不能利用地块周边的教育设施时，也应当设置相应规模的教育设施。另外，可针对入住对象的不同年龄层次，配套不同的教育培训机构。例如，居住综合体入住对象以年轻人为主时，可考虑拓展知识、进修深造的培训中心；当以老年人为主时，可考虑设置老年文化活动中心或老年大学等机构。

（3）商业功能。由于要考虑项目开发的经营效益，居住综合体常常处在人气最旺的城市中心地段，商业活动会十分频繁。其提供的商业功能一般有：购物商场、商务办公、会议展览以及金融电信等。结合城市规划和地段城市设计的要求，商业功能的配置应综合考虑基地与周边地段的功能关系。

4.1.2 居住综合体基地选择与目标定位

由于居住综合体比一般的居住建筑功能要复杂得多，而且开发时需要考虑的因素也很多，所以，居住综合体设计时要更多地关注其所选基地的城市空间整体发展需求，使其成为城市住区环境可持续发展的积极推动力。一般来说，居住综合体的基地选择按城市空间层次结构可以分为四类：城市中心区、城市次级中心区、城市街区和城市地块。相应地，对居住综合体的功能组成和规模也有目标定位要求。

（1）城市中心区。处于城市中心区的居住综合体建筑，一般按城市中心区的总体规划要求配置相应的功能。其居住功能目标通常是为客居住户提供适用的高级公寓或商务公寓；综合配套服务功能不仅需要配置完善的生活服务设施，而且应根据城市设计的要求提供大型的综合性商业活动设施。

（2）城市次级中心区。处于城市次级中心区的居住综合体建筑，应参照城市次级中心区的规划设计要求配置相应的功能。其居住功能一般有住宅、公寓以及其他居住建筑类型，以供定居住户或客居住户各自选择。其配套的公共设施不仅应具有完善的生活服务功能，而且还应提供适宜的商业活动设施。

（3）城市街区。处于城市街区的居住综合体建筑，应以城市街区的空间规模配置相应的功能。其居住功能主要是住宅建筑，满足一般城市居民的居住需求，有时可适量配置公寓建筑。配套的公共服务设施以生活服务内容为主，以满足本街区居民的基本生活需求，着力为住户创造舒适、安全、人性化的居住环境。

（4）城市地块。处于城市地块的居住综合体，由于服务范围局限于建筑用地地块及相邻地块的居民，因此其居住及配套功能相对简单，规模也会缩小。其居住功能主要是住宅建筑或公寓建筑类型。

4.1.3 居住综合体空间组合方式与设计要点

4.1.3.1 居住综合体建筑空间组合方式

居住综合体的建筑空间主要由居住建筑空间和公共设施空间（公共设施空间包含服务空间和商业空间）两大部分组成，前者是主体部分，后者是附属部分。研究居住综合体空间的组合方式，就是研究如何处理这两大部分空间的主从关系。一般来说，居住综合体的建筑空间组合有以下几种方式。

A 垂直式组合

所谓垂直式组合是指居住空间和公共设施空间在垂直方向上采取划分功能区段的空间组合方式。在底层采用附建裙房的方式布置商业服务空间，向上楼层用作公寓和住宅设施空间（见图4-1）。随着楼层高度的增加，建筑空间的开放性程度依次降低。根据建筑基地条件和商业服务空间的规模，裙房商业服务空间和主体居住空间也有多种组合方式，见表4-1。

表4-1 裙房商业服务空间和主体居住空间垂直组合关系

内容	图示				
剖面	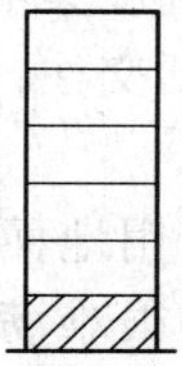	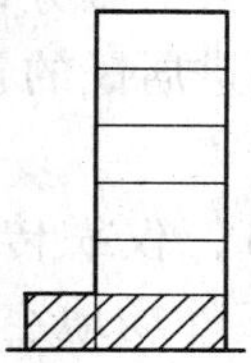	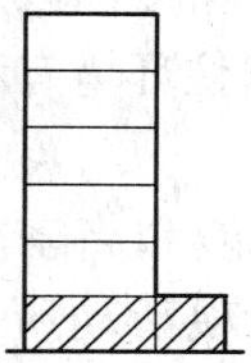	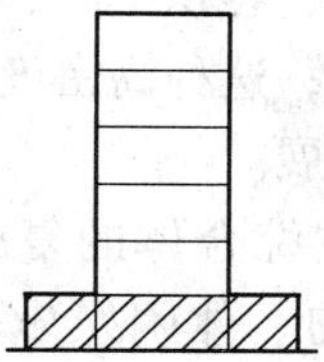	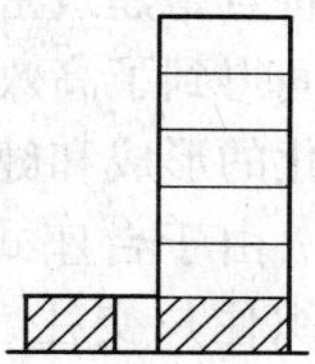

续表 4-1

内容	图　示				
平面	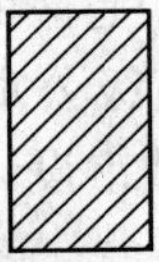	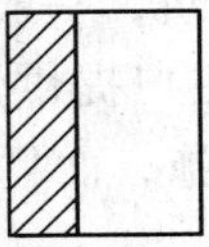	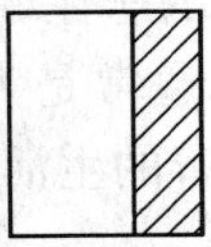	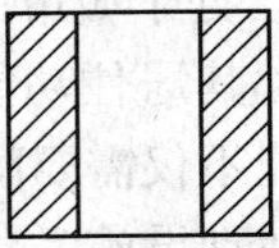	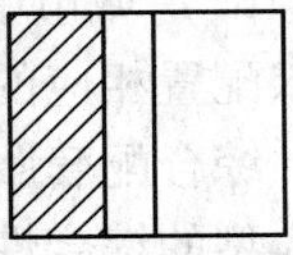
组合特点	商业服务空间与居住空间在同一平面内	商业服务空间在底层向前部扩建	商业服务空间在底部向后部扩建	商业服务空间在底层向前后两侧扩建	部分商业服务空间在底层适当分离

注：斜线部分为商业服务空间。

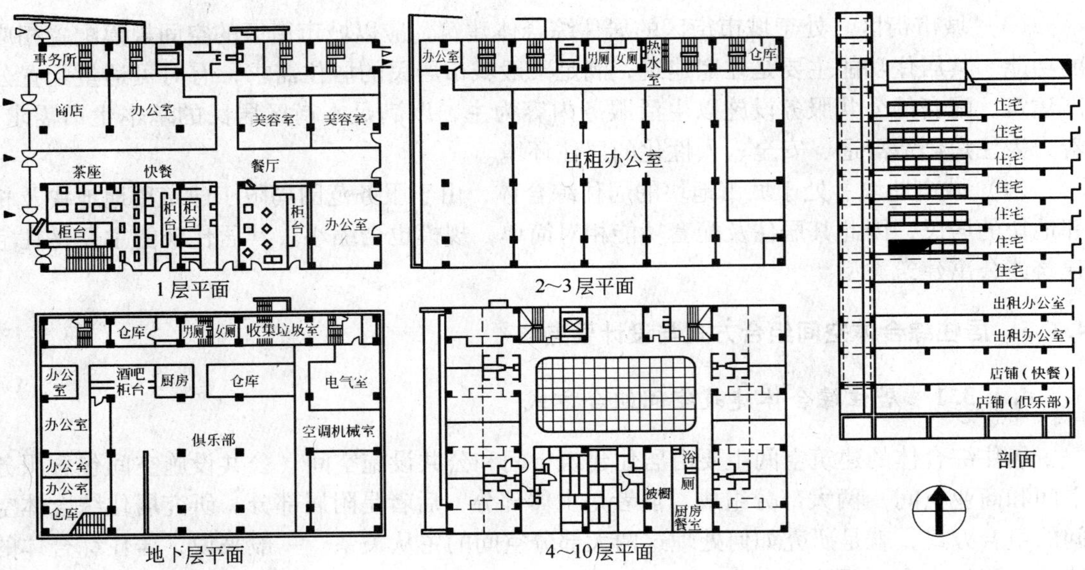

图 4-1　垂直式组合（日本西大久保城镇中心）

垂直式组合就是将各种城市功能在同一楼栋空间内解决，整个楼栋犹如一座微型城市。在城市中心区的更新改造时，这种居住综合体建筑有利于整合城市各项资源，也有利于提高城市的现代化水平和塑造丰富的地域建筑形象。

B　台座式组合

所谓台座式组合，就是在底部相互连续成片的公共服务设施空间上布置组群式居住建筑的布局方式，两者结合而成的居住综合体形成了台座状裙楼的建筑形态（见图 4-2）。它的特点是建筑密度高、容积率高、人口密度高以及城市公共服务设施的高度集中，使城市空间得到了高效利用；这种高密度的居住环境有利于增进居民的日常生活交往，促进社区文化的形成和健康发展。

由于台座式居住综合体的复杂功能和高密度人口，仅靠传统的利用地面空间方式组织住户交往、购物、休闲娱乐等各项活动所需的室外场地空间，是很难满足正常需求的，所以，居住综合体的裙楼屋面通常被设计成为上部居住建筑组群中住户的室外绿地和公共活动空间，有时居住楼栋与裙房屋顶间也设置架空层，作为户外活动场地（见图4-3）。

图4-2 台座式组合居住综合体

图4-3 某综合体裙房屋面活动场地

C 街区式组合

城市街区是由城市路网围合而成的，街区式组合是指区内商业服务建筑沿街布置，形成围合性的居住街区空间形态。街区外围建筑空间与城市功能空间融合，街区内部建筑空间多用于相对安静私密环境的住宅、公寓等居住建筑设施。这种街区式组合形成细密的城市路网，既与城市空间肌理相融，又为城市提供了适合于开展多种城市活动的街道空间。街区式居住综合体在空间上有两种组合方式：一是其商业服务空间采用相互连接的空间形态参与街区整体空间组合（见图4-4、图4-5）；二是商业服务建筑采用巷坊式空间结构，各自独立参与街区空间的组合，形成多功能建筑的混合布局（见图4-6）。街区式组合在空间形态上兼有开放与封闭的特点，适用于高密度的城市更新与新城开发。

图 4-4 街区式空间组合 1

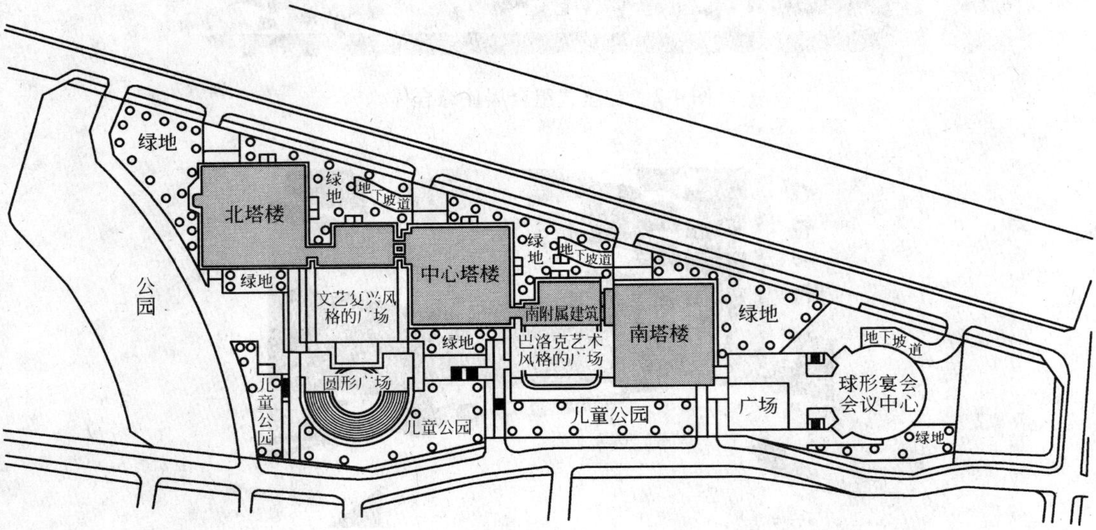

图 4-5 街区式空间组合 2（东京某公寓建筑群）

4.1.3.2 居住综合体空间组合设计要点

A 外部交通组织

一般所指的外部交通组织是指人们从建筑基地外围能方便地到达该基地建筑空间，并在建筑基地总平面内合理安排建筑与城市交通设施，如城市道路、广场、地下通道及相邻的交通站点等之间的连接关系。外部交通组织需使各种流线相互分流，避免过度的干扰，主要包括：人、车分流，客、货分流，到达不同目的地的流线分流这三类。一般而言，居住综合体建筑的规模和功能构成决定了它对外交通量和交通方式，是影响其外部交通组织的直接因素；居住综合体主要以居住功能为主，其外部交通组织要注重居住氛围的营造，保证其余各功能的人流、物流不影响居住所要求的私密性与安全性。居住综合体的外部交通组织形式可分为平面分流型和多层次立体分流型两种。

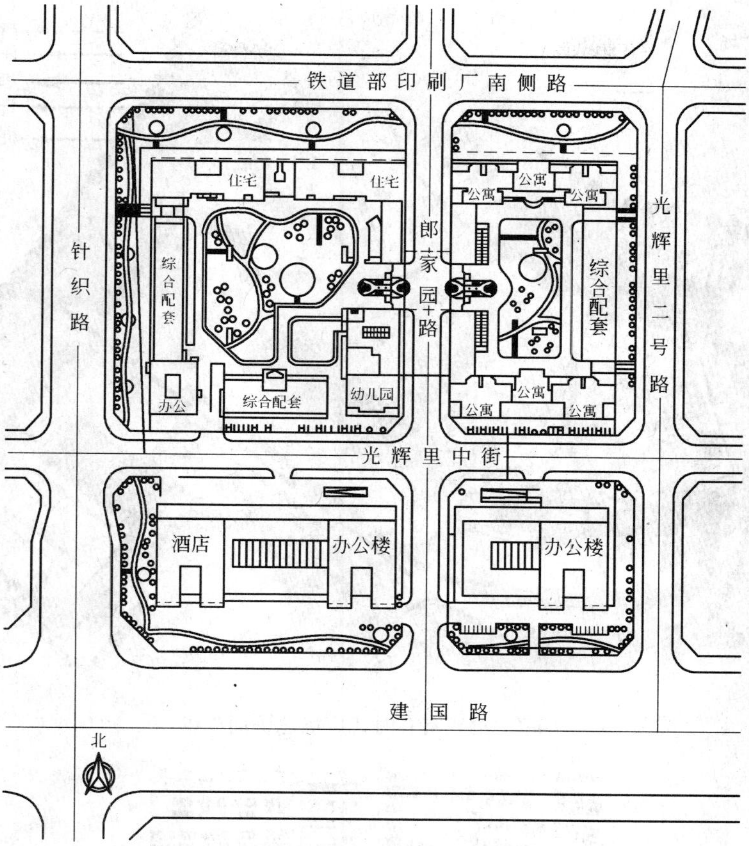

图4-6 街区式空间组合3（北京万达广场）

（1）平面分流型。平面分流型是常用的一种外部交通组织方式，其特点是使主要人流分别从周围道路、广场的两个以上的方向进入基地，结合不同功能的入口区来设置相应的人行、车行路线及集散空地，并尽量使人车分流（见图4-7）。这种分流形式具有减少人车混杂频率，快速疏散，创造良好的外部空间环境的优点，一般适用于功能及空间不是特别复杂的综合体。

（2）立体分流型。立体分流型主要指基地内设有多层次立体设施进行交通组织。将立体分流和平面分流组织在一起，几乎可避免不同目的的交通流线之间及人车之间的相互交叉干扰，有效地提高交通效率（见图4-8）。

B 建筑内部交通组织

内部交通组织决定了建筑的使用效率与安全性，对于居住建筑而言，进入内部后，需保障居住的私密性与安全性。一般的流线是从道路、广场、商场等外部空间到达较私密的区域——空中庭院（其相当于外部与内部之间的转换平台），然后再进入每一栋住宅楼，最后到达每一户的家庭户内空间。为了在开放的理念下保证居住的安全性，一般需要在单元门处采取门禁的管理形式，并设有可视对讲等辅助监控手段；在香港的一些楼盘内，除

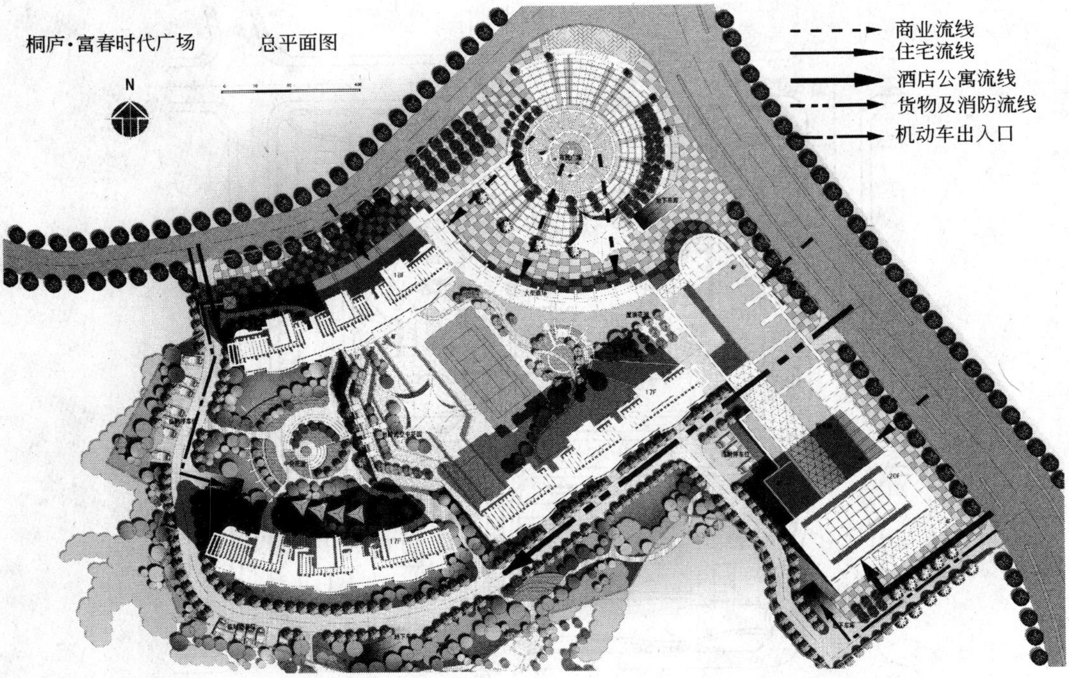

图 4-7 桐庐富春时代广场总平面流线

图 4-8 立体分流型交通组织

了门禁，还在每栋楼的门厅内设有管理人员，并在“空中院落”这种半开放区域设置流动保安岗。相对而言，内部交通组织较为简单，进入单独的门厅后，由垂直的交通设施——电梯、楼梯等到达每一层、每一户；而对于在一幢楼中既有办公，又有居住的综合体，可通过不同的门厅入口、不同的电梯设置来解决不同人流之间的交叉。随着人们居住理念的不断更新，以及对居住环境要求的不断提升，一些住宅建筑在单体高层的内部设置共享空间或空中花园，以创造人性化的居住场所（见图4-9、图4-10）。

图4-9 日本东云集合住宅空中花园

图4-10 杭州滨江某酒店式公寓

C 结构体系与平面柱网

针对居住综合体较为复杂的功能构成并有效利用建筑空间，简化结构体系和方便施工建造，居住综合体设计时应选择适宜的结构体系，统一协调平面柱网的布置。

当上部居住建筑采用墙体承重结构，底层为商业服务空间时，为满足商业服务空间需要开敞和便于灵活分隔的要求，底层多采用框架结构，以承托上部建筑的荷载。当抗震需要时还可局部增设剪力墙。底层框架的平面柱网应与上部建筑空间的分隔相协调，其柱网开间尺寸一般可采用6.6～8.4m，即相当于上部建筑两个开间的尺寸。

当居住综合体为高层建筑时，上部居住建筑结构宜采用框架、框架剪力墙或框架核心筒等占用建筑空间较少的结构体系，不宜采用有碍下部商业服务建筑空间使用的剪力墙结构或过多设置剪力墙的框架剪力墙体系。高层建筑的地下室多半设置地下车库，因此，上部框架结构的平面柱网尺寸还应兼顾地下车库的车位合理布置，以及结构设计的经济合理性。高层居住综合体建筑平面柱网尺寸，一般宜以柱间能并列停放三辆小轿车的需要来确定，并考虑建筑高度对柱身结构尺寸的影响，柱网平面尺寸以8.4～9.0m最为适宜。

D 配置设备管网系统

居住综合体建筑空间组合普遍采用“上居下商”的方式，使建筑设备管网系统的组织产生了复杂的空间配置问题。因为居住建筑中每套住房皆设有厨房、卫生间等水、电、燃气等多种设备管线的房间，为避免上部设备管线对下部商用建筑的使用产生不利的影响，一般皆宜在使用功能变换的楼层间设置管线布置转换空间，或称设备层（见图4-11）。设

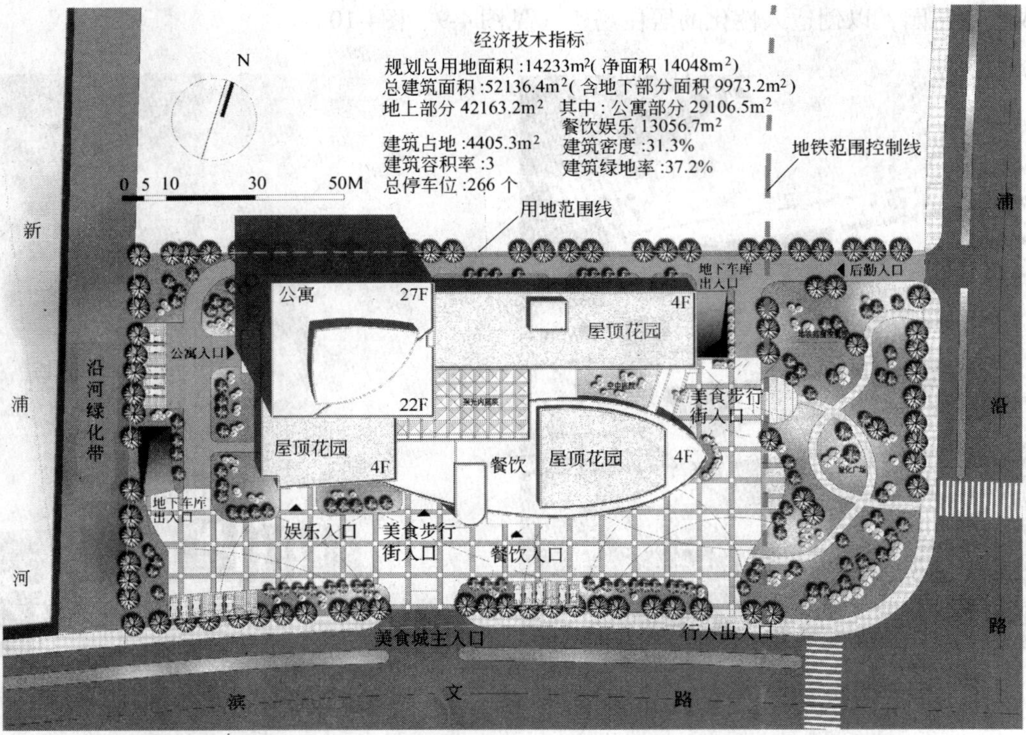

总平面图

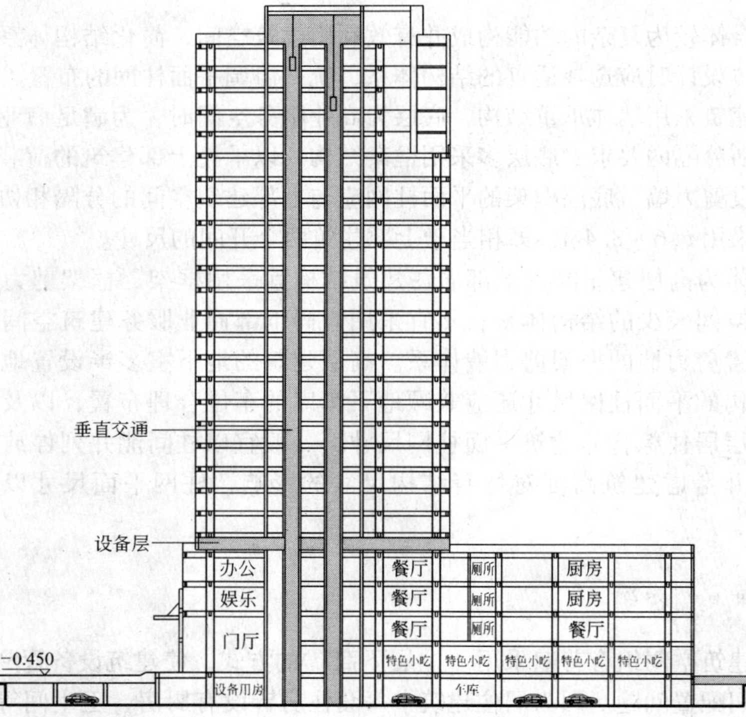

剖面图

图 4-11　杭州滨江某酒店式公寓

备层宜设置在建筑功能竖向划分的区段分界处，也可利用层高较大楼层的吊顶空间，由横向设备层与竖向管道井结合，构成完整的设备管线空间系统。

4.2 老年住宅设计

按照我国通用标准，年满60周岁及以上的人都称为老年人。为适应我国人口年龄结构老龄化趋势，老年人居住建筑在符合使用、安全、卫生、经济和环保等要求的同时，更应该关注老年人在生理和心理两方面的特殊居住需求。

《老年人建筑设计规范》（JGJ—1999）规定：老年人居住建筑是指老年人长期生活的包括经济供养、生活照料和精神慰藉三个基本内容的居住场所，包括老年住宅、老年公寓、干休所、老人院（养老院）和托老所，也包括普通住宅中老年人居住或使用的部分。规范同时将老年人区分为三种状态，即自理老人、介助老人和介护老人。自理老人是指生活行为完全自理，不依赖他人帮助的老年人；介助老人是指生活行为依赖扶手、拐杖、轮椅和升降设施等帮助的老年人；介护老人是指生活行为依赖他人护理的老年人。因此，老年居住建筑设计在保证老年人使用方便的前提下，应体现出对老年人健康状况和自理能力的适应性，并具有逐步提高老年人居住质量及护理水平的前瞻性。

4.2.1 老年住宅基地选择与场地规划

老年住宅的基地选择应既有益于老年人的健康，又能方便老年人日常生活和参与社会活动。有关老年住宅的选址与场地规划可参考表4-2中的要求。

表4-2 老年住宅基地选择与场地规划

内容		设计要求
选址与场地规划	选址	（1）中小型老年居住建筑基地选址宜与居住区配套设置，且位于交通方便、基础设施完善、临近医疗机构的地段；大型、特大型老年居住建筑可独立建设并配套相应设施； （2）基地宜选择在地质稳定、场地开阔、洁净安静、日照充足且有一定发展余地的地段，基地内不宜有过大、过于复杂的高差； （3）选址应综合考虑使用商店、邮局、银行和公共交通站点等城市公共设施的便利，以利于老年人能更多地接触和参与社会生活
	场地规划	（1）基地内建筑密度，市区不宜大于30%，郊区不宜大于20%； （2）大型、特大型老年居住建筑基地用地规模应具有远期发展余地，基地容积率宜控制在0.5以下； （3）大型、特大型老年居住建筑规划结构应完整，功能分区明确，安全疏散出口不应小于2个；出入口、道路和各类室外场地的布置，应符合老年人活动特点，有条件时，宜临近儿童或青少年活动场所； （4）老年居住建筑应布置在采光通风良好的地段，应保证主要居室有良好朝向，冬至日满窗日照不宜小于2h
	场地设施	（1）应为老年人提供适当规模的绿地及休闲场地，并宜留有供老年人种植劳作的场地；场地布局宜动静分区，供老年人散步和休憩的场地宜设置健身器材、花架、座椅、阅报栏等设施，并避免烈日暴晒和寒风侵袭； （2）距活动场地半径100m内应有便于老年人使用的公共厕所； （3）供老年人观赏的水面不宜太深，深度超过0.6m时应设防护措施
	停车场	（1）专供老年人使用的停车位应相对固定，并应靠近建筑物和活动场所入口处； （2）与老年人活动相关的各建筑物附近应设供轮椅使用者专用的停车位，其宽度不应小于3.5m，并应与人行通道衔接； （3）轮椅使用者使用的停车位应设置在靠停车场出入口最近的位置上，并应设置通用标志

续表 4-2

内　容		设计要求
道路交通	道路系统	（1）道路系统应简洁通畅，具有明确的方向感和可识别性，避免人车混行；道路应设明显的交通标志及夜间照明设施，在台阶处宜设置双向照明并设扶手； （2）道路设计应保证救护车能就近停靠在住栋的出入口
	步行路	（1）老年人使用的步行道路应做成无障碍通道系统，道路的有效宽度不应小于 0.9m；坡度不宜大于 2.5%；当大于 2.5% 时，变坡点应予以提示，并宜在坡度较大处设扶手； （2）步行道路路面应选用平整、防滑、色彩鲜明的铺装材料
室外台阶、踏步和坡道	台阶和踏步	（1）台阶的踏步宽度不宜小于 0.3m，踏步高度不宜大于 0.15m，台阶的有效宽度不应小于 0.90m，并宜在两侧设置连续的扶手； （2）台阶宽度在 3m 以上时，应在中间加设扶手，台阶转换处应设明显标志
	坡道	（1）步行道路有高差处、入口与室外地面有高差处应设坡道；室外坡道的坡度不应小于 1/12，每上升 0.75m 或长度超过 9m 时应设平台，平台的深度不应小于 1.5m 并应设连续扶手； （2）独立设置的坡道的有效宽度不应小于 1.50m，坡道和台阶并用时，坡道的有效宽度不应小于 0.90m，坡道的起点应有不小于 1.50m×1.50m 的轮椅回转面积； （3）坡道两侧至建筑物主要出入口宜安装连续的扶手，坡道两侧应设防护栏或护墙
	扶手与铺装	（1）扶手高度应为 0.90m，设置双层扶手时下层扶手高度宜为 0.65m，坡道起止点的扶手端部宜水平延伸 0.30m 以上； （2）台阶、踏步和坡道应采用防滑、平整的铺装材料，不应出现积水

4.2.2　老年住宅使用面积标准与居住空间设计

4.2.2.1　使用面积标准

在《老年人居住建筑设计标准》（GB/T 50340—2003）中，对老年住宅最低使用面积要求作了相应规定，此规定是对照《住宅设计规范》（GB 50096—1999）规定的一类和二类住宅的标准，并考虑老年护理工作及使用轮椅的空间需要而制定的。具体的使用面积标准可参考表 4-3、表 4-4。

表 4-3　老年住宅最低使用面积标准

序　号	空间组合形式	老年人住宅	老年人公寓
1	单室套型（起居、卧室合用）	$25m^2$	$22m^2$
2	一室一厅套型	$35m^2$	$33m^2$
3	二室一厅套型	$45m^2$	$43m^2$

表 4-4　老年住宅各功能空间最低使用面积标准

<table>
<tr><th>序　号</th><th>房间名称</th><th>老年人住宅</th><th>老年人公寓</th></tr>
<tr><td>1</td><td>起居室</td><td colspan="2">$12m^2$</td></tr>
<tr><td>2</td><td>卧　室</td><td colspan="2">$12m^2$（双人），$10m^2$（单人）</td></tr>
<tr><td>3</td><td>厨　房</td><td>$4.5m^2$</td><td>—</td></tr>
<tr><td>4</td><td>卫生间</td><td colspan="2">$4m^2$</td></tr>
<tr><td>5</td><td>储藏室</td><td colspan="2">$1m^2$</td></tr>
</table>

4.2.2.2 居住功能空间设计

老年人大部分时间是需要在自己的房间里度过的，因此设计人员在居住空间布局设计时，应非常细致地考虑老年人在生理和心理上的特点，并作出相应的精心安排，一般来说，老年人住宅套型或居室宜设置在建筑物出入口层或电梯停靠层；老年人居室或主要活动房间应有良好朝向、自然采光和通风，室外宜有开阔的视野和优美的环境景观。

A 居室空间设计

居室空间的大小应满足布置基本家具（床、书桌、书架、衣柜）、壁柜、卫生间、盥洗室和必要的交通空间的需要，同时还需满足轮椅使用者对交通空间的特殊要求，一般应符合表4-5的规定。

表4-5 老年人住宅居室空间设计要求

序号	房间名称	最低使用面积标准	规范要求	房间布置
1	卧室	$12m^2$（双人） $10m^2$（单人）	（1）老年人卧室短边净尺寸不宜小于2.50m，轮椅使用者的卧室短边净尺寸不宜小于3.20m； （2）主卧室宜留有护理空间； （3）卧室宜采用推拉门；采用平开门时，应采用杆式门把手；宜选用内外均可开启的锁具	双人卧室见图4-12；单人卧室见图4-13
2	起居室	$12m^2$	（1）起居室短边净尺寸不宜小于3m； （2）起居室与厨房、餐厅连接时，不应有高差； （3）起居室应有直接采光、自然通风	见图4-14

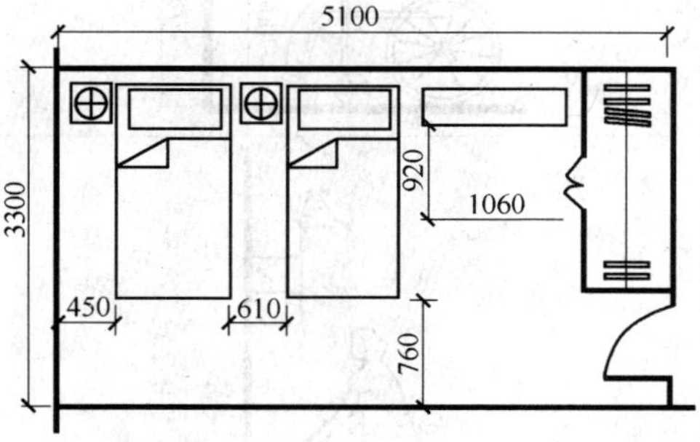

图4-12 双人卧室

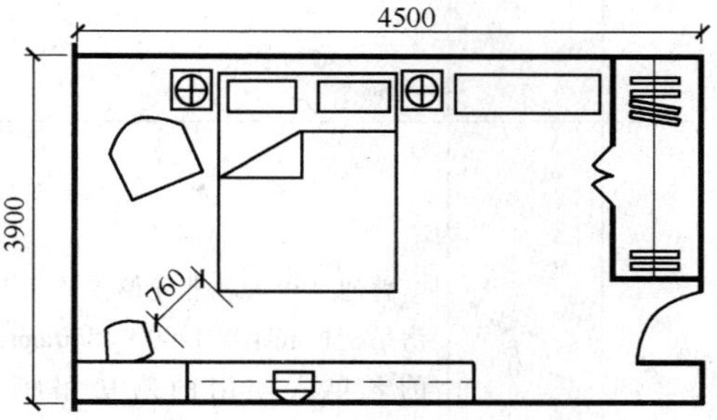

图4-13 单人卧室

B 厨房空间设计

厨房空间中操作项目繁杂，危险因素也随之增多，为避免使用功能的相互干扰，确保操作使用安全，老年人专用的厨房设计一般应符合表4-6、表4-7、图4-15的要求。

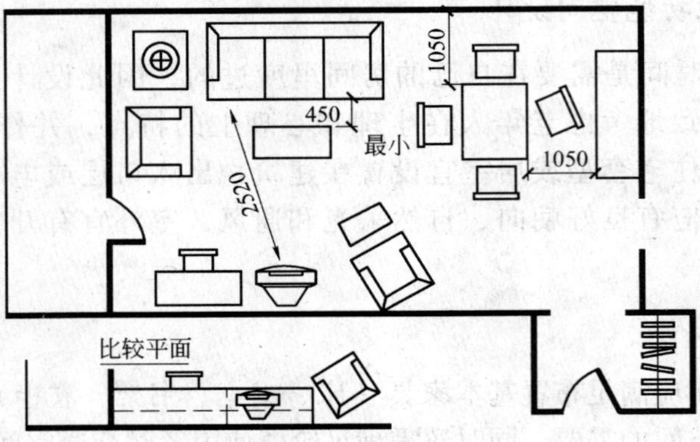

图 4-14 起居室

表 4-6 老年人住宅的厨房面积与尺寸要求

序 号	使 用 者	最 小 面 积
1	普通老年人（非轮椅乘坐者）	老年人使用的厨房面积不应小于 $4.5m^2$
2	乘坐轮椅的老年人	供轮椅使用者使用的厨房，面积不应小于 $6m^2$，轮椅回转面积不宜小于 $1.5\times1.5m^2$

表 4-7 老年人住宅的厨房设施要求

序号	名 称	规 范 要 求	图 示 说 明
1	操作台	供轮椅使用者使用的台面高度不宜高于 750mm，台下净高不宜小于 700mm、深度不宜小于 250mm	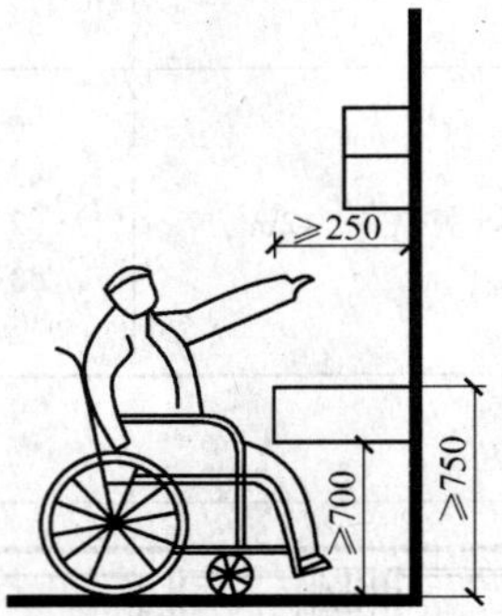
2	吊柜	普通老年人（非轮椅乘坐者）使用的厨房吊柜柜底距地 1400~1500mm，乘坐轮椅的老年人使用的厨房吊柜柜底距地 1200mm，吊柜深度应比案台退进 250mm	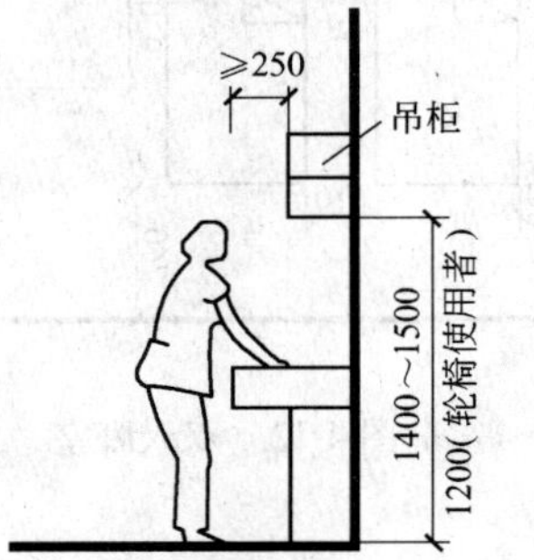
3	灶具	应选用安全型灶具、安装熄火后能自动关闭燃气系统的安全装置，并应设置火灾自动报警系统	

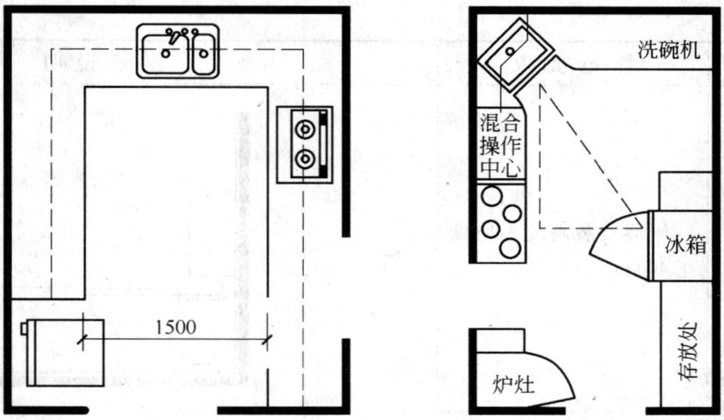

(a) (b)

图 4-15 老年人住宅厨房的布置

C 卫生间设计

由于老年人生理发生退行性变化，日常使用卫生间的次数会较一般成年人频繁，所以老年人住宅卫生间的设计有一定的特殊性，具体应符合表 4-8 的要求。

表 4-8 老年人住宅卫生间布置要求

序号	名 称	规 范 要 求	图 示 说 明
1	位 置	卫生间与老年人卧室宜紧邻布置，以方便使用	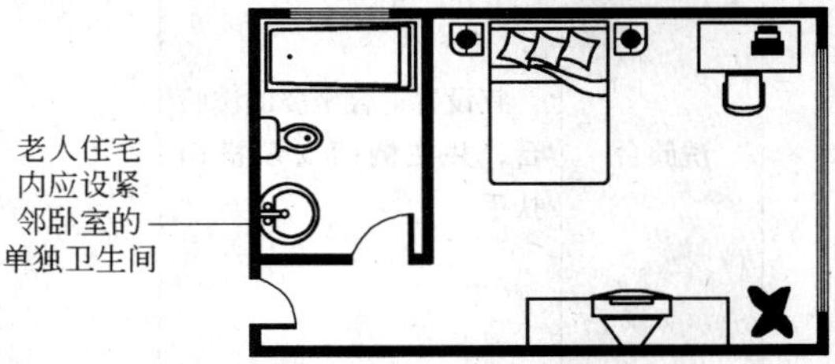
2	入口门扇	卫生间门口净宽尺寸应不小于 800mm，以方便轮椅通行；卫生间门应采用推拉门或外开门，并设透光窗及从外部可开启的装置	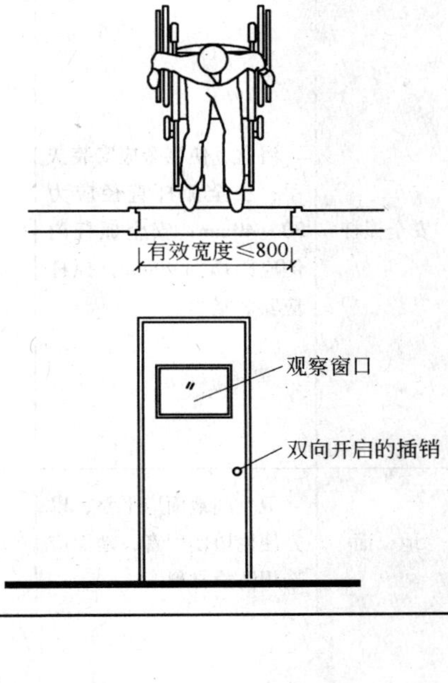

续表 4-8

序号	名 称	规 范 要 求	图 示 说 明
3	便 器	便器安装高度不应低于400mm	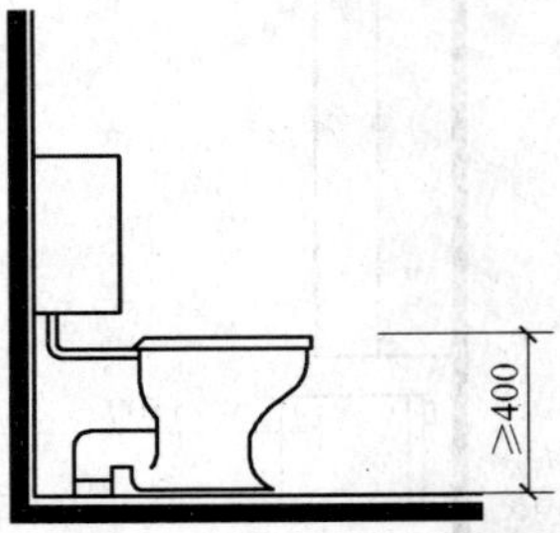
4	浴 盆	浴盆外缘距地高度宜小于450mm，浴盆一端宜设坐台	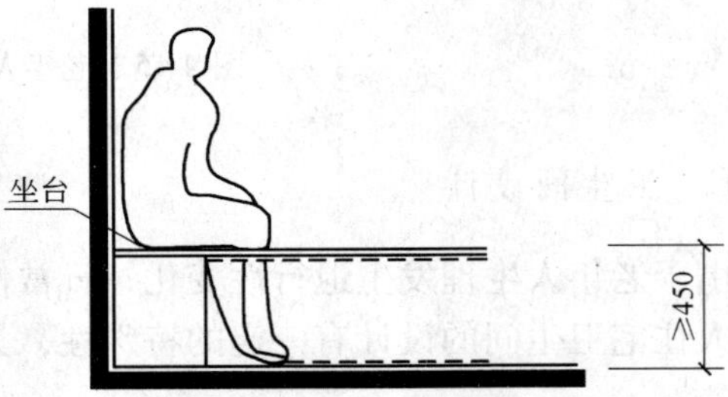
5	洗脸台	宜设置适合坐姿的洗脸台，并在侧面安装横向扶手	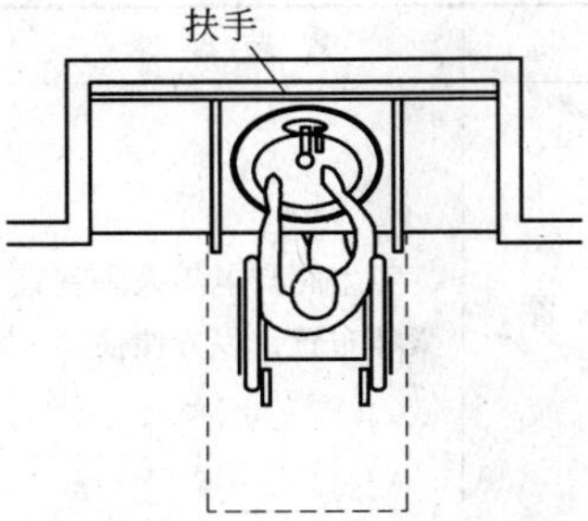
6	安全抓杆	浴盆、便器旁应安装扶手；安全抓杆直径应为30～40mm；安全抓杆内侧应距墙面40mm；抓杆应安装坚固	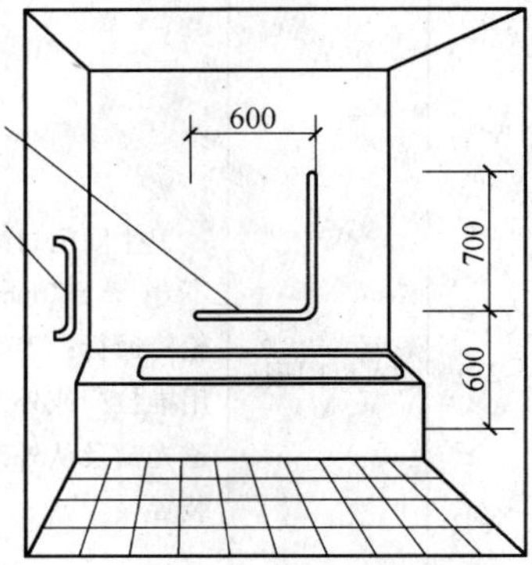
7	地 面	卫生间地面应平整，以方便轮椅使用者，地面应选用防滑材料	

4.2.2.3 老年住宅交通空间设计

为维护老年人的生活自理能力，确保日常行走活动的安全，因此，应对室内外交通空间实施无障碍设计，这也是老年住宅设计的基本要求之一。

A 建筑出入口设计要求。

老年住宅建筑的出入口是老年住户从室内到室外的交通枢纽和集散空间，因此宜有相对充裕的过渡缓冲空间，其内容和设计要求一般应符合表 4-9 的规定。

表 4-9 老年住宅建筑出入口设计要求

序号	名称	设计要求	图示说明
1	出入口尺寸与形象	出入口净宽不应小于 1100mm，门扇开启端的墙垛净尺寸不应小于 500mm	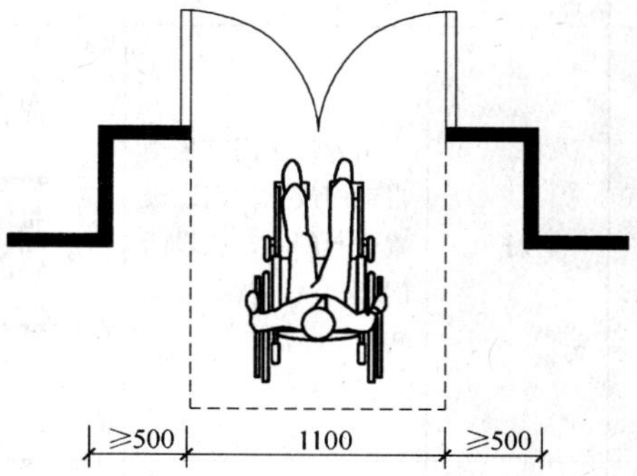
		出入口内外应有不小于 1500mm × 1500mm 的轮椅回转空间	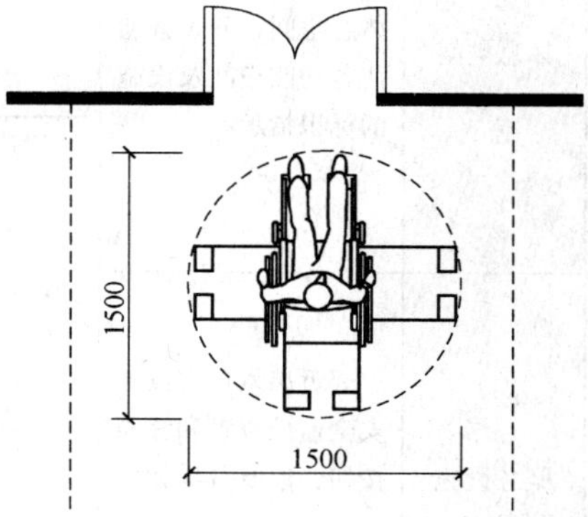
		出入口外观形象宜鲜明、醒目和独具特色，以便于老年人辨认	

续表 4-9

序号	名称	设计要求	图示说明
2	雨篷	老年住宅建筑出入口应设置雨篷，雨篷的挑出长度宜超过台阶首级踏步 500mm 以上	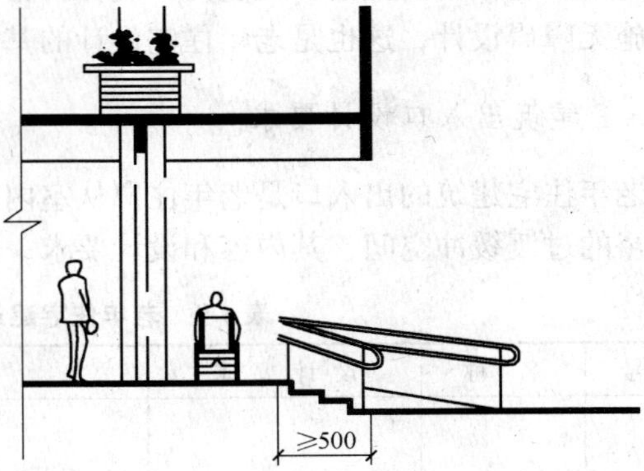
3	门	出入口的门宜采用自动门或推拉门；设置平开门时，应设闭门器；不应采用旋转门	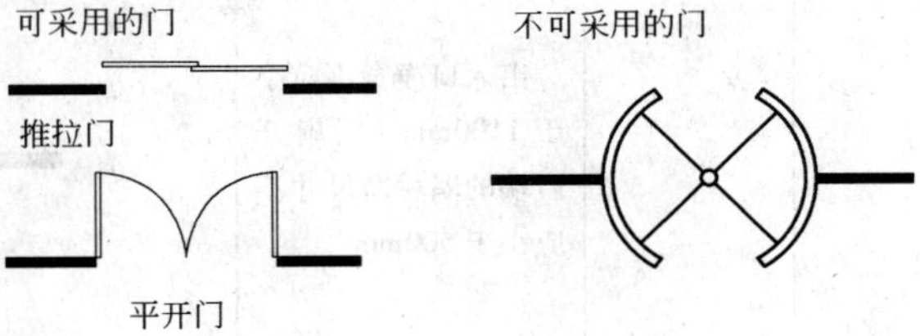
4	休息空间	出入口宜设置交往休息空间，并设置通往各功能空间及设施的标识指示牌	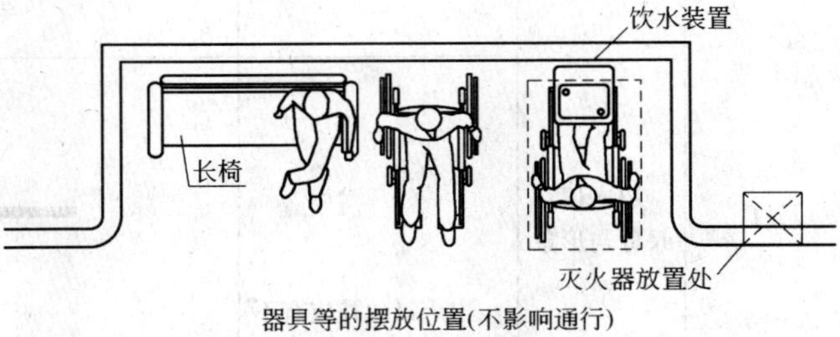
5	服务设施	邻近出入口宜设置安全监控设备和呼叫按钮，以及其他如保安、传达、收发、邮电、银行等服务设施	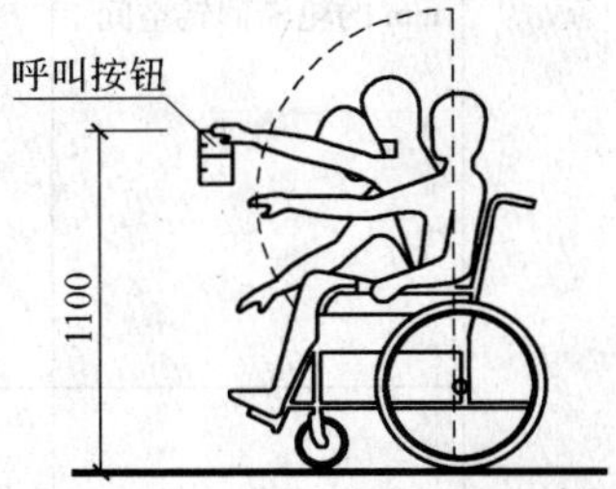

B　公共走廊设计要求

由于受天气和身体机能的限制，部分老年人外出行动不便，致使他们的社会交往减少，不利于身心健康。因此，在设计时应充分利用公共走廊，增加老年人的活动交往空间，促进邻里关系的和谐。表4-10是老年住宅公共走廊设计的相关要求。

表4-10　老年住宅公共走廊设计要求

序号	名称	设计要求	图示说明
1	净宽	公共走廊空间应能保证老年人使用轮椅和拐杖时的安全通行，走廊净宽不应小于1500mm；仅供一辆轮椅通过的走廊净宽不应小于1200mm，并应在走廊两端设有不小于1500mm×1500mm的轮椅回转空间	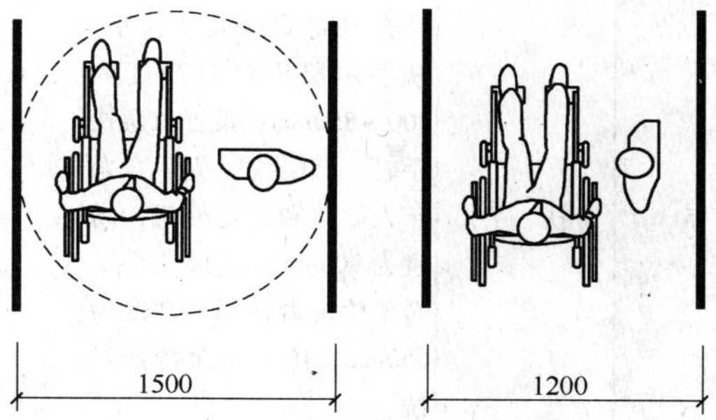
2	走廊转角	走廊转弯处的墙面阳角宜做成圆弧或切角	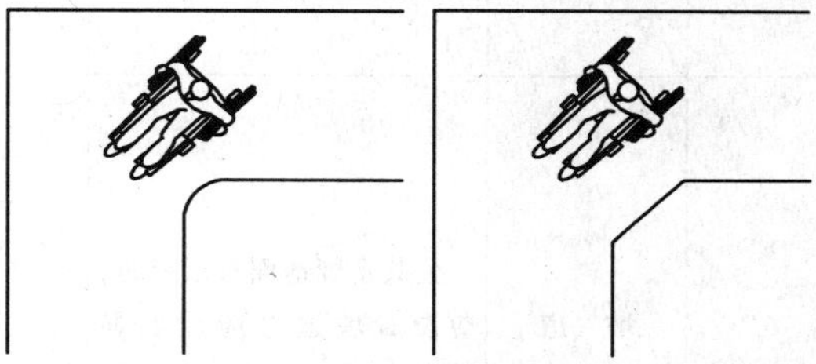
3	门扇开启处	门扇向走廊开启时已设置宽度大于1300mm、深度大于900mm的凹口，门扇开启端的墙垛净尺寸不应小于500mm	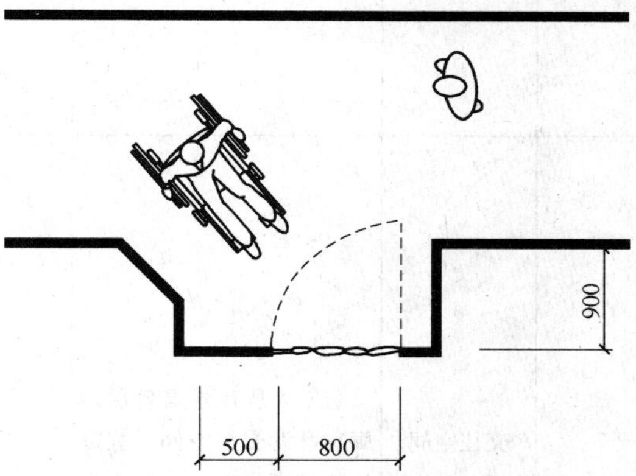
4	墙面	门扇不应有突出物，灭火器和标识板等应设置在不妨碍使用轮椅或拐杖通行的位置上	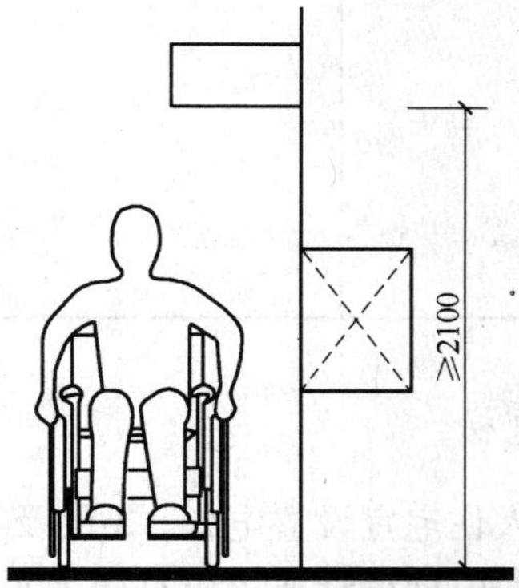

续表 4-10

序号	名称	设计要求	图示说明
5	扶手	公共走廊应安装扶手，扶手单层设置时高度为800～850mm；设置双层扶手时，上层扶手应适合老年人站立和行走使用，高度为900mm，下层扶手适合于轮椅者使用，高度为650mm，扶手应保持连贯统一	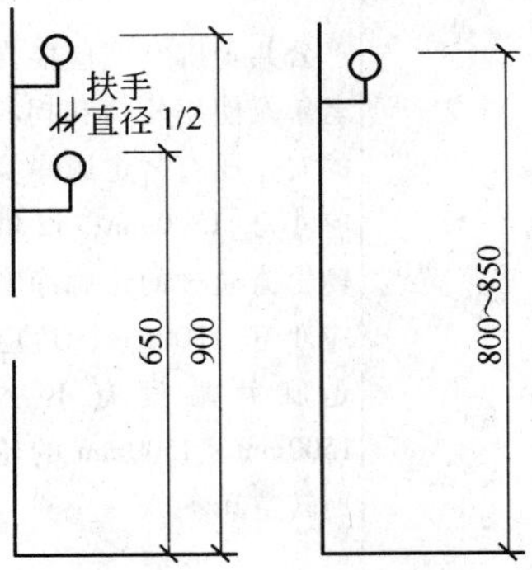
6	坡道	公共走廊地面有高差时，应设置坡道并应设明显标志	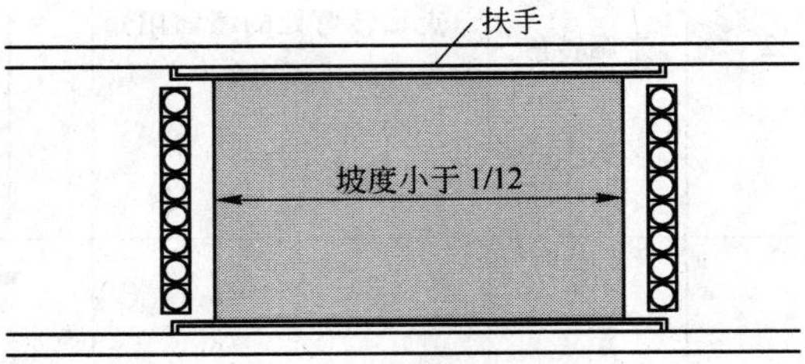
7	交往空间	老年人居住建筑各层走廊宜增设交往空间，宜以4～8户老年人为单元设置	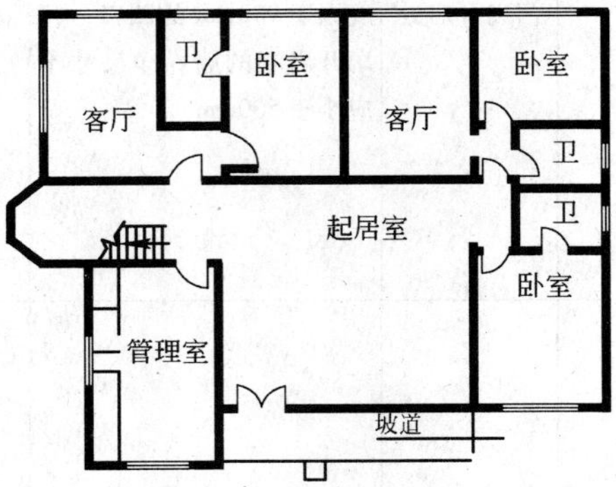

C　电梯

老年人住宅宜设置电梯，3 层及 3 层以上设老年人居住及活动空间的建筑应设置电梯。老年住宅的电梯设计要求应符合表 4-11 的要求。

表 4-11 老年住宅电梯设计要求

序号	名称	设计要求	图示说明
1	门	（1）厅门和轿门宽度应不小于 800mm；对额定载重量大的电梯，宜选宽度 900mm 的厅门和轿门； （2）应设置关门保护装置； （3）电梯的厅门和轿门不应设防水地坎	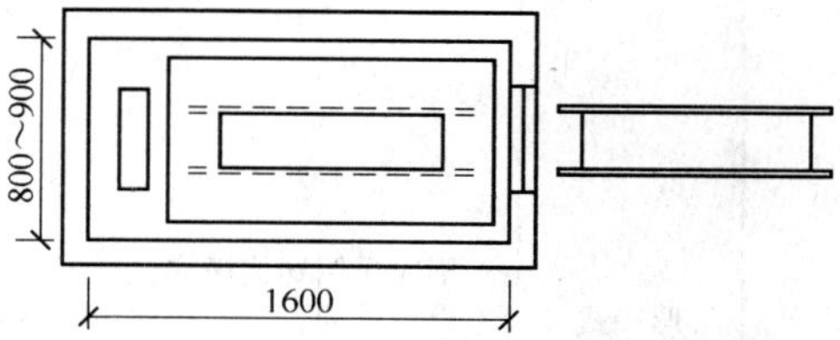
2	轿厢	（1）轿厢尺寸应可容纳担架； （2）轿厢内两侧壁应安装扶手，距地高度 800 ~ 850mm；后壁上设镜子；轿门宜设窥视窗；地面材料应防滑； （3）轿厢内应配置对讲机或电话，有条件时可设置电视监控系统	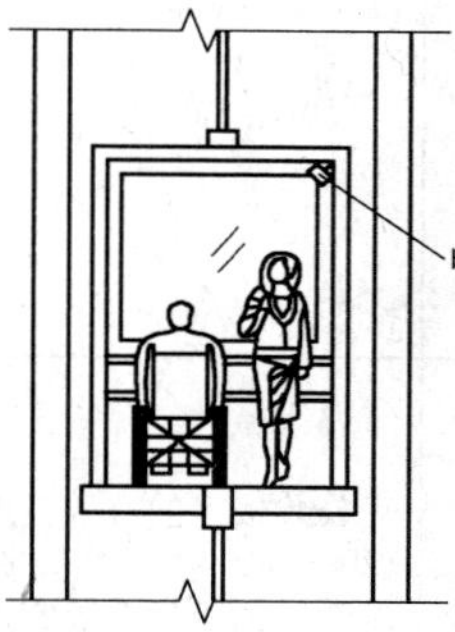
3	候梯厅	（1）候梯厅的深度不应小于 1600mm； （2）不应设防水地坎；首站候梯厅应设座椅，其他层站有条件也可设置座椅	
4	操作按钮	（1）操作按钮和报警装置应安装在轿厢侧壁易于识别和触及处，宜横向布置，距地高度 900 ~ 1200mm，距前壁、后壁不得小于 400mm；有条件时，可在轿厢两侧壁上都安装； （2）各种按钮和位置指标器数字应明显，轿厢两侧壁上宜都安装； （3）呼叫按钮的颜色应与周边墙壁颜色有明显区别	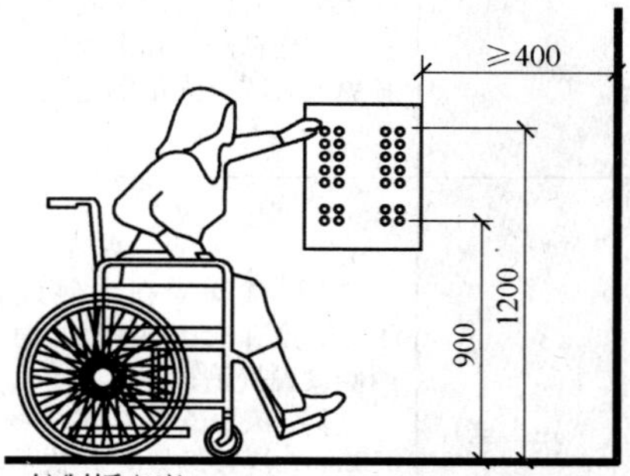 控制板高度
5	电梯速度	电梯额定速度宜选 0.63 ~ 1.0m/s	

D 公共楼梯

老年住宅公共楼梯的设计数量应符合相关规范的要求，其宽度应考虑老年人使用拐杖和在他人帮扶下行走的要求，公共楼梯具体设计要求参见表4-12的要求。

表4-12 老年住宅公共楼梯设计要求

序号	名称	设计要求	图示说明
1	形式	不应采用螺旋楼梯，也不宜采用直跑楼梯，每段楼梯高度不宜高于1500mm	可选择楼梯形式 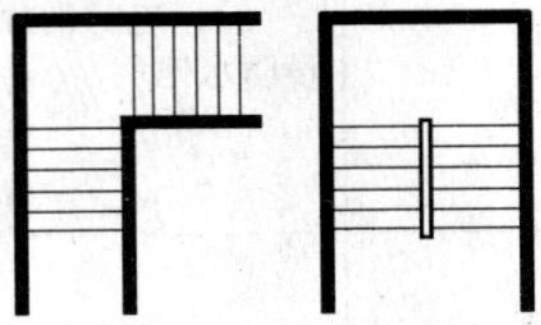 不可选择楼梯形式 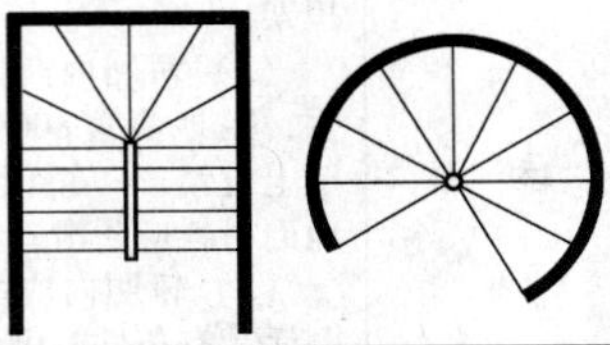
2	宽度	公共楼梯的有效宽度不应小于1200mm，楼梯休息平台的深度应大于梯段的有效宽度	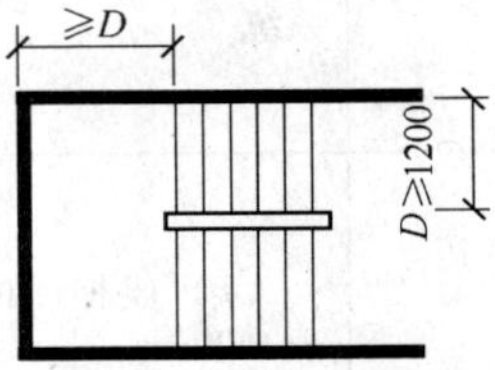
3	踏步	（1）楼梯踏步宽度不应小于300mm，踏步高度不应大于150mm，也不宜小于130mm，同一梯段的踏步高度与宽度应统一； （2）楼梯踏步面层应采用防滑材料，以适应老年人视力下降的情况，并应采用不同材料或色彩区别楼梯踏步和走廊地面，以避免老人踩空失足的危险	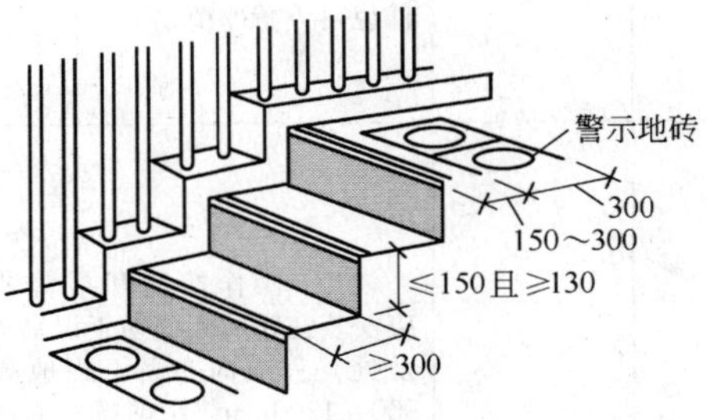
4	扶手	（1）楼梯应在内侧设置扶手，宽度在1500mm以上时应在两侧设置扶手； （2）扶手安装高度为800～850mm，应连续设置，扶手应与走廊的扶手相连接； （3）扶手端部宜水平延伸300mm以上	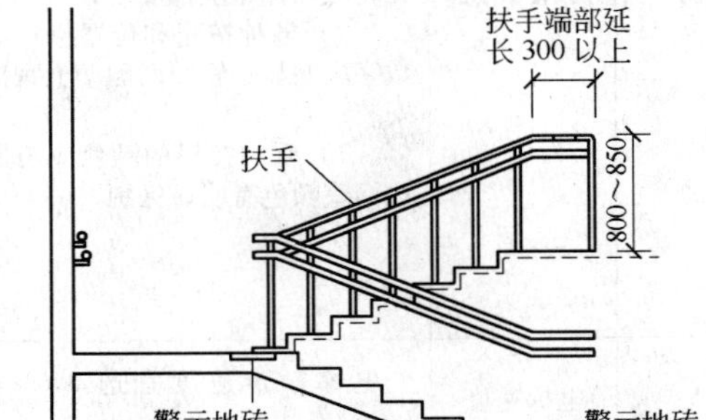

E 户内过道

户内过道是连接户内各居室及户门、门厅的必要空间，其设计要求有下列几点：

（1）过道的有效宽度不应小于1200mm；

（2）过道的主要部位应设置连续式扶手，暂不安装的，可设预埋件；

（3）单层扶手的安装高度为800～850mm，双层扶手的安装高度分别为650mm和900mm；

（4）过道地面及其与各居室地面之间应避免出现高差，过道地面应高于卫生间地面，标高变化不应大于20mm，门口应做小坡以不影响轮椅通行（见图4-16）。

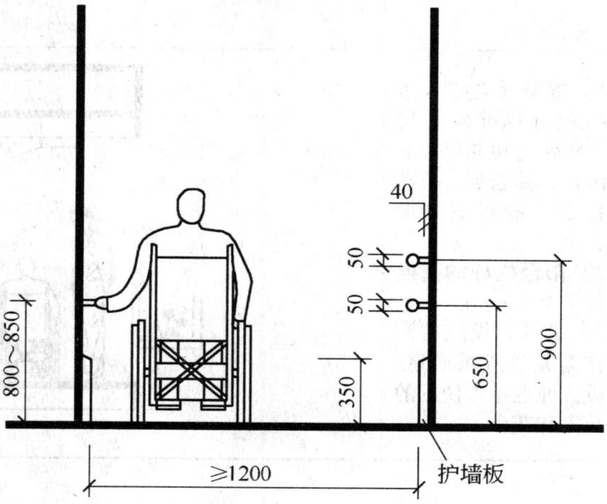

图4-16 户内过道尺寸要求

4.2.2.4 老年住宅套型内外过渡空间设计

户门、门厅、阳台是连接老年住宅套型内外的过渡空间，前两者更是关系到老年住户出入方便和必要时实施护理、救助行动方便与否的重要部位。其设计要求可参见表4-13。

表4-13 老年住宅套型内外过渡空间设计要求

序号	名称	设计要求	图示说明
1	户门	（1）户门的有效宽度不应小于1000mm； （2）户门内外不宜有高差，有门槛时，其高度不应大于20mm，并设坡面调节； （3）户门宜采用推拉门形式且门轨不应影响出入，采用平开门时，门上宜设置探视窗，并采用杆式把手，安装高度距地面800～850mm； （4）供轮椅使用者出入的门，距地面150～350mm处宜安装防撞板	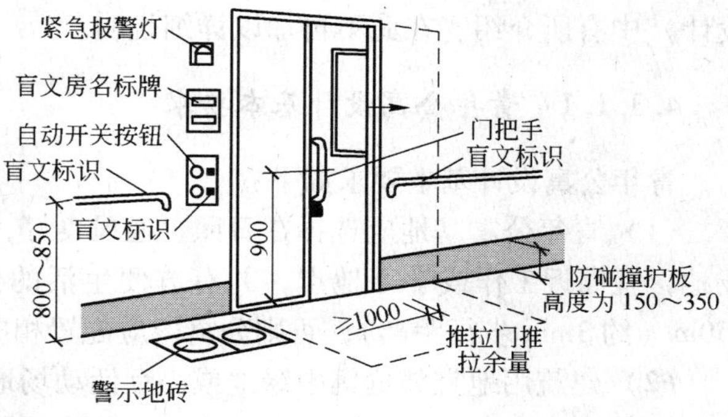

续表 4-13

序号	名称	设计要求	图示说明
2	门厅	户门内应设更衣、换鞋空间，并宜设置坐凳、扶手	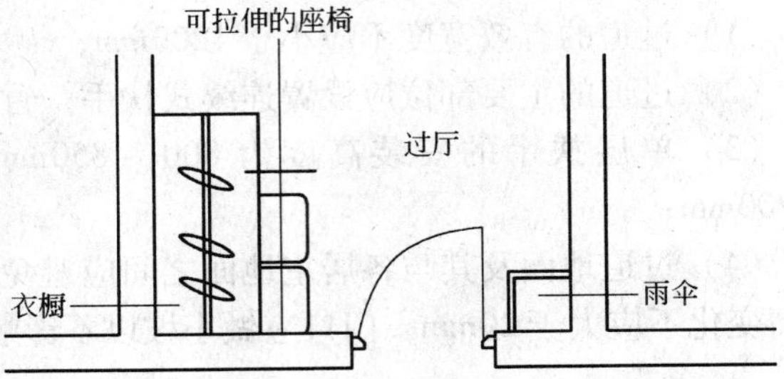
3	阳台	（1）根据《老年人居住建筑设计标准》的规定：老年住宅和老年公寓应设阳台，养老院、护理院、托老所的居室宜设阳台； （2）阳台栏杆的高度不应低于1100mm； （3）老年人设施的阳台宜作为紧急避难通道，并宜设方便老年人使用的晾衣装置和花台	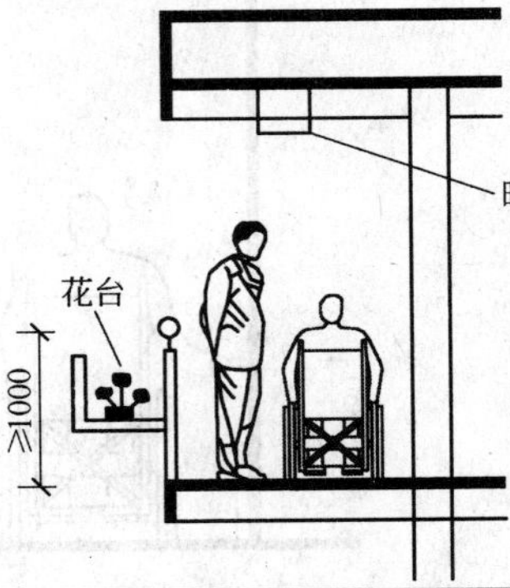

4.3 青年公寓设计

4.3.1 青年公寓概述

为了适应现代社会生产方式和生活方式的发展变化，现代人的定居生活不仅需要适合于家庭居住的住宅建筑，也需要大量供非家庭住户居住的公寓建筑，例如青年公寓、老年公寓等。青年公寓一般是指供企事业单位职工、刚毕业大学生以及年轻夫妻生活的居住建筑类型。这类住户在工作、学习和生活起居上具有许多群体性的特点和共同需求，因而对建筑的功能构成和空间形式也必然有自身的设计要求。由于老年公寓已在上节《老年住宅设计》中有所介绍，在此不再加以详细说明。

4.3.1.1 青年公寓设计基本要求

青年公寓设计基本要求如下：

（1）青年公寓基地应选择在日照、通风良好，有利排水，避免噪声和各种污染影响的场地，宜靠近工作或学习地点，并有方便生活的公共服务设施，服务半径一般不宜超过250m（约3min步行距离），否则公寓内应配置相应的生活服务设施。

（2）建筑用地宜邻近集中绿地或小型活动场地。用地内建筑布局与相邻建筑间距，应符合国家相关消防与日照的要求，并应考虑设置非机动车存放和机动车停车位。

（3）公寓建筑布局应确保半数以上的居室能有良好朝向，并能满足相应的日照标准。在炎热地区应尽可能避免东西向布置居室；寒冷地区为避免无日照的北向居室，可酌情考虑东西向布置，以争取日照。

4.3.1.2 青年公寓分类

青年公寓可以有多种分类形式。按建筑高度可分为低层、多层、中高层和高层公寓，适用于不同的城市地段环境和不同的建筑质量标准；按楼栋空间组合方式可分为走廊式和单元式两大类；按管理模式可分为自助管理式公寓、委托管理式公寓、酒店式公寓三种。自助管理式主要依靠住户自治组织进行管理，一般适用于公共活动空间较少的、服务功能简单的青年公寓；规模较大或对社会化服务要求较高的青年公寓，会委托物业管理机构进行管理；酒店式公寓则是对生活服务质量要求更高的高级公寓。

4.3.1.3 建筑配套设施

在整体经济水平不高的时代，青年公寓建筑的配套设施往往十分简单。居室内除了床位和简单的桌椅家具外，基本上无其他生活家居设备，储藏空间也十分有限。公寓楼层内除了简陋的公共卫生间与盥洗室外，也很少有公共活动用房。如今，青年公寓的配套设施除符合基本要求之外，还能满足不同住户的个性化需求和不同经济收入层次的需要。公寓楼栋内配置了较为充足的储藏空间以及信息化的服务，部分还增加了独用卫生间，满足了私密性的要求；楼栋内的公共设施，可根据住户需要设置洗衣房、休息会客室、阅览室、活动室、商店以及餐饮服务用房等。

4.3.2 青年公寓居住空间设计

青年公寓的居住空间包括居室（起居、睡眠）、卫生间（便溺、洗浴）和可按需设置的厨房空间。

4.3.2.1 居室设计

居室空间可为单间，也可以是多间成组配置，形成单居室独立配套和多居室成组配套两种形式。居室内可根据需要设置单床、双床或多床，其起居和睡眠功能往往同处一室（多居室的起居空间往往较为独立）或稍作空间划分，使用方式较灵活，适用于各类社会青年群体使用。居室设计要求具体有以下几点：

（1）居室应有良好的朝向、采光、通风，不应布置在地下室，也不宜布置在半地下室。

（2）居室空间主要包括睡眠休息和起居活动两部分，两者也可同处一个开敞空间，仅用家具作适当区划或分割（见图4-17）。

（3）居室内床位布置应符合方便室内活动和互不干扰的要求，对于多床布置的居室最小空间尺寸（见图4-18）应满足：

1）两个单人床长边的间距应不小于600mm；

2）两床床头间距应不小于100mm；

3）两排床之间或床头与墙之间的走道宽度应不小于1200mm；

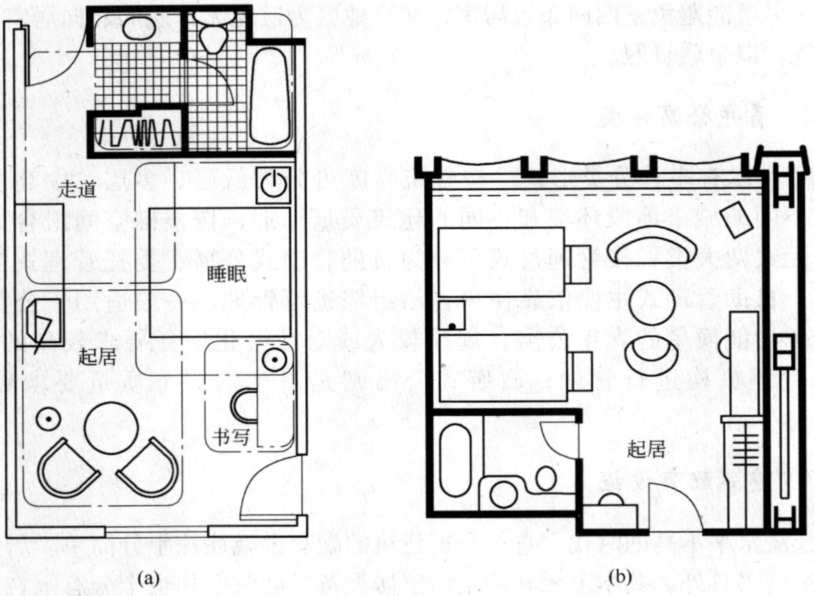

图 4-17 睡眠起居功能区划

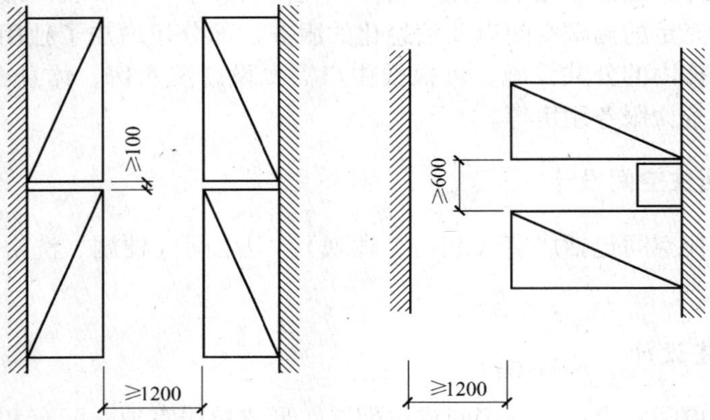

图 4-18 居室床位布置尺寸

4）储藏空间不宜小于 0.5m^3，净深应不小于 550mm；当设固定箱架时，每个净空宽度应不小于 800mm，深度应不小于 600mm，高度应不小于 450mm；书架尺寸净深应不小于 250mm，每个净高应不小于 350mm；

5）居室采用单层床时，层高应不小于 2.8m；采用双层床或高架床时，层高应不小于 3.6m。

4.3.2.2 起居空间设计

青年公寓的起居空间根据建筑标准和居住者特点一般有两种不同的布局形式：独用式起居空间和共用式起居空间。

A 独用式起居空间

独用式起居空间一般设置在居室内，与睡眠空间采取适当的空间功能区划，形成居室中相对确定的起居区。睡眠空间与起居空间的分隔可采用完整隔断墙形成独立的起居厅，也可采用灵活隔断设施如屏风、家具、推拉门等，形成与居室空间流通的半独立起居空间（见图 4-19）。独用式起居空间一般布置在标准相对较高的公寓建筑中，如酒店式公寓。

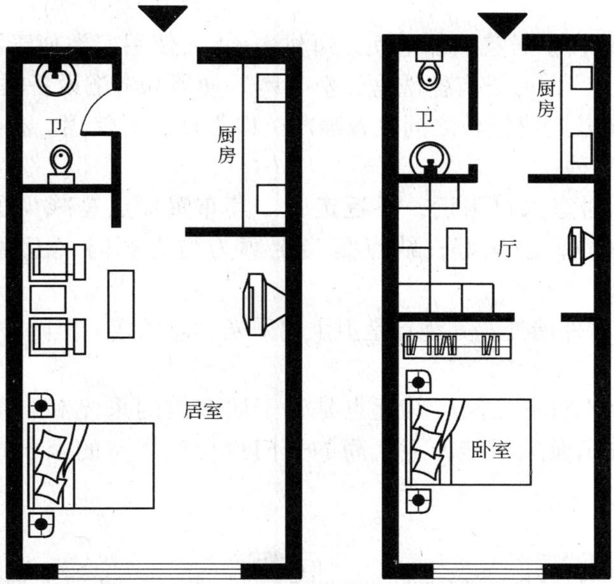

图 4-19 独用式起居空间实例

B 共用式起居空间

对于多居室成组配套的青年公寓，在设计时可将各居室分散的起居空间集中起来，形成空间较大的共用起居厅，用以满足室际交往和开展多种集体起居活动的需要（见图 4-20）。

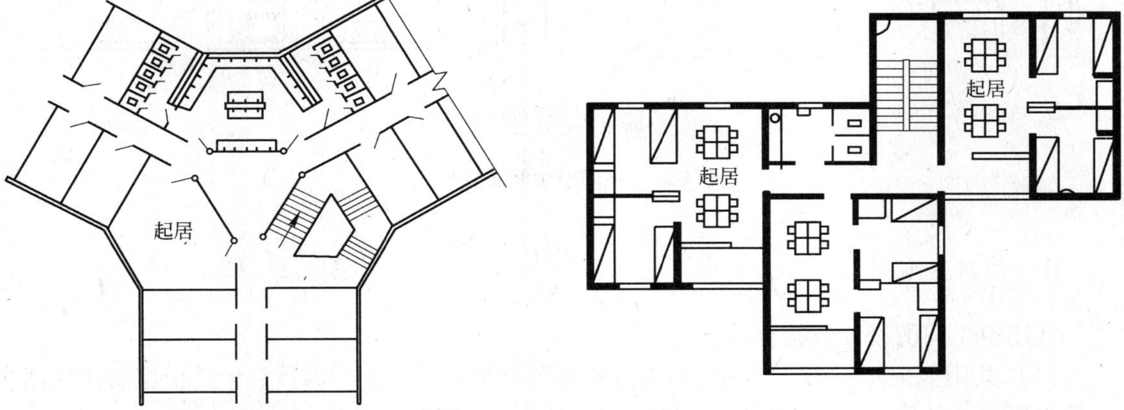

图 4-20 共用式起居空间实例

这类起居空间多适用于教师公寓、同单位青年职工等供同类居住群体使用的公寓建筑，其居住者具有较多相似的生活作息和兴趣爱好，宜形成和谐融洽的生活集体。

4.3.2.3　卫生间设计

A　独用卫生间

独用卫生间一般附设于居室相邻空间，可供1～4人使用，类似于酒店客房的配套卫生间，卫生条件较好。当同时设有盥洗盆、坐（蹲）便器和淋浴设备时，其使用面积应不小于3.5m²，并宜在厕位与淋浴位之间设置隔断，以方便同时使用。独用卫生间与居室的布置方式通常有以下三种：

(1) 卫生间设于居室入口附近，靠近走廊。其布置优点是减少了走廊对居室的噪声干扰，居室相对安静，采光好；缺点是当走廊为内走廊时，卫生间采光通风不佳（见图4-21a）。

(2) 卫生间设于靠外墙处。其优点是卫生间采光、通风好，但同时也减少了居室的采光面（见图4-21b）。

(3) 卫生间设于两居室之间。其优点是利于居室内的采光和自然通风；缺点是靠近走廊一侧卫生间采光通风不佳，卫生间的开门也会对居室的家居布置产生影响（见图4-21c）。

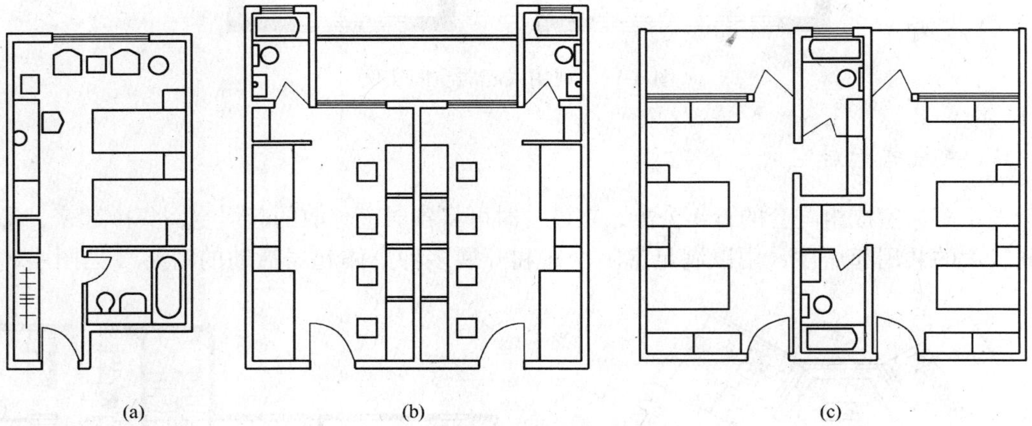

图4-21　独用卫生间布置方式

B　共用卫生间

共用卫生间的设计应符合以下几点要求：

(1) 共用卫生间一般由卫生间与盥洗室两部分组成，其卫生器具数量应根据居住使用人数来确定，其配置项目和数量的最低标准应符合表4-14的要求。

表 4-14 共用卫生间（盥洗室）配置项目、数量要求

类 型	配置项目	数 量
男卫生间	大便器	8 人以下设 1 个，超过 8 人时，每增 15 人或不足 15 人增设 1 个
	小便器或槽位	每 15 人或不足 15 人设 1 个
	洗手盆	与盥洗室分设时至少设 1 个
	污水池	共用卫生间或盥洗室设 1 个
女卫生间	大便器	6 人以下设 1 个，超过 6 人时，每增加 12 人或不足 12 人增设 1 个
	洗手盆	与盥洗室分设时至少设 1 个
	污水池	共用卫生间或盥洗室设 1 个
盥洗室（男、女）	洗手盆或盥洗龙头	5 人以下设 1 个，超过 5 人时，每 10 人或不足 10 人增设 1 个

（2）在青年公寓平面布置中，共用卫生间位置应适中，与最远居室的距离不应大于 25m。距离过大，会使使用者非常不方便，并同时会对走廊沿途的其他居室带来较大的干扰。

（3）共用卫生间与盥洗室的门不宜与居室门相对布置，以避免视线干扰和卫生间异味进入居室影响居室空气环境。

4.3.3 青年公寓楼栋空间组合设计

4.3.3.1 功能布局

青年公寓楼栋空间一般由居住空间、生活服务空间、公共活动空间以及公共交通空间几部分组成。这些功能空间可以集中在一栋或几栋楼里，也可以在建筑中只设居住空间，通过公共交通空间与社区提供的生活服务空间和公共活动空间相联系。当功能较为集中设置时，一般有几种功能布局方式，如图 4-22 所示。

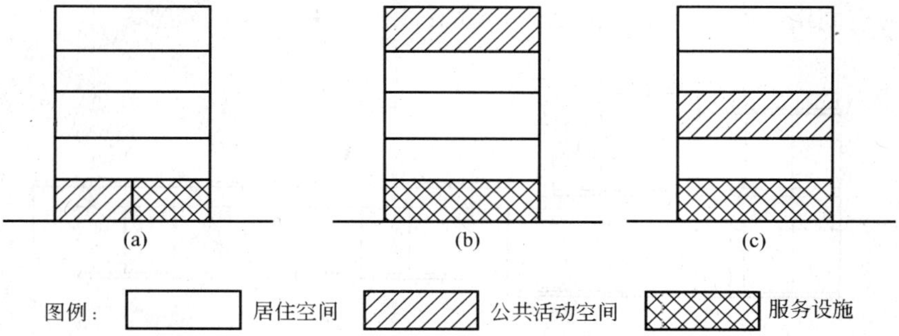

图 4-22 青年公寓功能布局方式示意图
（a）公共活动空间与服务设施均设在综合楼底层；（b）服务设施设于综合楼底层，公共空间设于楼顶层，居住单元设于中部；（c）服务设施设在综合楼底部，公共活动空间设两户综合楼中间层

4.3.3.2 公共交通组织

A 以走廊组织空间

根据走廊在公寓平面中的位置，以走廊组织空间的方式又可分为外廊式、内廊式、内

外廊结合式和双廊式四种。

（1）外廊式。居住空间沿走廊单边布置，采光通风较好。走廊可采用南廊或北廊，南向走廊夏季可遮阳、晾晒衣物，冬季可作为室外活动场所，同时也可丰富建筑立面造型。北向走廊多采用封闭走廊，可提高楼内冬季保温性能。以外廊组织空间的缺点是建筑进深较短，不利于节约建筑用地（见图4-23）。

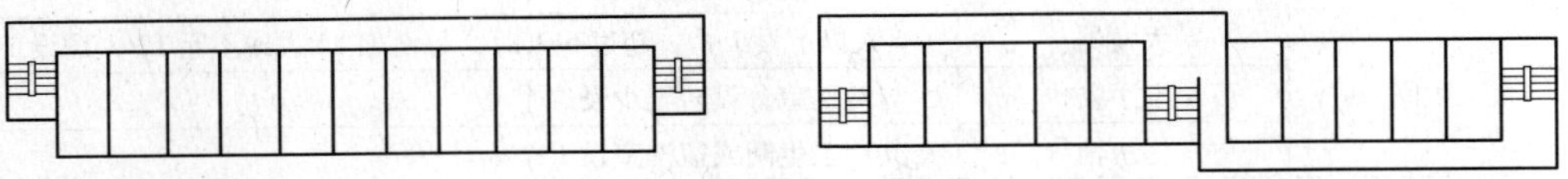

图4-23　外廊式交通组织

（2）内廊式。以内廊组织空间的优点是建筑平面紧凑，走廊利用率高。建筑进深大，抗震性能好，并有利于节约用地，一般适用于高层公寓。缺点是楼内使用干扰大，内廊采光通风不良；北向居室缺少日照，冬季舒适度较低（见图4-24）。

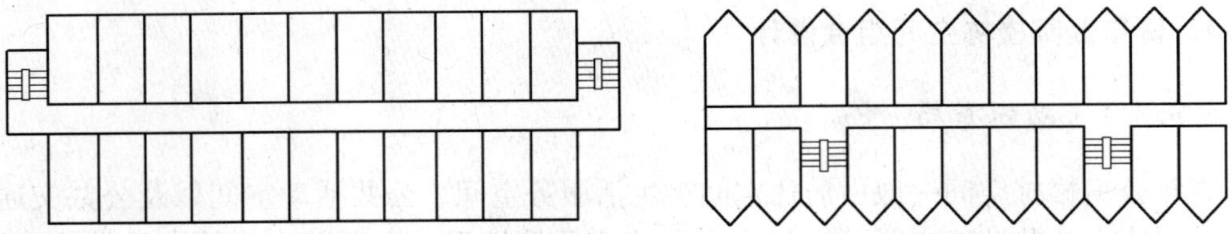

图4-24　内廊式交通组织

（3）内外廊结合式。根据建筑用地环境和使用的要求，有时设计可灵活采用内廊和外廊相结合的空间组合形式，以丰富空间和造型（见图4-25）。

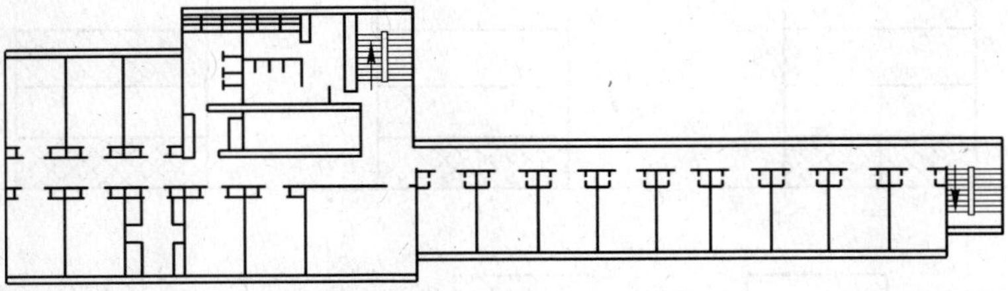

图4-25　内外廊结合式

（4）双廊式。双廊式实际上是两个外廊式加上一个内庭院的组合模式，兼有外廊式和内廊式两种形式的优点，庭院可作为室内或室外空间（见图4-26）。

B　以单元组织空间

以单元组织空间的公寓是以楼梯、电梯交通枢纽为核心，联系多套居住空间组成一个楼层单元（见图4-27）。它的优点是：

（1）平面布局紧凑，有利于减少水平交通面积，提高建筑面积总体使用率。

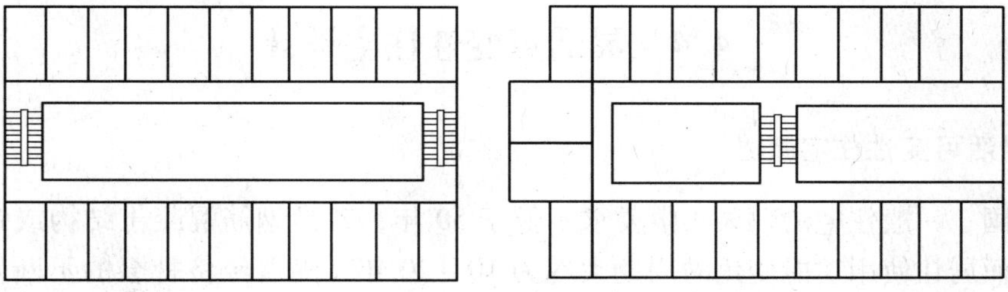

图 4-26 双廊式交通组织

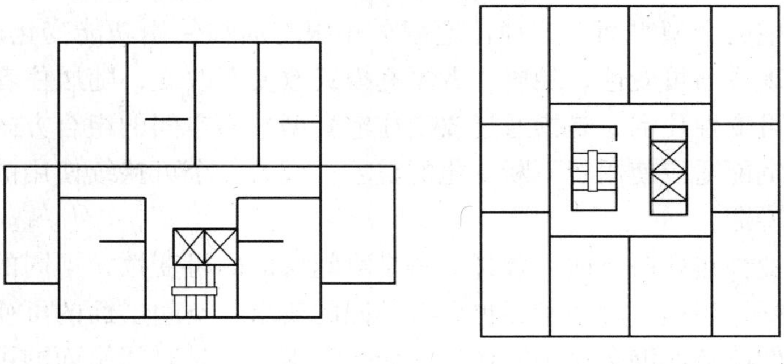

(a)

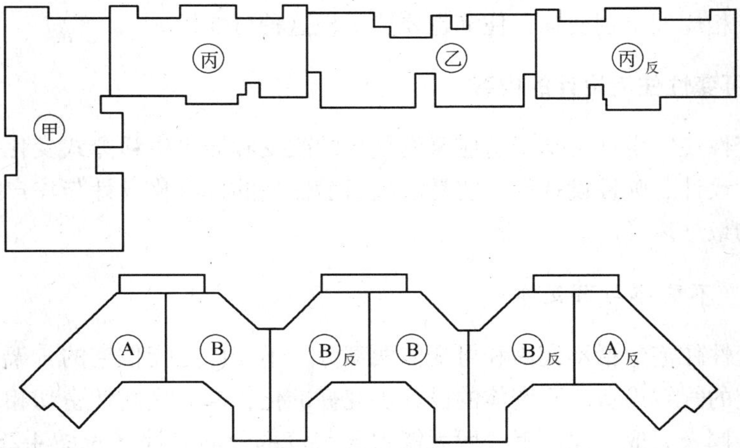

(b)

图 4-27
(a) 独立单元式；(b) 组合单元式

(2) 单元内多居室共用起居活动空间，有利于创造具有家庭氛围的居住环境，增加居住者的归属感，促进人际关系和谐融洽。

(3) 增强了个人活动的私密性，有利于形成安静的工作、学习和休息环境。

(4) 由于单元内卫生间使用人数减少，便于打扫和维护室内环境，大大改善了室内居住卫生环境条件。

4.4 灵活可变性住宅设计

4.4.1 灵活可变性住宅概述

在我国，一般住宅的耐久年限要求不低于50年，若是钢筋混凝土结构或钢结构则可以更长，而居住使用功能变化的周期大约为10~20年，随着经济社会的不断发展，两者间年限差距还在加大。按照我国目前的生产建造体系，住宅的套型空间布局、设备结构以及室内装修等基本上是统一建造的成品。住宅空间僵化而无应变能力，住户很难按自己的需求及喜好改变住宅的套型空间。这种住宅耐久年限与居住使用功能变化周期的不对应，迫切要求住宅能实现灵活可变性，随居住者家庭模式改变而改变，随居住者生活方式变化而变化。所谓灵活可变性住宅，是指通过改变住宅套型平面空间的组合方式、数量、形态以及尺寸等，使住宅能适应使用者不断变化的需求，成为一个可持续使用的商品，从而大大提高住宅的使用寿命。

住宅的灵活可变性包含两方面的含义。一是空间层面的可变性，不同的住户有不同的心理需求、兴趣爱好，当然对套型平面也会有不同的要求，空间层面的可变性就是指同一套型平面通过适当的改造能够满足不同住户的居住需求；二是时间层面的可变性，指一个家庭住户随着人口结构的演变、社会生活模式的改变或当居住水平达到一定目标后，其对套型的要求会相应地出现变化，住宅也要能实现这种可变性。

4.4.2 灵活可变性住宅设计的内容

灵活可变性住宅设计是基于适应家庭结构的改变和居民生活方式变化的一种设计，也可称为适应性设计、弹性设计等。它是解决目前住宅的标准化设计与住户的个性化居住方式之间矛盾的最好途径。

4.4.2.1 不变体与可变体

灵活可变性住宅包括不变体和可变体两部分。不变体是指住宅的骨架，即住宅承重结构和各类固定的管线设备。不变体的设计讲究标准化，与居住共性密切相关，需要由建筑师和工程师共同来完成，使用者一般无能力参与该部分的设计（见图4-28）。可变体是指用来分割空间和调整居住功能的部分，包括户内隔墙、门窗、家具以及各种屏风、折门或帷幕等，也可以包括整体式厨房和卫生间。可变体的设计可以满足居住个性化的需求，实现住宅套型平面布局的多样化。

一般来说，在灵活可变性住宅中，不变体所占的部分越小，住宅的可变性越高；反之，住宅不变体所占部分越大，可变性程度越低。

4.4.2.2 灵活可变性住宅设计的内容

A 空间功能的调整

空间功能的调整是对住宅内部各空间在功能使用上作改变或交换，一般适用于季节性

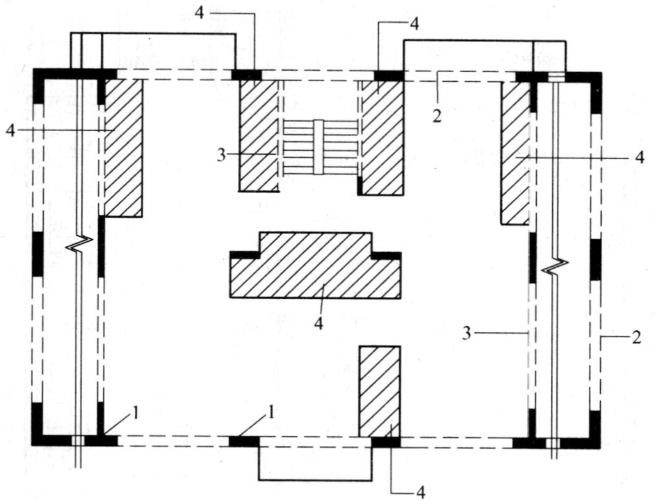

图 4-28 住宅不变体构架

1—钢筋混凝土墙肢；2—外墙连梁；3—内连梁；4—厨房、卫生间可能位置

的临时或短期的调整。例如冬季将露台用玻璃隔断围起来而变成室内空间以用作日光室，夏季又将隔断拆除而复变为室外空间；冬季住南屋，夏季住北屋等。

B 空间大小的调整

随着住户家庭人口的增加和生活水平的提高，住宅套内某些空间的面积需要增加。例如，近年来由于设备的增加和舒适度要求的提高，厨房、卫生间的面积增加了许多；周末家庭聚餐人数增加需要扩大餐厅空间的要求等。此外，不同住户对住宅套内各种功能空间的面积要求也有所不同。套内空间大小的调整就是为应对住户不同的需求，以提高他们的居住生活质量（见图 4-29）。

C 空间数量的调整

在一个住户家庭的生命循环周期内，家庭人口结构变化（人数增加或减少）对空间数量有着不同的要求。当家庭人口数量发生变化时，调整住宅套内空间的数量如卧室，以满足合理的生理分室要求（见图 4-30）。另外，在可能的情况下，充分考虑客厅、起居室、餐厅以及书房等公共活动空间。

D 空间形态的调整

现代社会的居民越来越希望通过空间的变化来表现自己的个性，而传统住宅内方正的空间、连续封闭的墙面限制了人们个性的发挥。通过套内空间形态的调整，如斜墙、曲线墙面、吊顶以及地面高度的调整等，创造出多种开敞的、流动的、耐人寻味的空间，以满足居民多样化的需求（见图 4-31）。

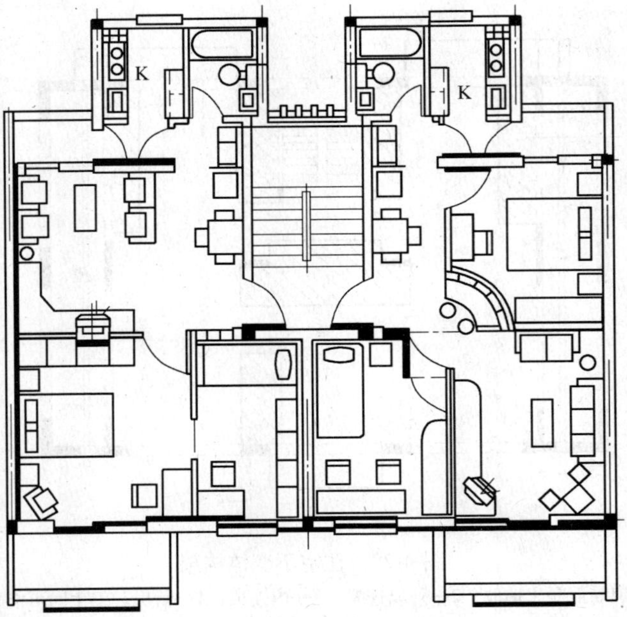

图 4-29　套内空间大小的调整

（通过调整，A 套型扩大了起居空间，B 套型获得了专用的餐厅空间）

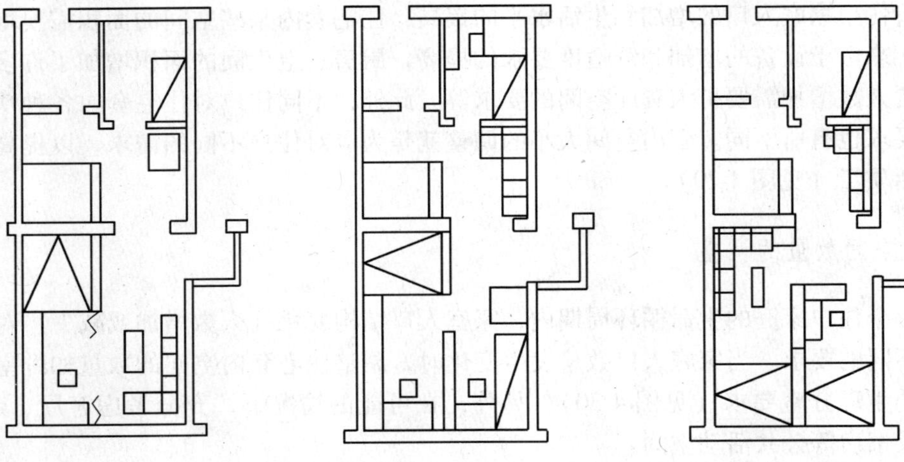

图 4-30　卧室数量的调整

E　空间布局的调整

为了适应家庭人口结构、生活方式以及个性化的居住需求，必然要对住宅套内各功能空间相对位置即空间布局进行调整，空间布局调整包括空间的大小、数量以及形态的调整（见图 4-32）。

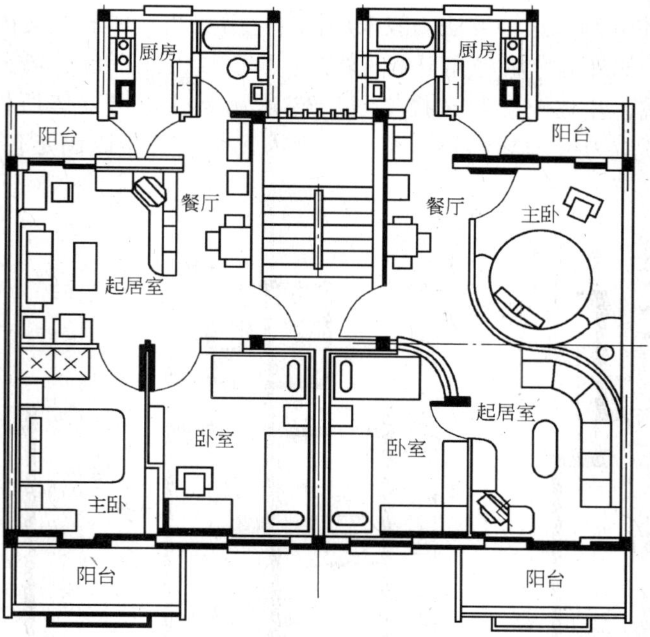

图 4-31　套内空间形态的调整

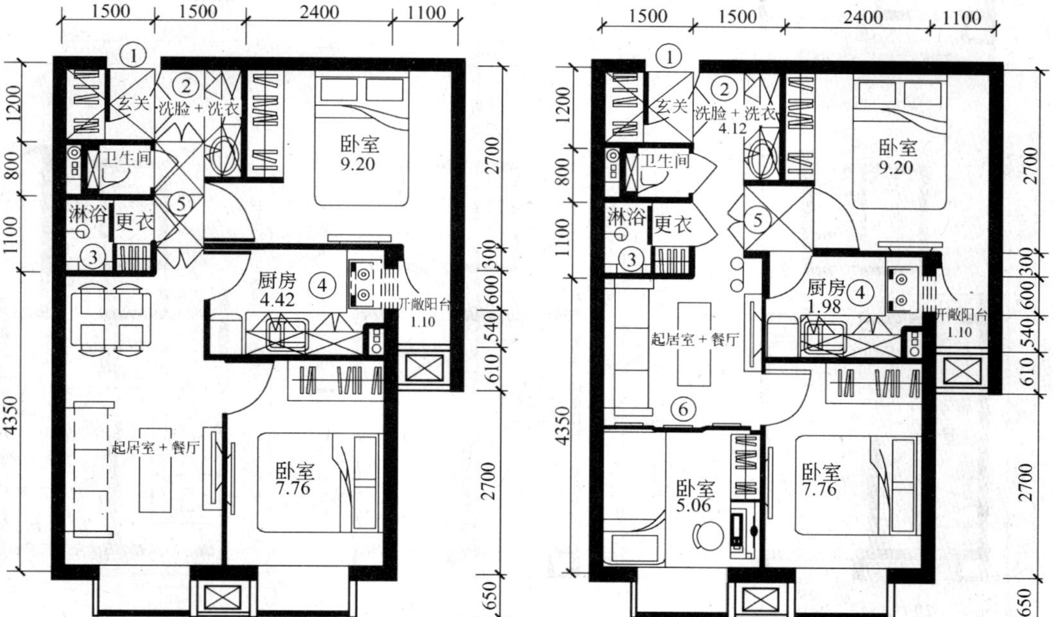

图 4-32　套内空间布局的调整

4.4.3　灵活可变性住宅设计的方法

4.4.3.1　空间的分割

空间的分割包括：

(1) 套内整体分割。这种方法一般采用把住宅分为不变体和可变体两部分，不变体由设计者统一设计，如外墙、厨房和卫生间墙体，可变体由住户自己来实现，设计者也可以通过提供菜单方式，让住户参与选择。图 4-33 所示为住宅可变体所做的几种套型平面，设计时住宅采用预应力或框架结构，整个套型内无承重墙，以满足住户自由分割房间的需要。

图 4-33　按不同需求进行套内整体分割

(2) 套内局部分割。为了在同一空间内获得更多的有效使用面积，或为了在同一面积内划分出两种或两种以上的不同的功能空间以方便使用。在住宅套型设计时，在大部分功能已确定的情况下，留出不明确的功能区域，供住户装修时灵活分割。住户可通过对这些不明确的功能区域采用轻质隔断、家具隔断和各种软质隔断，充分发挥其对空间限而不定的作用，让住户可以根据自己的需求赋予其各自不同的功能。图 4-34 所示的大空间可以根据需要将其分割成一卧室和另外一小空间，此小空间可以是书房、娱乐、步入式衣橱、音乐演奏等多功能的空间形式。

图 4-34　套内局部分割实例

4.4.3.2　空间的组合

将多个小空（房）间合并成为一个大空（房）间，也可以是两户或多户合并成一户。合并的结果必然是面积由小变大，户数由多变少。这正是一种适应不断提高居住水平的设计方法，它可使今天的小面积住宅能够适合若干年后的中面积，再若干年后大面积的要求。

图 4-35 中 A、B 两种套型分别可供目前两口户、单身一族等选用。当住户人口结构和居住需求发生变化时，可根据情况，只需封闭原有户门，开启预留门洞，即可将 A、B 套型合并成为 C1 或 C2 套型，C1 为四室两厅，能够满足住户人口较多的需求，并将 B 套型中厨卫合并成带有前室的卫生间；原 A 套型卫生间则为主卧室所用，合并改造后的套型具有很好的居住舒适性和实用性。C2 可作为“多代居”套型，老年户和核心户各有配套设施完善、功能齐全的完整空间，这种两代居套型不但保证了两代人独立的生活空间，并且增加了两代人的感情交流，做到完整独立又能相互照顾的“分而不离”的居住意向。

4.4.3.3　空间的置换

为了适应两个或两个以上的相邻住户（包括位于同一楼层和位于上下楼层间的相邻住

图 4-35　套型空间的组合

户）使用要求上的变化，可让相邻住户在使用空间上彼此进行置换。其方法是使同一楼层相邻两住户的隔墙或上下楼层的楼板可以拆卸，或在分户隔墙和楼板上预留洞口以备连通。这种套型间的空间置换是通过对空间联系和分隔的简单改造，即在相邻的套型单元之间有一个或多个空间，此空间可以从一个套型单元划给相邻另一个套型单元，从而缩小面积、减少房间数。反之也可从另一个套型单元中获取此空间，从而扩大面积、增加房间数（见图 4-36）。在某些情况下它也可以发展成为合并式套型。

既然住宅是为了供住户使用，因此使用者的意见和想法就显得十分重要，正如《马丘比丘宪章》所倡导的那样："在建筑领域中，用户的参与更为重要，更为具体。人们必须参与设计的全过程，要使用户成为建筑师工作整体中的一部分。"灵活可变性住宅设计离不开住户的参与，建筑师在前期使用者不明确的情况下，他们对套内空间布局设计只是多种居住模式的可能性假设。如果没有使用者的参与，不关注套型空间今后可能存在的某些变化，以及没有必要的技术措施的支持，套型的灵活可变性只能是纸上谈兵。

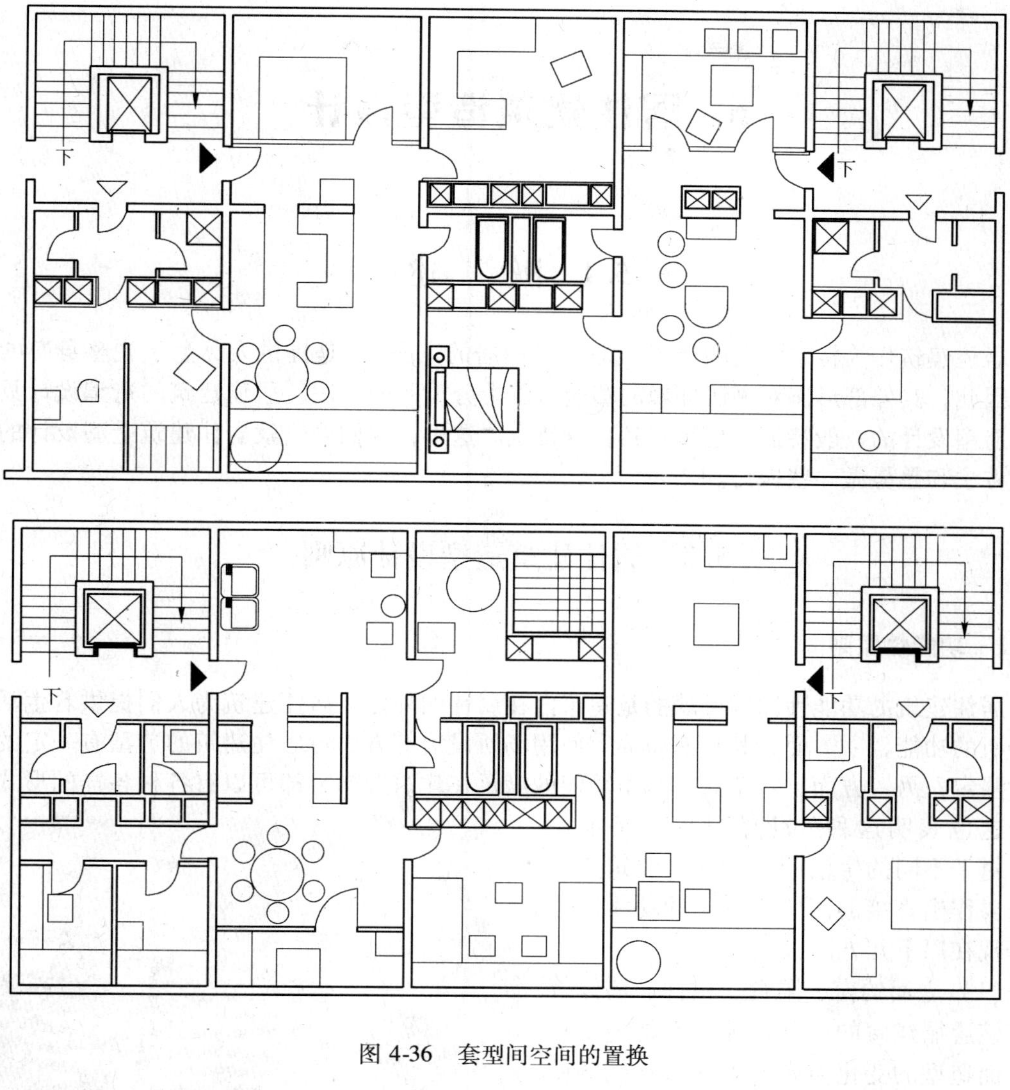

图 4-36 套型间空间的置换

5 居住建筑造型设计

5.1 概　　述

居住建筑作为特定类型的建筑，是人“栖居的家园”，是提供人休憩、调整身心的场所，因此，其外部形态对栖居环境的塑造起着十分重要的作用。居住建筑的造型设计具有建筑造型设计的一般特征，也具有其自身特点。这里，我们着重就居住建筑造型设计的原则、方法和趋势做一些探讨。

5.2 居住建筑造型设计原则

5.2.1 功能性原则

居住建筑的功能性原则反映的是建筑内在属性的外化。居住建筑为人们提供着生活起居场所的功能，一方面，其平面布局、使用场所设定等方面对居住建筑的造型有一定的约束与限定；另一方面，对于这一基本功能的满足在建筑形态上却可以有各种各样的形式表达，这也表明这种外化的过程不是唯一的。对于不同的生活起居功能，建筑的形态需要作出直接的回应。具体的功能性原则表现在以下几方面：

图 5-1

（1）立面的窗、阳台、构件、墙体等都应该遵循建筑的内部功能，不能为了追求立面造型的变化而影响了内部功能的使用。如图 5-1 所示，建筑的阳台和卧室飘窗清晰地反映了内部功能构成。

（2）反映住宅平面组合方式，如单元式、走廊式住宅等。

（3）反映住宅内部布局和房间构成，如一室一厅、二室一厅、三室二厅等。对于三居室的居住建筑来说，在建筑形态上多少能反映出不同居室的构成，阳台和露台的设置数量、位置以及与居室的组合方式等。

5.2.2 整体性原则

居住建筑的整体性表现在群体造型的整体性与单体造型的整体性两个方面。

人类有很强的社会属性，其居所——居住建筑基本上是以群体的方式存在，这种群体有不同的积聚方式，对于特定范围内的居住建筑而言，这种积聚方式表现出明显的整体性。这种整体性反映在诸多方面，如相同的材质与色彩、相同的组合方式等。在群体建筑造型的设计过程中坚持整体性原则是对建筑群体相同或相近积聚方式的表达。

居住建筑是所有建筑类型中产生最早，分布最广的类型，它无疑会成为城市和乡村的主体建筑，这种特性使其对城市的空间形态和界面具有极为重要的影响，也使得这种类型的建筑需要以一种整体的方式来确立统一的城市形态。如图 5-2 所示，居住建筑以相似的风格和形式形成整体的城市界面。

同样，对于居住建筑单体而言，不同的部位也需要作为一个整体形态出现。如图 5-3 所示，建筑各个组成部分在用材与形式上的统一形成富有趣味的建筑整体。

图 5-2

图 5-3

无论是居住建筑的群体整体性或是单体整体性都具有相对性，并非简单的重复与复制，而是多样的统一。这种整体性可以在诸多层面加以落实，如采用相同或相近的构成方式、形式元素、材料与色彩、细部等。

如图 5-4 所示的地中海风格住宅，是以白色或浅黄色涂料为墙体材料，配以木色门窗，砖红色陶土瓦屋面辅以特征性镂空和转角切削墙体，阳台、露台结合花架铁艺设计，具有很好的整体性效果。

图 5-4 具有地中海风格的居住建筑

5.2.3 人文性原则

居住建筑的人文性是建筑的内在要求，它包含人们的居住理念、追求以及对人的关怀。建筑造型以“温馨气氛”、“亲切尺度”、“浓烈情感”等形式得以表达。这种人文性原则在建筑形态上突出表达居住建筑成为“家”的目标。

另外，居住建筑的造型也为人文的积淀提供

可能，通过某种造型设计表达特定年代的文化、理想与追求，随着时间的沉淀，日益成为有特征的文化与精神记忆。同时，人文性还表现在建筑造型对建筑当地特定的文脉的响应与延续，如江南水乡的居住建筑通过适宜的造型设计对传统的建筑形态加以借鉴和发扬（见图5-5）。

图 5-5　万科第五园马头墙的现代诠释

5.2.4　艺术性原则

与一些公共建筑相比较，居住建筑因其朴实的功能要求，较少去追求强烈的艺术特征，但这并不意味着艺术性在居住建筑上的缺失。事实上，通过造型设计赋予建筑的艺术性能很好地强化居民对场所的认同感与自豪感。

建筑史上众多优秀的居住建筑也深受特定的艺术思想与潮流影响，如乌德勒支住宅深受风格派艺术的影响。这些住宅自身也成为具有艺术价值的建筑，甚至反过来也影响和推动艺术的发展。事实上，当前国内也出现众多极具艺术表现力的住宅作品，如位于杭州的九树公寓（见图5-6）。

5.2.5　技术性原则

每一栋居住建筑采用特定的结构选型、建造体系、安装方式、材料工艺等，建筑造型设计自然需要在一定层面上反映这些技术性过程，有时，还可以强化表现其技术性特征和工艺细节（见图5-7）。造型的技术性原则也表明建筑的造型设计并非单纯的形式构成设计。技术性对建筑造型的限定和功能限定一样，是对居住建筑造型设计的内在约束。

随着建筑技术的发展，除了建造技术，其他技术如节能环保技术对建筑造型也产生较大

图 5-6　九树公寓极富标志性的格栅

图 5-7　居住建筑的工艺细节

影响。比如运用遮阳系统、太阳能发电系统的建筑。

5.3 居住建筑造型设计方法

5.3.1 整体性设计

居住建筑的整体性设计是指用同一或相近元素贯穿或渐进变化于整个群体或单体，这一元素可以是构成手法、建筑材料、建筑色彩、建筑细部等。不论是一种或几种元素的综合，这种共同的元素出现的频率要足以使居住建筑的造型给人以统一的感受与整体的控制力（见图5-8）。

图5-8　某公寓统一的沿街界面

5.3.2 体量与形体组织

居住建筑具有特定的套型平面结构，建筑的层数因结构、技术的约束具有典型区间性。套型平面结构可分为板式、点式、L形、蝶式、异型；常见的居住建筑高度为2~3层、6层、11层、18层等。套型结构和建筑高度两方面影响着建筑的体量，低、多层和高层居住建筑有其各自的形态体量特征（见图5-9~图5-13）。

图5-9　万科水晶城的立面构成

图 5-10 多层居住建筑的形态

图 5-11 低层居住建筑的形态

图 5-12 高层居住建筑的形态（一）

图 5-13 高层居住建筑的形态（二）

在确定形体的基本体量后，造型设计才完成第一步。通过对建筑的立面元素的不同组织，相同的体量给人带来的视觉效果有很大差别。形体组织的一般方式是确立造型的基本构成，竖向的形态构成主要是上下分段（材质、色彩），如三段式、二段式、整体不分段式、混合式。立面的构图分水平构图，竖直构图，面状无方向性、散点构图，单元重复或渐变、混合式构图等，如图 5-14、图 5-15 所示。

5.3.3 材质与色彩设计

5.3.3.1 材质设计

居住建筑外部材质应具有足够的结构强度和抗腐蚀性，经济、美观，符合造型设计目

图 5-14 水平构图

图 5-15 混合格网构图

的与意图。按照其在建筑物中的作用又可分为结构性材料、维护性材料和装饰性材料。按照物质构成分，常用的材质有：石材、面砖、玻璃、涂料、金属、竹木、混凝土、清水砖等，如图 5-16、图 5-17 所示。

图 5-16 木材为主的外墙

图 5-17 面砖为主的外墙

造型设计中选定特定材质后，需要对其组织方式做进一步设计。材质的组织方式包括确定材料的尺寸、肌理、构成方式，如选择面砖作为造型的墙面材料后，需对面砖的尺寸与肌理加以明确，然后设计特定的拼贴方式。

当使用多种材质时，需协调相互之间的关系，处理好材质的衔接过渡，如图5-18所示。对于过渡区域的衔接，不同材质因其形状、肌理、厚度与施工方式有差异，如不加处理直接相接，通常会产生不良构造和外观，常见的处理手法如增加线脚或覆盖构件，使不同材料过渡自然美观。

图 5-18 某住宅立面集中了面砖、涂料、石材、金属等材质

居住建筑的外墙表面材料最为常用的是涂料、面砖和石材。一般情况下，单位面积的涂料的价格低于面砖，面砖的价格低于石材，但也不乏价格昂贵性能优良的涂料和面砖，而某些类型石材价格甚低。外墙涂料施工方便、色彩多样、耐久性良好且维护方便，因此深受欢迎；面砖防水性能优良，外观细腻，形式和组织方式多样，同样得到广泛使用（见图5-19）；而石材表面坚硬，线条挺括，纹理尊贵大气，耐久性极好，更是在住宅的底部和高端住宅中普遍使用。

大尺度的面砖和石材逐渐从湿贴转变成干挂，虽然在成本上有所增加且加大施工难

图 5-19 几种不同肌理的面砖

度，但因有效避免泛碱、增强安全性并有利于外保温体系的实施，加之能与工业化拼装体系相融合，干挂立面成为主要发展方向之一。

鉴于外墙材质处于快速发展之中，在居住建筑的设计过程中，设计师既要做到对传统材料实现创新性使用，又要了解技术发展的动向，加强与材料研发和供应机构的合作，及时了解行业动态，将性能优良、价格适合、外观美观的新材料应用于设计之中。

5.3.3.2 色彩设计

根据色彩理论得知，建筑的色彩因其色相、明度、色调而产生不同的知觉效应，如温度感、重量感、距离感、尺度感、注目感、疲劳感、明暗感、混合感、性格感、软硬感等。建筑的造型设计过程中通过对不同色彩的对比与调和达到不同设计目标。

建筑色彩的应用并非是一种纯形式设计，在居住建筑的造型设计过程中，还要考虑到建筑所处的环境、居住建筑的居住功能、使用者的爱好与倾向等诸多因素。大量的居住建筑选用浅色暖色调，就是考虑到人们更倾向于把居住生活定位于温馨亲切的基调（见图 5-20），过于冷酷、深色的住宅会给人以压抑、沉闷的感受。当然，对于特定定位的居住建筑，其色彩亦可不拘一格，如某小区定位于年轻时尚群体，在简洁背景下施以鲜艳的红色和黄色调，形成富有朝气和活力的建筑形象（见图 5-21）；而图 5-22 则展示同一色系所塑造的典雅气质。

图 5-20　赭石色立面

图 5-21　鲜艳纯色点缀的立面

色彩设计还要注意从色彩构图进行考虑，如对色彩的对称和均衡、比例与韵律、对比与呼应、主次处理等加以深入推敲。相同建筑形体材料、色彩置换后发生巨大变化，这种做法也常用于城市更新中的建筑物改造。色彩的形成既可以由材质的自然色形成，也可通过涂料加以修饰。

对于居住建筑而言，常采用基调加局部的处理方式。色彩设计的重点部位为墙体、窗

图 5-22 同色系色彩的组织

户、阳台及屋顶，确定了上述四部分的色彩及其关系基本上就确定了建筑的总体色彩基调，然后对局部色彩加以协调和细化设计便形成统一而丰富的色彩体系。

5.3.4 重点部位设计处理

5.3.4.1 入口

在新中国成立后的很长一段时间，居住建筑始终维持在保证居住生活的基本功能，对于入口等空间的舒适性考虑不足，入口通常结合楼梯通道设置，仅具有通行功能。随着居住建筑品质的提升，门厅等入口空间逐渐受到重视。对于公寓而言，入口既是整个单元的共同通道，又是单元的外部形象，如图 5-23 所示。常见的处理手法是通过附加部分强化入口的引导性，也可外加完整的门厅，有架空层的建筑则将入口部分结合架空部分加以处理。

居住建筑的入口虽然在整体建筑中所占的比例不大，却是建筑从户外到户内的过渡空间（见图 5-24），是住户进出必经之所。因此，入口的造型设计涉及塑造可识别性和居民对建筑的认同感。另外，在入口设计中要注意尺度的适宜性，对进出时发生的行为特征充

图 5-23 某高层住宅入口

图 5-24 某联排住宅入口

分考虑，同时还要对信报收发等功能设施加以考虑。

5.3.4.2　裙房及底部

裙房及底部是居住建筑最靠近地面的部分，同时也是人们日常生活中与外立面接触最紧密的部分，因而需要对其做重点处理，可采取提高用材等级、强化细部设计等方法。

从视觉需要出发，裙房与建筑的底部一般会选择相对厚重的材质。如图5-25所示，基座部分用色较为沉稳，块材的尺度也较大，由此形成端庄稳重的形象。与此同时，在建筑性能上，底部的防水防潮防污能力也得以提升。常见的底部用材包括花岗岩、砂岩、板岩等天然石材和文化石等人造石，根据建筑的整体形态设计选择合适色彩和肌理的材料。

图5-25　砂岩饰面的基座部分

全部用花岗岩、砂岩等天然石材塑造建筑底部的成本较高，往往应用在投入成本较高的居住建筑之中，对于成本控制较高的项目，可采用较大尺寸的墙体砖、文化石或者仿石涂料来替代。

虽然三段式的传统形态处理方式仍被广泛使用，但当前的居住建筑设计也有相当多样的其他处理方式，如建筑底部和上部通体采用相对统一的材料（见图5-26）；底部与上部的区分不是一刀切，上下材料穿插组合等（见图5-27）。

图5-26　采用通体石材墙面的居住建筑

图5-27　底部材质与上部穿插组合

5.3.4.3　阳台与窗户

阳台和窗户是居住建筑的重要组成部分，也是其造型设计中设计最为自由、最有潜力的部位。通过对这些部位的位置、形状、材质和虚实等方面的变化，可以在很大程度上影响建筑的整体形象，如图 5-28、图 5-29 所示。

图 5-28 装配式阳台

图 5-29 异形阳台

从密闭性上分，阳台可分为封闭式阳台和开敞式阳台；从形态上看，封闭式的阳台和墙面形成相对完整的界面，整体性较好；而开敞式阳台则呈现线状或点状分布在墙面上，形式较为生动活泼（见图 5-30），在设计中往往需要根据建筑的形态特征确定不同的形式或者将两者组合使用。由于封闭式阳台通过开闭窗户，可以适应不同天气条件下的使用，而开敞性阳台则受气候影响较大，因而在居住建筑交付使用后，居民往往会将开敞式阳台自行封闭，与设计的初衷相背离。因此，在设计阶段应考虑这一因素，在虚实上要控制好实体部分和通透部分的比例，尽可能减少因封闭而产生对建筑整体形态的破坏。

图 5-30 附于墙面点缀式的凸阳台

从阳台和墙面的关系分，阳台可分为凸阳台、凹阳台和半凸半凹阳台，凸阳台视野较好，凹阳台私密性较好，从形态的角度出发，则要注意不同的阳台类型对建筑整体形态的影响。

阳台部分既可以用和墙面统一的材料与色彩，也可特意加以区分，这取决于设计的意图。此外，按照我国规范的规定，两个自然层以上高度的阳台算作露台而不计建筑面积，当前一些住宅利用了该规范规定而设计出相当多该类型的阳台，对丰富居住建筑的外部形态起到了较大的作用，如图 5-31 所示。

窗户可分为平窗和凸窗，前者安装基准面为墙体，后者外凸于墙体。凸窗亦称飘窗

图 5-31 双层挑高阳台

（见图5-32、图5-33），最初起源于解决紧凑型小套型的舒适性问题，通过外挑窗台以扩大室内空间和视野，现在已得到广泛应用，转角部分的凸窗能将其特点发挥至最大化。

图 5-32 凸窗的外部形态

图 5-33 凸窗的内部视野

窗户部分的形态设计除了平凸的选择外，还需结合功能确定尺寸和位置。窗户由固定部分和开启部分构成，在开启的方式上分为平开式和推拉式，前者对材料性能要求较高，但密闭性较好，开启部分效率高，窗框划分形式相对多样，已逐渐成为居住建筑主流的开启方式。部分住宅的窗户采用落地式窗户以形成更好的视野（见图5-34、图5-35），但在设计时应注意考虑节能问题。

窗户常常结合空调室外机位统一处理立面，窗户和空调室外机位的关系有上下式和左右式两种，上下式关系可以保证开窗宽度不受影响，但室外走管可能对外立面形成一定影

图 5-34 落地式窗户（一）

图 5-35 落地式窗户（二）

响，且空调机位的高度较小，窗户和室外机位置的百叶窗上下间隔布置；左右式会占用部分窗户面宽，但空调机上下高度自由，可实现多机布置，垂直向的百叶窗可形成连续的立面元素。

5.3.4.4 顶部

与大多数建筑相类似，居住建筑的顶部是建筑的符号性语言，特定的屋顶形式往往成为居住建筑的个性化特征，如图 5-36、图 5-37 所示。屋顶也是建筑天际线构成中的重要部位。

居住建筑的顶部可分为平屋顶、坡屋顶和平坡结合三种。平屋顶常见于简洁的现代风格住宅

图 5-36 丰富的传统风格住宅顶部

图 5-37 简洁的现代风格住宅顶部

和高层住宅，坡屋顶更多地应用于风情类住宅、低多层公寓和独立式住宅等。

坡屋顶可分为单坡、双坡、四坡和曲坡等类型。各种风格的坡顶形式、用材用色、坡度、屋脊檐口细部和附加元素差异较大（见图5-38、图5-39），塑造出的风格也大相径庭。因此，在坡顶设计前要熟悉和了解各个风格类型的特征才能正确运用该形式语言。如地中海风格坡顶主要由双坡顶构成，覆以红色陶瓦，坡度相对较为平缓，脊部和檐口都有特定构件形成的细部，顶部坡顶的方向各异，布局升起突出，高度错落有致，建筑顶部除坡顶外，还结合露台和构架，形成风味浓郁的居住建筑形态。而英式法式风格的坡顶则相对厚重，坡度较陡，并附加各种样式的老虎窗以充分利用高耸的屋架内部空间，另外常附加传统民居中的烟囱作为形态构成要素。

图 5-38 相对平缓的坡顶

图 5-39 相对较陡的坡顶

在简洁的现代风格住宅和高层住宅中，平屋顶是主要的顶部形式，如图5-40、图5-41所示。在设计过程中，平屋顶既可结合楼梯间、楼顶跃层部分，设计部分构架和遮阳构件以丰富顶部造型，也可将顶部的附加部分加以隐藏，以相对完整统一的顶部形态来表现简

图 5-40 平屋顶顶部处理（一）

图 5-41 平屋顶顶部处理（二）

洁纯粹的形态特征。在平屋顶的形体处理上，应注重形态生成的逻辑性，一般由下部延伸，通过适当的细部变化自然结束，避免尺度夸张的飘板和构件生硬地加在顶部。

综上所述，对于重点部位的处理是居住建筑造型设计的关键点、出彩点，在特定情况下也可夸大某些部位的形体特征以塑造建筑的特色。但同时，这些部位也是最容易成为败笔的地方。因此，设计时在各个部分总体协调的前提下须进行重点部位的设计处理，最终塑造出形态优美、富有情趣的居住建筑。

5.4 当代我国居住建筑造型设计趋势

5.4.1 结合地域文化特征

我国的居住建筑在新中国成立后相当长一段时间内，以相对封闭的方式发展。虽然每个时期都有探索和进展，但总体上建筑造型较为单一。20 世纪 90 年代以来，随着房地产行业的发展，住宅形式与风格日益多元化，同时也意识到地域性文化的价值所在，出现了众多较好结合地域文化特征的居住建筑。这种结合地域文化特征的趋势融合了现代建筑的诸多优点，同时又很好地延续和继承了文脉和传统。地域性建筑开始突破原有建筑分布范围，形成新地域主义建筑风格。

5.4.2 注重材质组织与细部设计

随着经济的发展和房地产产业的进步，我国居住建筑的质量也得到了持续提升。这种提升表现在设计、施工、维护等各个环节，表现为精细化设计、精细化用材、精细化施工。在造型设计方面相应地体现为注重材质组织和细部设计。

居住建筑的外形用材从原先以涂料为主转向各种性能优良、外形美观的石材（见图 5-42）、面砖和涂料等百花齐放的局面，设计师在设计上、选材上获得巨大的空间，为大量优秀居住建筑的出现创造了条件。

图 5-42

新的施工工艺也为精细化设计细部提供了实现的可能性。细部设计含阳台栏杆、雨篷遮阳、开窗方式、空调位、花池、构架、墙身装饰（浮雕、壁柱）及分格、檐口、女儿墙、屋脊等做法，如图 5-43、图 5-44 所示。

在住宅品质进一步提升和精细化设计的背景下，住宅的外立面设计标准得以提高，在一定程度上隐藏建筑的居住功能，外显以其他形式，形成公建化倾向。如用公共建筑（如高档办公楼）的外形、材料与设计手法设计住宅。

图 5-43

图 5-44　精心设计的建筑细部

5.4.3　由注重单体设计转向群体设计

居住建筑在规模和形态上对城市面貌的影响日益增大，居住建筑作为群体的形象，以行列式、合院式、综合体等加以展示，直接构成了居住区的空间形态，对城市而言，则成为城市肌理、城市街道界面的重要构成元素。

受实践和学术思潮的双重影响，当代我国的居住建筑的设计日益注重其群体所塑造的居住空间与城市形态。在设计实践中已走出单纯单体设计的处理方式，从群体设计和城市设计的两个角度研究居住建筑的造型设计，探索建筑群体形态对于居住空间模式和城市界面的影响（见图 5-45）。

图 5-45　居住建筑群体形态的实践

5.4.4 结合节能技术

居住建筑造型结合节能设计主要体现在遮阳系统、低辐射镀膜玻璃的应用、墙体外保温系统应用、太阳能利用等方面，如图 5-46、图 5-47 所示。

图 5-46 遮阳百叶在居住建筑中的应用

图 5-47 某生态住宅

6 居住区规划与外部环境设计

6.1 居住区规划设计

居住区是具有一定规模的居民聚居地，它为居民提供居住生活空间和各种设施。居住区规划用地一般被城市干道或自然界限所围合，并由若干个居住小区和住宅组团组成，其规模在大城市中约为3万~5万居民。按居住户数或人口规模，居住区可分为居住区、居住小区、居住组团。

居住区的规划设计应为居民创造完美的居住环境，符合舒适、便利、卫生、安全和美观的要求，更好地满足人们对居住的需求。

6.1.1 居住区规划相关概念

6.1.1.1 居住区

居住区是人们日常生活、居住、游憩，具有一定的人口和用地规模，并集中布置居住建筑、公共建筑、绿地道路以及其他各种工程设施，被城市街道或自然界限包围的相对独立地区。因受公用设施合理服务半径、城市街道间距以及居民行政管理体制等因素的影响，居住区的合理规模一般为：人口3万~5万（不少于3万），用地约50~100公顷。图6-1所示为

图6-1　杭州三墩亲亲家园居住区规划总平面图

杭州三墩亲亲家园居住区规划总平面图。

6.1.1.2 居住小区

居住小区一般称小区，是被居住区级道路或自然分界线所围合，由若干个住宅组团组成，居住人口规模一般为7000～15000人，配建有一套能满足该区居民基本的物质与文化生活所需的公共服务设施的居住生活聚居地。居住小区配套的公共服务设施有：小学、中学、幼儿园、托儿所、居委会以及商业服务等，以形成一个安全、安静、优美、舒适的居住环境。图6-2所示为某居住小区规划总平面图。

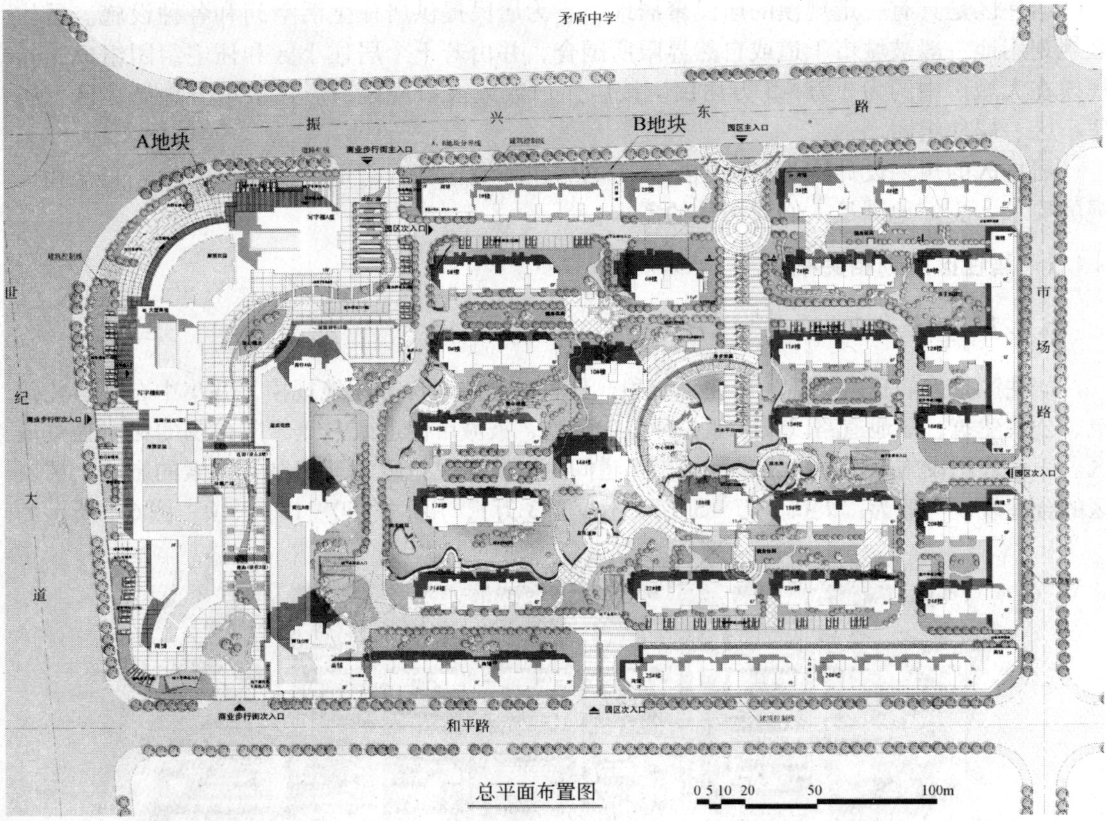

图6-2 某居住小区规划总平面图

6.1.1.3 居住组团

居住组团也称组团，是指被小区道路分隔，并与居住人口规模1000～3000人相对应（见表6-1），配建有居民所需的基础公共服务设施的居住生活聚居地。一般地，组团内居住300～800户，若干个居住组团构成居住小区。

表6-1 居住区人口控制规模

户数与人口	居住区	居住小区	居住组团	街　坊
户数/户	10000～16000	3000～5000	300～800	800～2000
人口/人	30000～50000	10000～15000	1000～3000	2500～6000

6.1.1.4 邻里单位

邻里单位是由美国社会学家佩里提出的，为适应现代城市因机动交通发展而带来的规划结构的变化，改变过去居住区结构从属于道路划分为方格状而提出的一种新的居住区规划理论。邻里是一种非行政的社会单位，居民有4000～5000人，他们在一定程度上有公共的文化、社会及经济利益，共享一些公共服务设施和机构，如学校、购物中心、活动室等。

6.1.1.5 街坊

街坊是指城市中由街道包围的、面积比居住小区小的、供生活居住使用的地段。面积一般为4～6公顷，用于建造住宅、公共服务设施和其他建筑，在城市市区，沿街部分则会建造一些商业设施。街坊道路间距为200～300m，道路交叉口较多，儿童上学、居民购物一般需穿越街坊道路。

6.1.2 居住区规划结构

居住区规划结构，是根据居住区的功能要求综合地解决住宅与公共服务设施、道路、公共绿地等的相互关系而采取的组织形式。居住区采用的结构要结合城市用地的总体布局，还要考虑所在城市的特定条件，因地制宜选择结构模式。居住区的规划结构一般分为两级或三级。

（1）两级结构。两级结构具体模式为：

1）居住区—居住组团。这种模式以居住组团为规划基本单位，没有明确的小区用地范围，居住区由若干个居住组团组成。

2）居住区—街坊。这种模式是以街坊为规划基本单位，居住区的公共服务设施和商业设施布置在街道两侧，特点是功能的混合，居住区由若干个居住街坊组成。

（2）三级结构。即居住区—居住小区—居住组团。这种规划结构是将居住区划分成若干个居住小区，居住小区再划分为若干居住组团。生活服务设施的重点放在居住区级。

6.1.3 居住区用地组成

居住区用地通常由住宅用地、公共服务设施用地、道路用地和公共绿地等组成。表6-2为不同等级居住区用地平衡控制指标。

（1）住宅用地。住宅用地是指住宅建筑基底占用的用地及其四周留出的一些空地，其中包括通向住宅入口的小路和宅旁绿地等。

（2）公共服务设施用地。公共服务设施用地是指居住区级、小区级或街坊内各类公共服务设施建筑物基底占用的用地及其四周的用地，包括道路、场地和绿化用地等。

（3）道路用地。道路用地指的是居住区内各级道路的用地，包括道路、回车场和停车场用地等。居住区级道路是划分小区或街坊的道路，街坊级道路是街坊内部干路，居住组团道路是连接一群住宅的道路。

（4）公共绿地。公共绿地是指居住区级、小区级及街坊内的公共使用绿地，包括居住区级公园、小区级小游园、水面和带状绿地，其中包括儿童游戏场地，青少年、成人、老人的活动和休息场地。

表 6-2　居住区用地平衡控制指标　（%）

用地构成	居住区	居住小区	居住组团
1. 住宅用地（R01）	50～60	55～65	70～80
2. 公建用地（R02）	15～25	12～22	6～12
3. 道路用地（R03）	10～18	9～17	7～15
4. 公共绿地（R04）	7.5～18	5～15	3～6
居住区用地（R）	100	100	100

6.1.4　居住区规划设计要点与基本要求

居住区规划设计应在遵循上一层次的规划及相关控制条件的前提下，对建筑布局、交通系统、景观绿地系统作总体布置：包括对各类型的建筑，如居住建筑、公建配套用房、公用服务设施进行组织和布置；对居住区道路系统——出入口、车行系统、步行系统、停车设施进行组织和布置；对居住区绿地系统——中心绿地、组团绿地、宅间绿地进行组织和布置；对居住区的水、暖、电、热、燃气等专业作规划与设计等。综合考虑周边环境、路网结构、公建与住宅布局、群体组合、绿地系统及空间环境等，使之形成一个完善的、相对独立的有机整体。

6.1.4.1　设计要点

居住区规划设计要点包括：

（1）整体性。所谓整体性，是指从整体上对居住区用地作出统一的安排，包括建筑的位置、数量、面积，同时也包括整体环境的空间轮廓、群体组合、单体造型、色彩以及具体的环境设计。由于居住区是由多个住宅单体组成，因而整体性是整个规划设计的核心。

（2）经济性。居住区用地要经济，通过合理的建筑布局能很好地组织通风、采光，节约能源。通过分析地形特征，合理地解决好用地土方平衡问题。

（3）生态性。要通过各种规划手段和技术途径，使生态的思想贯穿居住区规划设计的全部过程。

（4）地域性。居住区规划要与该地段以及城市的地域特征结合起来，使居住建筑、空间环境具有较强的地方特色。

（5）超前性和灵活性。规划本身具有计划的概念，既要兼顾现实的情况，又要有超前性和灵活性，要有弹性，留有余地。

6.1.4.2　基本要求

居住区规划设计基本要求包括：

（1）功能要求。这是住户使用的根本要求，也是居住区规划设计的基本要求，功能要求是多方面的，包括日照要求、通风要求、安静要求、交通是否便捷以及居住用地的气候特征等。

（2）安全要求。居住区要给人以安全感，便于防盗、防止交通事故，并满足防火、防灾、防空等要求。

防火——建筑之间要满足防火要求的间距；

防灾——包括防震和防洪，用地要选择在地质条件好的地块，要有合理的疏散宽度、疏散场地和合适的建筑密度，建筑物要满足一定的抗震设防要求；居住区内排水要通畅，与城市排水管网有良好的衔接；

防空——设置一定面积的防空地下室，满足战时需要。

（3）经济要求。居住区规划要与一定的经济条件相符合，合理利用土地资源，要有适宜的容积率和建筑密度；还要考虑道路、铺地、环境工程、绿化小品等的工程量和造价是否符合投资要求。

（4）美观要求。居住建筑是城市重要的物质景观要素之一，对城市的形象面貌、空间特征有很大的影响，同时居住区规划也要为居民创造一个优美的居住环境。居住区规划设计要体现灵活、大气、整洁、优美，并和人们的精神面貌、审美情趣相符合，既要体现地方特色，又要体现时代性。

6.2 居住建筑外部环境设计要求与原则

6.2.1 设计内容与要求

居住建筑外部环境广义上是指居住区内相对于住宅室内的室外空间，含道路、景观绿地、公建配套设施等，狭义的外部环境指的是居住区为居民提供户外生活休闲活动等场所——景观绿地系统为主体的户外开放空间。居住区的外部环境设计要综合处理与城市外围衔接、居住区内住宅规划格局、景观绿地等开放空间、道路系统以及公建配套设施的设置等。

6.2.2 设计原则

居住建筑外部环境的设计原则是“以人为本”，在满足其功能性、实用性、经济性的基础上体现文化性、艺术观赏性和生态性，为居民提供一个健康、安全、舒适、实用、美观的户外活动场所。

6.3 居住建筑空间布局基本要求与方式

6.3.1 居住建筑布局的基本要求

居住建筑布局的基本要求如下：

（1）空间形态。居住建筑在空间布局上，对外要处理好与城市周边地块的形态融合与协调，对内要形成有序、生动、宜人的空间形态。在空间形态上既要从大尺度上与城市形成有机整体，又要从人的角度出发创造细腻、舒适、丰富以至动人的空间场景感受。

（2）朝向间距。在满足空间形态上的要求外，还应从技术的要求如住宅的健康视距、日照、通风、节能、防火等出发控制居住建筑的朝向、间距（见表6-3、表6-4）。

表 6-3 住宅建筑日照标准

建筑气候区划	Ⅰ、Ⅱ、Ⅲ、Ⅶ气候区		Ⅳ气候区		Ⅴ、Ⅵ气候区
	大城市	中小城市	大城市	中小城市	
日照标准日	大寒日			冬至日	
日照时数/h	≥2	≥3		≥1	
有效日照时间带/h	8～16			9～15	
日照时间计算起点	底层窗台面				

表 6-4 全国部分地区建议建筑朝向

地 区	最佳朝向	适宜朝向	不宜朝向
北京地区	正南至南偏东30°以内	南偏东45°、南偏西35°	北偏西35°～60°
上海地区	正南至南偏东15°	南偏东30°、南偏西15°	北、西北
哈尔滨地区	南偏东15°～20°	南至南偏东15°、南至南偏西15°	北、西北
南京地区	南、南偏东15°	南偏东25°、南偏西10°	西、北
杭州地区	南偏东10°～15°	南、南偏东30°	北、西
福州地区	南、南偏东5°～10°	南偏东20°以内	西
广州地区	南偏东15°、南偏西5°	南偏东22°30′、南偏西5°至西	—
武汉地区	南、南偏西15°	南偏东15°	西、西北
长沙地区	南偏东9°	南	西、西北
拉萨地区	南偏东10°、南偏西5°	南偏东15°、南偏西10°	西、北
成都地区	南偏东45°、南偏西15°	南偏东45°至东偏北30°	西、北
西安地区	南偏东10°	南、南偏西	西、西北
昆明地区	南偏东25°～50°	东至南至西	北偏东35°、北偏西35°

(3) 交往场所。居住环境对居民的活动会产生很大的影响，居住建筑的空间布局应注意为居民提供适宜的交往场所，增进生活气息，使居民产生对邻里环境的归属感和认同感。

(4) 多类型布局。居住区内的居住建筑类型有单一型，也有多种类型的混合，如低层、多层、中高层、高层公寓。不同物业类型的住宅因其尺度和形态有所差异，对建筑空间布局会产生直接影响，因而在规划布局上应充分考虑相互影响和整体协调。

6.3.2 居住建筑布局基本方式

6.3.2.1 行列式布局

行列式布局是指建筑按照一定朝向和合理间距成排布置的形式。这种形式采光、通风都比较好，便于规划道路和方便施工，是各地广泛采用的方式。缺点是处理不好容易造成空间单调、呆板的感觉。图6-3所示为行列式布局方式。

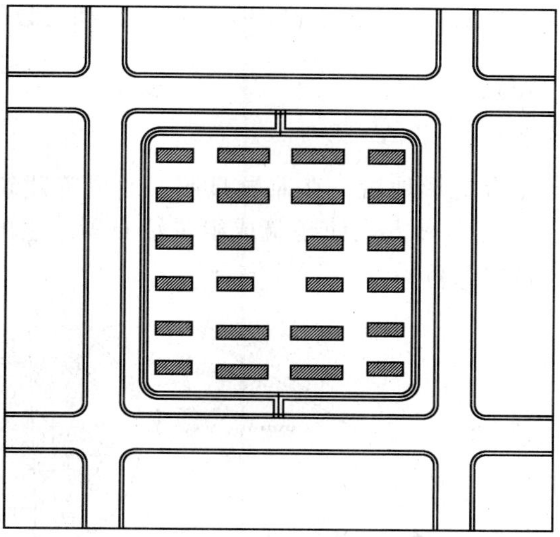

图 6-3　行列式布局

6.3.2.2　合院式布局

合院式布局又称为围合式、周边式布局，它是建筑沿街坊或院落周边布置的形式。这种布置形式形成较为封闭的院落空间，便于组织公共绿化和形成较好的街景，且内部较安静。合院式布局有利于节约土地，提高容积率，缺点是部分住户采光、通风不好，并应注意避免转角处的视线干扰。图 6-4 所示为合院式布局方式。

6.3.2.3　混合式布局

混合式布局为上述两种形式的结合体，它往往以行列式为主，以少量住宅或公共建筑沿道路或院落周边布置，形成半开敞式院落，如图 6-5 所示。混合式布局的特点是空间较

图 6-4　合院式布局

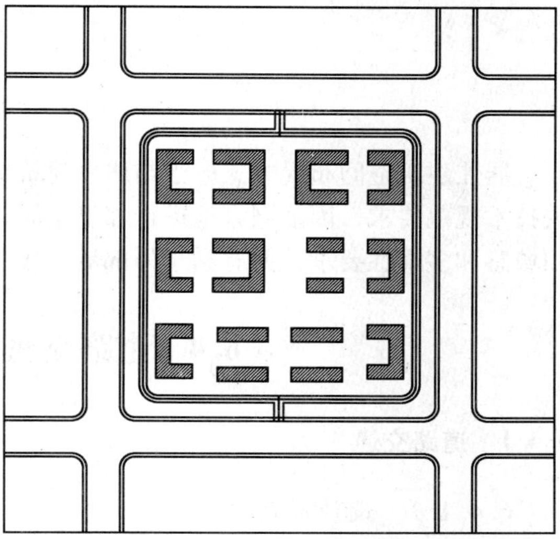

图 6-5　混合式布局

丰富，适应性强，它还可以将低层、多层、高层等不同类型和层数的建筑相结合，形成空间多变的住宅组群。

6.3.2.4 自由式布局

自由式布局是指建筑结合地形地貌，在兼顾日照、通风等建筑基本功能要求的前提下，通过错落、转折、弯曲等多种方式使建筑成组灵活布置。它的特点是空间自由、灵活、多变。图6-6所示为自由式布局。

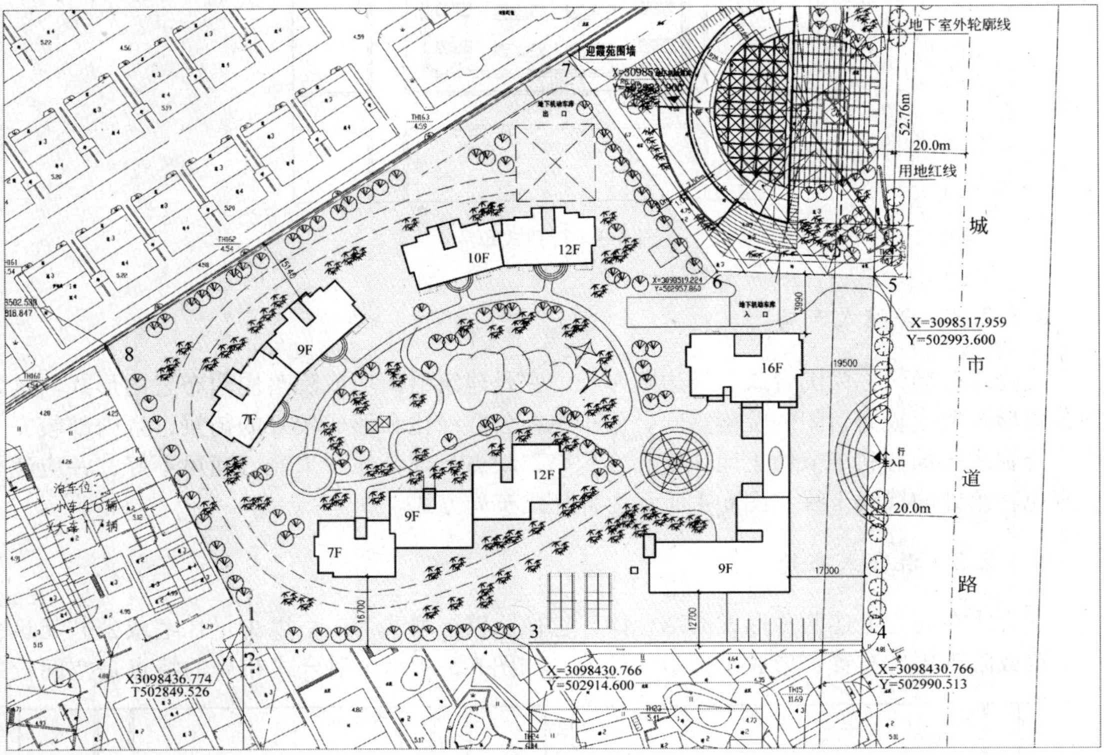

图6-6 自由式布局

居住建筑空间布局方式应当与居住建筑单体设计相结合，符合日照、消防、退线等相关技术规范要求，因地制宜地进行邻里空间、组群空间布局，群体的组合充分满足空间的领域感和多样性要求，并有利于外部活动场所的设计与安排。

6.4 道路交通与停车规划设计

6.4.1 道路交通

6.4.1.1 设计原则

道路交通设计原则如下：

（1）统筹布置，因地制宜。居住区的道路规划应根据地形、气候、用地规模、用地四周的环境条件、城市交通系统以及居民的出行方式，选择经济、便捷的道路系统和道路断面形式。

（2）安全便捷，通而不畅。居住小区内道路交通应便于居民汽车的通行，同时应避免过境车辆的穿行；道路通而不畅，保证行人、骑车人的安全便利。

（3）结构合理，有机联系。道路规划应有利于居住区内各类用地的划分和工程管线的布置，形成有序的规划结构，同时应成为居住区内用地间有机联系的媒介。

6.4.1.2 居住区道路分级

如果按“居住区—居住小区—居住组团”三级规划结构来划分的话，居住区道路通常可分为四级：居住区级道路、居住小区级道路、居住组团级道路和宅间小路。各级道路在规划时宜分级衔接，均匀分布，以形成良好的交通组织系统，并有利于构成层次分明的空间领域感。

（1）居住区级道路。一般用来划分小区的道路，在大城市中通常与城市支路同级，红线宽度不宜小于20m，山地城市不小于15m，车行道宽9～14m。

（2）居住小区级道路。一般用来划分组团的道路，路面宽6～9m，人行道宽1.5～2.5m，建筑控制线之间的宽度，需敷设供热管线的不宜小于14m；无供热管线的不宜小于10m。

（3）居住组团级道路。上接小区路、下连宅间小路的道路，路面宽3～5m，一般采用人车混行的方式；建筑控制线之间的宽度，需敷设供热管线的不宜小于10m；无供热管线的不宜小于8m。

（4）宅间小路。住宅建筑之间连接各住宅入口的道路，路面宽不宜小于2.5m。

以上各层级道路边缘与建、构筑物等的距离要求可参考表6-5。

表6-5 道路边缘与建、构筑物等的距离要求 (m)

道路级别		居住区道路	居住小区道路	居住组团及宅间道路
建筑物面向道路	无出入口	高层5.0	高层3.0	高层2.0
		多层3.0	多层3.0	多层2.0
	有出入口	—	5.0	2.5
建筑物山墙面向道路		高层4.0	高层2.0	高层1.5
		多层2.0	多层2.0	多层1.5
围墙面向道路		1.5	1.5	1.5

6.4.1.3 道路交通组织方式

住宅外部交通组织方式可以分为“人车分行”和“人车混行”两大类。在道路网络形态与联系方式上，应根据居住区规模、地形特征、住宅外部空间结构等多因素综合考虑，一般可分为环状式、贯穿式、尽端式和混合式等多种形式，如图6-7所示。

A 人车分行

人车分行组织的目的是保证居住区内的安全与安静，使区内各项生活与交往活动在不

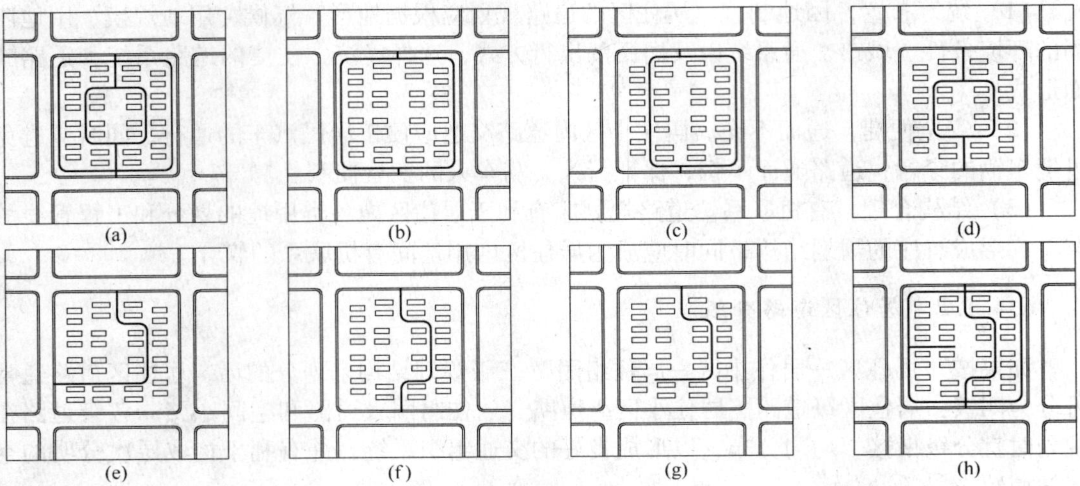

图 6-7 居住区内道路网络形式

（a）外环＋内环式；（b）外环式；（c）内外环式；（d）内环式；（e）半环式；（f）贯穿式；（g）尽端式；（h）混合式

受机动车交通的影响下正常、舒适地进行（见图6-8）。进入居住区后步行通路与车行路在

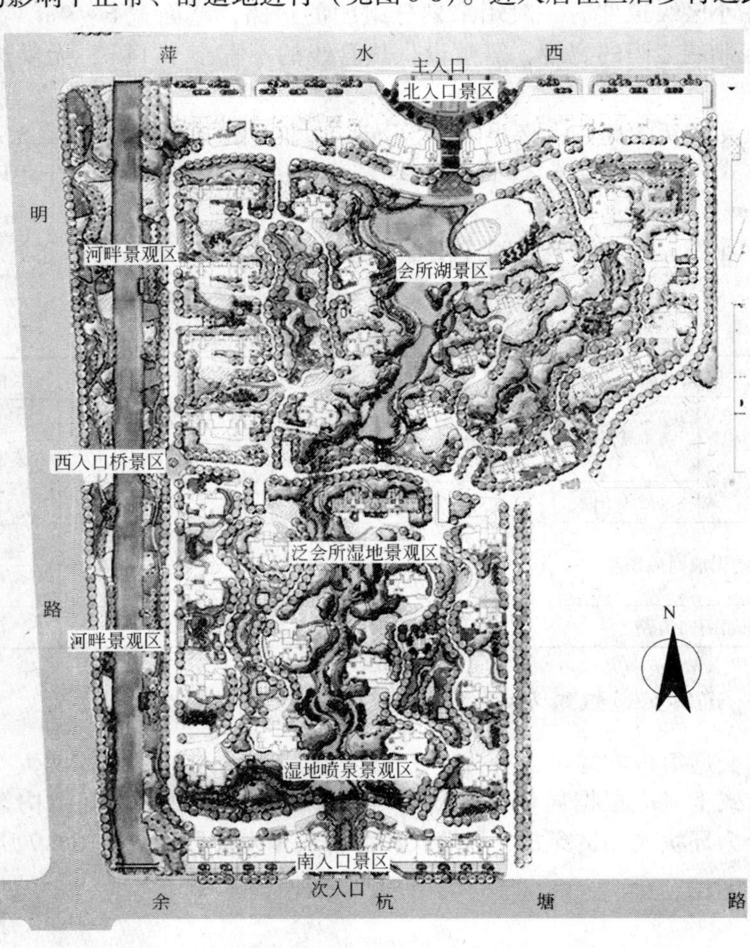

图 6-8 杭州耀江文鼎苑居住小区人车分行系统

空间上分开，设置步行路与车行路两个独立的路网系统；车行路分级明确，可采取围绕住宅区或住宅群落布置的方式；车行路周围或尽端应布置适当数量的住户停车位；步行路应贯穿于住宅区内部，将绿地、户外活动场地、公共服务设施串联起来，并深入各住户或住宅单元正面的入口，起到连接住宅院落、住家私院和住户起居室的作用。

B　人车混行

人车混行是指机动车交通和人行交通共同使用一套路网，具体地说就是机动车和行人在同一道路断面上通行（见图6-9）。居住区内车行道分级明确，均匀分布于小区内部，道路系统多采用互通式环状路、尽端路或两者结合使用。在私家车不多的地区和城市，采用人车混行的交通组织方式，既经济又方便。但近年来，随着私家车的日益增多，人车分行

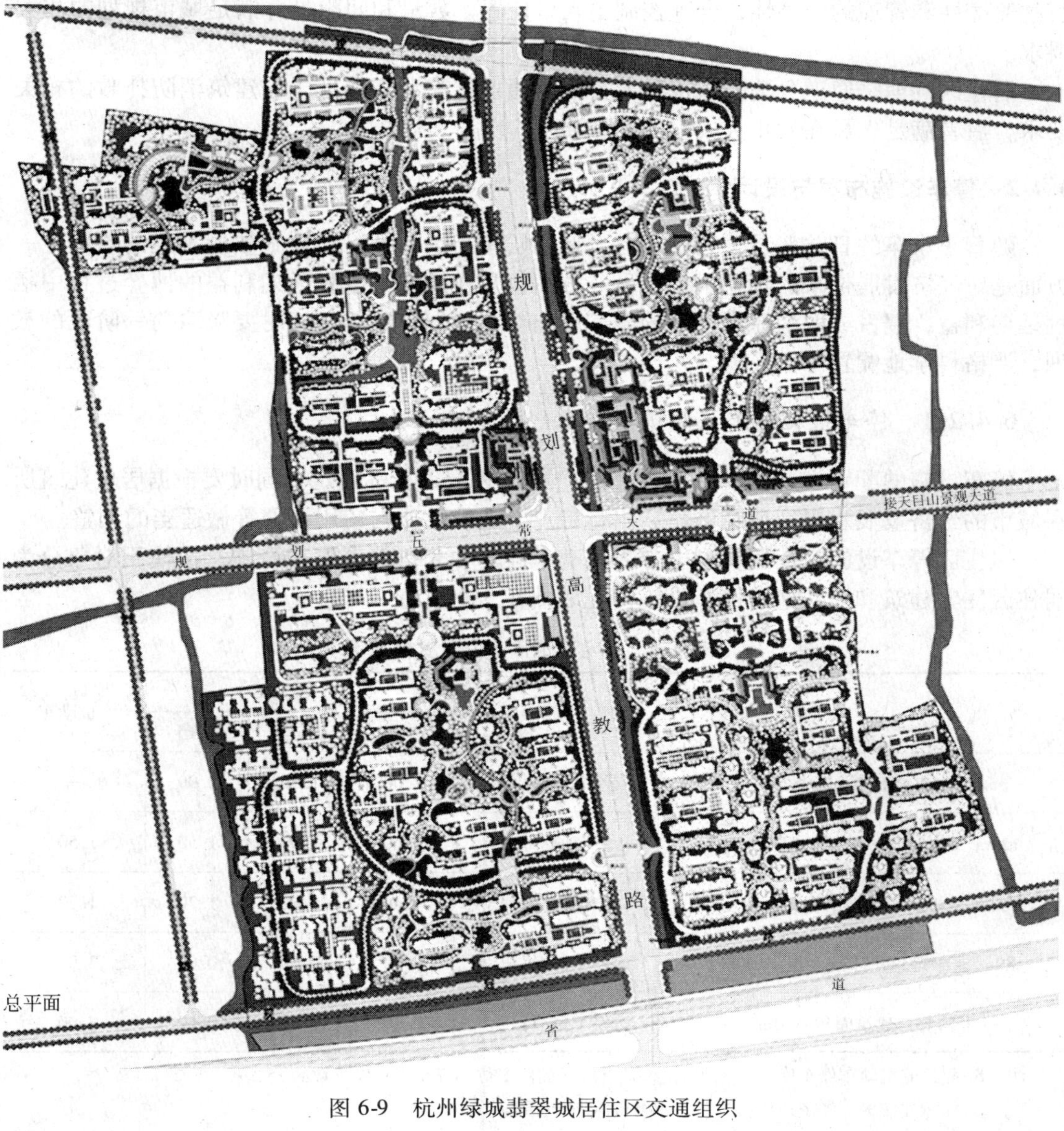

图 6-9　杭州绿城翡翠城居住区交通组织

已成为较盛行的交通组织方式。

C 综合组织方式

由于有些居住区规模较大或受到地形地貌的限制，其交通组织方式一般很难也无必要实行彻底的人车分流，因此需因地制宜地在交通方便与交通安全之间相互协调与平衡。在规划设计时，一般在居住区中部区域以环形车道围合实现步行化，而在环道外围地带人、车混行或局部人行与车行相交叉，形成综合式的交通组织。

6.4.1.4 出入口与消防通道设计

居住区根据规模和周边城市道路的具体情况设置出入口，出入口的设置要考虑居民通行的便捷性和管理的经济性，合理控制出入口位置、数量和间距，并满足城市规划的相关要求。

居住区的消防通道分消防车道和人行消防通道，前者需满足居住建筑消防扑救的相关要求，后者满足人员在发生火灾时的疏散要求。

6.4.2 停车设施布局与设计

随着小汽车的日益普及，我国现有大量的居住小区面临停车设施数量不足的难题，一方面是对经济发展带来的预期不足，另一方面也是在短期利益和远期利益的博弈过程中牺牲远期利益，侵占或取消原本应有的停车设施。在规划新建居住区时要吸取前一阶段的教训，严格科学地配置停车设施。

6.4.2.1 停车设施的配置原则与标准

停车设施的配置主要由使用人数（或户数）和配置指标确定，同时要根据居住建筑所在城市的经济发展水平、所在区位、出行特点、建筑性质与使用人群等做适当的调整。

居住区停车设施在使用类型上分为机动车停车和非机动车停车设施。按使用对象分为居住区住宅建筑和公共建筑停车设施（见表6-6、表6-7）。

表6-6 住宅建筑停车位配置标准

项目		机动车			非机动车
		一档	二档	三档	
平均每户建筑面积≥$200m^2$ 或别墅	停车位/每户	1.00	1.20	2.00	—
$120m^2$≤平均每户建筑面积<$200m^2$	停车位/每户	0.60	1.00	1.50	1.50
$100m^2$≤平均每户建筑面积<$120m^2$	停车位/每户	0.40	0.80	1.20	1.50
$80m^2$≤平均每户建筑面积<$100m^2$	停车位/每户	0.30	0.50	0.80	2.00
平均每户建筑面积<$80m^2$	停车位/每户	0.10	0.20	0.40	3.00

注：1. 配建的机动车停车库（场），地面包括首层平面停车位不宜小于总停车数的15%；

2. 保障性住房、经济适用房按三、四类指标进行控制。

表 6-7 配建公共停车场（库）停车位控制指标

名 称	单 位	自行车	机动车
公共中心	车位/100m² 建筑面积	7.5	0.3
商业中心	车位/100m² 营业面积	7.5	0.3
集贸市场	车位/100m² 营业场地	7.5	—
饮食店	车位/100m² 营业面积	3.6	1.7
医院、门诊所	车位/100m² 建筑面积	1.5	0.2

注：本表机动车停车位以小型汽车为标准当量表示。

6.4.2.2 停车设施的形式和要求

A 机动车停车位形式

平行式停车、垂直式停车、倾斜式停车是机动车停车基本形式，如图 6-10 所示。停车场地分为地面停车、车库停车。地面停车分路侧停车和停车场停车两种，在停车紧张的区域还可利用屋面停车。

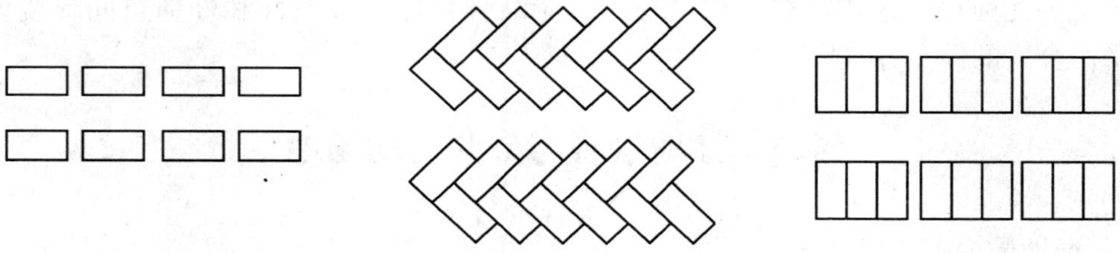

图 6-10 机动车停车形式
（a）平行式；（b）斜列式；（c）垂直式

B 停车设施基本尺寸和要求

停车设施基本尺寸和要求见表 6-8。

表 6-8 停车库（场）设计车型外廓尺寸

车型 \ 尺寸 \ 项目		外廓尺寸/m		
		总 长	总 宽	总 高
机动车	微型汽车	3.50	1.60	1.80
	小型汽车	4.80	1.80	2.00
	中型汽车	9.00	2.50	3.20（4.00）
	大型客车	12.00	2.50	3.20
	绞接客车	18.00	2.50	3.20
非机动车	自行车	1.90	0.60	1.20

注：1. 二轮摩托车按 2 辆自行车尺寸计算；
2. 助动车按 1.2 辆自行车尺寸计算；
3. 三轮车按 2.5 辆自行车尺寸计算；
4. 括号内尺寸用于中型货车。

6.4.2.3 机动车停车场地布局方式

机动车停车场地布局方式如下：

（1）分散于路边、居住组团或绿地中的露天停车位。这种布局方式最经济简便，适合于私家车拥有量较少的居住区，但占地面积较大，容易产生外部环境的混乱，影响绿地的设置与景观。

（2）在居住建筑组团空间或公共绿地下集中设置大、中型停车库。这种布局方式经常与地下人防设施相结合，便于集中管理，但规模不宜过大，需要合理分布车库车行和人行出入口，保障使用方便，同时应注意设置步行路与住宅出入口及步行系统相联系。

（3）在建筑底层设置停车位。这种布局方式多出现在城市边缘区农居集中安置房中或别墅建筑内。

6.4.2.4 非机动车停车

居住区内的非机动车停车设施有独立停车库、居住建筑地下或半地下停车库以及底层架空停车等几种常见方式。在规划设计时，应结合自然地理条件和外部空间环境设计要求，采用合适的停车方式。

6.5 绿地景观与公共活动场地

6.5.1 绿地景观

6.5.1.1 绿地景观的构成

居住区内绿地包括公共绿地、宅旁绿地、配套公建所属绿地和道路绿地。居住区内的绿地规划，应根据居住区的规划布局形式、环境特点及用地的具体条件，采用集中与分散相结合，点、线、面相结合的绿地系统。

居住区内的公共绿地，应根据居住区不同的规划布局形式，设置相应的中心绿地，以及老年人、儿童活动场地和其他块状、带状公共绿地等，其中，中心绿地应大于1hm^2，组团绿地应大于0.04hm^2。居住区内公共绿地的总指标，应根据居住人口规模分别达到：组团不少于0.5m^2/人，小区（含组团）不少于1m^2/人，居住区（含小区与组团）不少于1.5m^2/人。

6.5.1.2 绿地景观的作用

居住区内的景观绿地是安排游憩活动设施的、供居民户外活动的场地，也是居住区生态系统和景观体系的主体，居住区的绿地景观具有以下属性：

功能性：是居住区内的交往空间与活动场所，提供休憩活动场地，挡风遮阳。

生态性：改善小气候、净化空气，降低噪声，减少灰尘，防止水土流失。

景观性：营造环境，构筑景观，愉悦身心，成为欣赏对象。

6.5.1.3 绿地景观规划要求

居住区内的绿地景观一般是根据居民生活的需要以及居住区规划结构分类、分级进行规划。具体要求参见表6-9。

表6-9 各类公共绿地的规划要求

中心绿地名称	设置内容	要 求	最小规模/hm^2
居住区公园	花木草坪、花坛水面、凉亭雕塑、小卖茶座、老幼设施、停车场地和铺装地面等	园内应有明确的功能划分	1.0
小游园	花木草坪、花坛水面、雕塑、儿童设施和铺装地面等	园内布局有一定的功能划分	0.4
组团绿地	花木草坪、桌椅、简易儿童设施等	灵活布局	0.04

6.5.1.4 绿地景观的要素

绿地景观的要素有软质景观、硬质景观、水景景观、构筑物与小品等。

A 软质景观

软质景观由小区绿地与植物构成，常见的植物可分为乔木、灌木、地被植物、藤本植物、竹类、水生植物等。软质景观设计的主要工作是植物选择与配置。植物配置时应注意以下问题：

（1）选择合适的植物品种；

（2）合理搭配不同品种。

B 硬质景观

硬质景观包括地面铺装、台阶坡道、景墙、围墙、树池等。

（1）地面铺装。居住区地面铺装为居民的户外活动提供了平整、坚固、适合各种气候条件的场地，地面铺装是外部环境中活动场地的主要组成部分，主要应用于步行道路、各种活动场地和广场，如图6-11所示。铺装的设计要考虑在绿地景观中所占的比例、使用功能、图案美感、承载力、造价、维护方式和成本等因素。

图6-11 地面铺装

常见铺装材料有卵石、石板、石块、地砖、青砖、瓦、木材等。地面铺装主要由硬质材质构成，草地等柔性材质也比较常见。铺装主要通过材质、色彩、形状、组织方式形成不同的形式与风格。

（2）台阶坡道。台阶坡道既是景观环境中解决竖向交通的方式，也是形成景观空间结构的重要要素。台阶的形式和组织手法多样，可以形成各种有情趣的场所，如图 6-12、图 6-13 所示。台阶步数以 3～18 步为宜；坡道坡度应小于 8%，当大于 8%时宜设置台阶。

图 6-12 居住小区内台阶样式 1

图 6-13 居住小区内台阶样式 2

（3）景墙。景墙是居住区景观设计中的重要元素，在空间组织中可以起到限定、分割、隔离、转换等作用，常形成对景、借景的景观。景墙既可以是简洁的片墙，仅仅起到空间限定的作用；也可以结合其他景观元素形成居住区入口景观等重要景观，如图 6-14 所示。在竖向变化较大的居住区内，可以直接利用部分挡土墙等设计景墙。

图 6-14 景墙

（4）围墙。围墙是外部环境各个区域的分隔设施，可分为通透式和非通透式两种。除为了安全或减少噪声等采用非通透式围墙外，一般情况下宜采用通透的形式。有些区域的分隔可采用景观设计的手法加以实现，如设置密植植物、障碍式景观物。

（5）树池。硬地内的植物常设置树池（或花池），树池与地面相平或高出地面，如图

6-15 所示。当与地面相平时，为避免踩踏和雨水冲刷，可覆以卵石或金属树池篦；高出地面时，可设置石质或木质树池，树池高度除考虑树高、树径和根系大小外，宜利用树池周边设置休息设施。

图 6-15　景观树池

C　水景景观

水是生命之源，人们对于水具有天然的亲近感，居住区内的水景极大地提升了生活的情趣与活力。因此，在条件允许的情况下，居住区设计中常布置各类水景景观，如图 6-16 所示。

图 6-16　水景景观

水景景观中的水分为静水与动水，前者如水池，后者如喷泉、溪流、瀑布、跌泉。泳池、喷泉水池边界常为几何形，溪流、瀑布则常为自然形，观赏性水池根据不同的目的设计成几何、自然或混合的驳岸形态。

不同的水景需设计不同程度的参与性：功能性水景如泳池、戏水池为游泳、涉水所用，为直接参与的水体；亲水平台、景观桥、木栈道、各种形式的驳岸等则是人们观赏亲近水体的重要场所。

D 构筑物与小品

景观绿地中的主要构筑物有廊架（见图6-17）、凉亭等，主要为居民提供室外遮阳避雨的场地，同时也起到场所塑造、空间组织、人流引导、景观节点连接等作用。小品包括景观家具（休息座椅和桌子）、种植容器、垃圾容器、指示标牌、雕塑、灯具。

图6-17 廊架

6.5.2 活动场地设计

6.5.2.1 活动场地的作用

活动场地具有如下作用：

(1) 满足居民户外活动和交往的需求；

(2) 创造居住区的特色；

(3) 形成居住区的文化。

6.5.2.2 活动场地的类型

居住区活动场地分为两类：一是面向各类型居民的，提供相对不确定活动的中心、单元、组团、宅间公共活动场地；二是面向特定群体的，提供特定活动的儿童、青少年、成人、老人的专项活动场地。

A 中心和各级公共活动场地

中心和各级公共活动场地是居民群体性活动的主要场地，其使用对象和活动类型相对不确定，因而在设计上要注意以下内容：

(1) 场地规模和面积。要依据公共活动的等级和服务人群，确定合适的规模和面积。如居住区中心绿地内的活动场地要确定合适的硬地广场和可进入式草坪用于整个居住区社区活动的组织与开展；而单元组团绿地内的活动场地则只要满足局部居民的户外交流休憩活动即可。

(2) 活动内容的适应性。公共活动场地的活动具有自发性和不确定性，因此不能将活动场地做过多的限定和划分，而是采用相对模糊的方式引导居民开展活动，因此活动场地要相对平坦、完整，减少各类障碍，同时配置充足的庭荫树、休憩设施和各种公共活动常用的照明、音乐设施。

(3) 公共活动气氛的塑造。公共活动场地的选址和设计应注重气氛的塑造，形成较强的中心感、围合性，以吸引好积聚活动人群。如选址应尽可能靠近服务建筑的地理中心、必经的通道或出入口，具备良好的景观条件，与公共建筑和设施联系便捷等。在设计上通过空间组织营造各级参与性，如直接参与、间接参与、独立活动等。

B 专项活动场地

专项活动场地面向特定群体，提供相对明确的活动场地，居住区常见的专项活动场地有儿童游戏场地（见图6-18、图6-19）、青少年运动场地和成人、老人休息活动场地。专项活动场地的设置相对细致明确。

图 6-18

图 6-19

（1）儿童游戏场地。儿童游戏场地一般人均面积为0.5～1.0m^2，体现趣味、益智、健体、安全的原则，场地不宜过大，无不安全因素，阳光充足，避免强风，便于成人监护等。

儿童活泼好动，乐于探索，因而在活动设施设置上应利于其身心发展。常见的儿童活动设施有：沙坑、秋千、滑梯、攀登架、涉水池、滑板场、游戏墙及迷宫等。

（2）青少年运动场地。青少年喜好激烈群体性运动，因此在活动场地上要相对扩大，通风日照良好。青少年运动场地可设置户外乒乓球台、足球练习场、羽毛球场地等；同时设置必要的休息设施，如果有条件，宜设置饮水点。青少年活动有较大的噪声，应注意减少对临近居民生活的影响。

（3）成人、老人休息活动场地。我国的人口结构开始趋于老龄化，居住区内的老年人比例逐渐增多。老年人的活动幅度相对较为平缓，主要为平静的休憩、体育活动和健身性锻炼活动，如健身舞蹈、棋类、舞剑、太极拳、秧歌及其他锻炼活动等。

成人、老人休息活动场地要针对其特点促进群体性活动和交流，同时可以就近布置儿童游戏场地，便于老人照顾儿童。另外，由于老年人身体较弱，尤其要注意在活动场地设置足够的座椅等休息设施；无障碍设施在这个区域也显得很重要。

C 活动场地设计原则

以“健康”、“安全”为原则，针对使用群体的行为特征，从身体、性情两方面为居民提供服务。体现场地的艺术性、文化性、情趣性、启发性、益智性、教育性、参与性。

D 活动场地设计要点

活动场地设计要点有：

（1）合理确定其等级、面积与使用对象。以居住区的规模、人口数与人口结构为依据合理确定各活动场地的数量、等级、面积和主要使用对象。在此基础上，在居住区内合理布局，形成体系化的外部活动空间。

（2）精心组织活动内容、配置活动设施。通过研究居住区内人们活动的特点，按照各个公共和专项活动场地的特征精心组织各项活动内容，配置必要的活动设施和家具。

（3）处理好与其他外部环境的联系。活动场地是居住区外部环境的重要组成部分，因而应重点处理与道路、建筑出入口的联系。合理确定活动场地的出入口位置与数量，重点处理活动场地的边界。与此同时，活动场地要和景观绿地相得益彰。活动场地要获得良好的景观背景，使景观绿地获得更大的参与性。

6.5.3 绿地景观与公共活动场地设计展望

绿地景观与公共活动场地设计展望如下：

（1）特色与主题。随着房地产业的发展和居民对居住外部环境要求日益提升，绿地景观成为居住建筑开发建设重要着力点，在满足绿地的功能性的前提下，居住区也十分注重塑造绿地景观的特色。如某些居住区营造异域风情景观，如地中海、东南亚风情景观（见图6-20），或者借鉴和吸收欧洲或中国古典园林的设计理念，用现代手法加以表现和塑造。

图 6-20

（2）品质与细节。我国的居住区绿地景观日益注重品质与细节，用材质量不断提高，形式日益多样，细节更加考究，绿地景观向精致化发展。如铺装地面大量使用高档石材，且采用诸多种类和铺装方式；除本地植物外，引进各类适宜本地的优良品种甚至珍稀品种；使用新型材料和造型，使景观小品既耐久又美观；设置更多的雕塑等艺术品（见图6-21）；提升夜间照

图 6-21

明的层次和效果，增加背景音乐系统等。

（3）人文与关怀。绿地景观是居民户外活动的主要场所，绿地景观的根本目的在于对人的关怀，绿地景观在满足人们的基本需求以后，也更注重对特殊个体的细分要求和特定要求的满足，如对有障碍群体、对少年儿童等的需求予以重点的关注。对人的成长环境的塑造，对情感需求的关怀都成为绿地景观评价体系的重要部分。

（4）生态与环保。绿地景观是居住区生态系统的主体，大约占居住区用地的30%以上，景观绿地的目标应综合运用滴灌技术，生物除虫技术，中水、雨水利用系统，太阳能利用系统，垃圾分类处理及循环利用等各项生态环保技术措施和方式，使之成为相对自足型生态系统。

参 考 文 献

[1] 中国建筑科学研究院．住宅建筑规范(GB 50368—2005)[S]．北京：中国建筑工业出版社，2005.
[2] 中华人民共和国建设部．老年人建筑设计规范(JGJ 122—1999)[S]．北京：中国建筑工业出版社，1999.
[3] 中华人民共和国建设部．住宅设计规范(GB 50096—1999)[S]．北京：中国建筑工业出版社，2003.
[4] 中华人民共和国建设部．老年人居住建筑设计规范(GB/T 50340—2003)[S]．北京：中国建筑工业出版社，2003.
[5] 中华人民共和国建设部．城市居住区规划设计规范[S]．北京：中国建筑工业出版社，2002.
[6] 贾耀才．新住宅平面设计[M]．北京：中国建筑工业出版社，1997.
[7] 赵冠谦．居住模式与跨世纪住宅设计[M]．北京：中国建筑工业出版社，1995.
[8] 邓述平，等．居住区规划设计资料集[M]．北京：中国建筑工业出版社，1996.
[9] 贾倍思．长效住宅——现代建筑新思维[M]．南京：东南大学出版社，1993.
[10] 贾倍思，等．居住空间适应性设计[M]．南京：东南大学出版社，1991.
[11] 胡纹，等．居住区规划原理与设计方法[M]．北京：中国建筑工业出版社，2007.
[12] 徐哲文．住宅建筑设计[M]. 2 版．北京：中国计划出版社，2007.
[13] 周燕珉，等．住宅精细化设计[M]．北京：中国建筑工业出版社，2008.
[14] 段翔，等．住宅建筑设计原理[M]．北京：高等教育出版社，2009.
[15] 李耀倍．中国居住实态与小康住宅设计[M]. 2 版．南京：东南大学出版社，1999.
[16] 程武，等．现代住宅建筑外观设计(3)[M]．南昌：江西科学技术出版社，1992.
[17] [德] 彼得·法勒．住宅平面[M]．王瑾译．北京：中国建筑工业出版社，2002.
[18] 武勇．居住建筑设计原理[M]．武汉：华中科技大学出版社，2009.
[19] 胡仁禄，等．居住建筑设计原理[M]．北京：中国建筑工业出版社，2007.
[20] 刘文军，等．住宅建筑设计[M]．北京：中国建筑工业出版社，2007.
[21] 赵小龙．长江三角洲地区后小康城市住宅套型模式研究[D]．西安建筑科技大学，2003.
[22] 卢济威，等．山地建筑设计[M]．北京：中国建筑工业出版社，2001.
[23] 万科建筑研究中心．万科的作品 1988 ~ 2004[M]．南京：东南大学出版社，2004.
[24] 周逸湖．联排住宅与叠合住宅[M]．南京：东南大学出版社，2004.
[25] 朱昌廉．住宅建筑设计原理[M]. 2 版．北京：中国建筑工业出版社，1999.
[26] 顾馥保．城市住宅建筑设计[M]．北京：中国建筑工业出版社，2007.
[27] 顾强．居住建筑设计[M]．北京：机械工业出版社，2009.
[28] 刘宝箴．单元式住宅户型设计图集[M]．北京：中国建筑工业出版社，2006.
[29] 周静敏．世界集合住宅都市型住宅设计[M]．北京：中国建筑工业出版社，2001.
[30] 韩秀琦，等．人居动态Ⅲ[M]．北京：中国建筑工业出版社，2006.
[31] 荆其敏，等．中外传统民居[M]．北京：百花文艺出版社，2004.
[32] 崔恺．中国建筑设计研究院作品选[M]．北京：清华大学出版社，2006.
[33] 边颖．建筑外立面设计[M]．北京：机械工业出版社，2008.
[34] 陈建江．小区环境设计[M]．上海：上海人民美术出版社，2006.
[35] 郭淑芳，等．小区绿化与景观设计[M]．北京：清华大学出版社，2006.
[36] 香港科讯国际出版有限公司．楼盘建筑细部[M]．武汉：华中科技大学出版社，2009.
[37] 谢鹏，任治国．居住商业综合体与城市区域的共同发展[J]．城市建筑，2008(2).
[38] 周扬．集约型居住综合体的设计方法研究[J]．华中建筑，2009(7).
[39] 高长征，等．中小户型住宅设计中的“2 + X”可变模式探讨[J]．中外建筑，2008(7).

[40] 陈红，等．中小户型住宅的灵活性、可变性设计[J]．中外建筑，2007(4).
[41] 开彦．未来住宅设计发展的探索[J]．建筑学报，1999(6).
[42] 许安之．多样化的后小康住宅[J]．住区，2002(2).
[43] 许安之．21 世纪家园——花园城市和花园住宅[J]．新建筑，2001(2).
[44] 郭骛．走出“经典”——新世纪住宅设计随想[J]．新建筑，2001(2).
[45] 陈方．万科四季花城[J]．住区，2002(2).
[46] 沈磊．从居住实态调查中探索住宅新套型设计[J]．新建筑，2000(2).
[47] 唐方．在信息时代认识建筑与城市[J]．新建筑，2001(6).
[48] 刘德川．知识经济时代与迈向 21 世纪新住宅[J]．新建筑，1998(3).
[49] 周歙馨．适应老龄化的新居——“三代居”建筑设计[J]．建筑创作，2002(3).
[50] 张朝蓬．“两代居”住宅设计探讨[J]．华中建筑，2000(1).
[51] 焦怡雪．浅谈住宅建设中的居民参与[J]．华中建筑，2000(4).
[52] 张敏．SOHO 模式影响下的未来住区发展[J]．华中建筑，2000(2).

冶金工业出版社部分图书推荐